南水北调中线工程膨胀土力学特性及其工程性质试验研究

黄志全　贾景超　孟令超　毕庆涛
李　幻　何　鹏　董文萍　付　宇　等著

黄河水利出版社

·郑州·

内 容 提 要

本书以南水北调中线工程膨胀土为研究对象,针对其力学特性及工程性质,采用试验研究的方法,研究了膨胀土的裂隙发育规律及其定量描述方法,膨胀变形规律、蠕变变形特性及蠕变模型、残余强度、干湿循环及黏粒含量对强度的影响,非饱和状态下的土水特性曲线、强度特性,动荷载作用下的动力特性,细观结构对宏观力学特性的影响,改性对膨胀土力学特性的影响,为工程防灾减灾提供科学依据。全书共分8章,主要内容包括:膨胀土的裂隙特性、膨胀土变形性质、膨胀土强度特性、膨胀土非饱和特性、膨胀土动力特性、膨胀土细观结构以及膨胀土改性。

本书可供地质工程、岩土工程、水利工程等领域的工程技术人员阅读,也可供从事相关专业的科研工作者、高等院校师生参考。

图书在版编目(CIP)数据

南水北调中线工程膨胀土力学特性及其工程性质试验研究/黄志全等著. —郑州:黄河水利出版社,2023.3

ISBN 978-7-5509-3535-8

Ⅰ.①南… Ⅱ.①黄… Ⅲ.①南水北调-水利工程-膨胀土-土力学-试验-研究 Ⅳ.①TV68-33 ②TU475-33

中国国家版本馆 CIP 数据核字(2023)第 055959 号

组稿编辑:王志宽 电话:0371-66024331 E-mail:278773941@qq.com

责任编辑	杨雯惠	责任校对	郑翠红
封面设计	黄瑞宁	责任监制	常红昕

出版发行 黄河水利出版社

地址:河南省郑州市顺河路49号 邮政编码:450003

网址:www.yrcp.com E-mail:hhslcbs@126.com

发行部电话:0371-66020550

承印单位 广东虎彩云印刷有限公司

开　　本 787 mm×1 092 mm 1/16

印　　张 17.75

字　　数 410 千字

版次印次 2023 年 3 月第 1 版　2023 年 3 月第 1 次印刷

定　　价 180.00 元

本书作者

黄志全　贾景超　孟令超　毕庆涛

李　幻　何　鹏　董文萍　付　宇

岳康兴　候合明　刘莹莹　王　征

张晓丽　王旭阳　李　磊　张振华

前　言

　　膨胀土由强亲水性黏土矿物组成,并具有裂隙性、超固结性和强烈胀缩性的高塑性黏土。膨胀土在全球广泛分布,有超过 60 个国家和地区存在膨胀土,膨胀土在中国的分布尤其广泛,有 20 个以上的省和地区存在着膨胀土,分布面积近 60 万 km^2。工程中遇到的膨胀土常处于非饱和状态,对水分状态的变化十分敏感,这种敏感性会引起膨胀土强度和体积的变化,膨胀土的存在经常引起建筑物或构筑物发生破坏,特别在干旱、半干旱地区,膨胀土对人类工程活动的影响尤为突出。膨胀土造成的工程破坏类型繁多,如地基隆起、路基开裂、边坡失稳等,而且具有反复性和长期潜在的危害性,对生产建设造成了巨大的损失。

　　在水利工程(尤其是渠道工程)中膨胀土问题尤为突出。膨胀土因其具有特殊的结构和性质,在工程中表现出特殊的工程性质,易造成渠坡失稳,对工程的安全运行影响很大,而且其处理难度高、处理的工程量和投资也较大。随着我国特大型跨流域调水工程——南水北调中线工程的建设,总干渠明渠段渠坡或渠底涉及膨胀土(岩)的累计长度约 340 km;工程涉及的膨胀土主要分布在河南南阳一带,其中陶岔至沙河南渠段弱膨胀土渠段长 111.63 km,中等膨胀土渠段长 46.45 km,强膨胀土渠段长 2.47 km。在修建南水北调陶岔渠首引渠时就遇到膨胀土地层,在膨胀土边坡较缓的情况下仍相继发生了 13 处大滑坡,虽经采取放缓边坡、局部支挡、抗滑桩加固等工程措施处理使膨胀土边坡得以稳定,但其耗费的财力、物力已远远超出工程预算,同时还引起了新的工程占地及环境保护等问题。因此,全面系统开展膨胀土力学特性的研究对于保障工程长期稳定运行具有重要的理论指导意义和实际应用价值。

　　河南省地质工程理论及技术应用创新型科技团队面向国家重大工程建设需求和特殊土研究领域前沿,在已有相关研究的基础上,持续聚焦南水北调中线工程膨胀土特性等关键科技问题,十余年来对膨胀土力学特性及其工程性质进行了持续深入的研究。经历十余年的成果积累和研究积淀,在膨胀土裂隙发展、膨胀变形、蠕变规律、强度演化、动力特性、非饱和性、细观结构特征及膨胀土土体改性等方面取得了较为深入的系列研究成果,对工程沿线的膨胀土力学特性及其工程性质有了较为系统全面的认识,本书内容就是这些成果的集成。

　　在成果集成和总结过程中,创新团队成员协同合作,相互启发,特别是硕士研究生候合明、刘莹莹、王征、张晓丽、岳康兴、王旭阳、李磊、董文萍、张振华参与了全部试验工作,为本书的撰写、绘图做了大量工作,在此表示感谢! 书中引用了国内外许多学者、专家的有关研究成果,在此一并致谢!

本书得到"中原科技创新领军人才计划(214200510030)"与河南省重点研发专项(编号:221111321500)的资助。

由于作者水平有限,不能更好地对膨胀土特性及其工程性质进行全面研究,团队需要在以后的研究与应用中持续加强。作为团队阶段性研究成果,本书在一些方面还存在不当之处,敬请同行学者批评指正。

作　者

2023 年 1 月

目　录

前　言
绪　论 ……………………………………………………………（1）
  0.1　概　述 ………………………………………………………（1）
  0.2　研究现状 ……………………………………………………（1）
  0.3　研究内容 ……………………………………………………（4）
第1章　膨胀土的裂隙特性 ……………………………………（6）
  1.1　裂隙的数学描述方法 ………………………………………（6）
  1.2　试验方案 ……………………………………………………（10）
  1.3　干湿循环下裂隙发育机制 …………………………………（12）
  1.4　本章小结 ……………………………………………………（25）
第2章　膨胀土变形性质 ………………………………………（26）
  2.1　膨胀土膨胀机制 ……………………………………………（26）
  2.2　膨胀变形试验 ………………………………………………（28）
  2.3　膨胀土蠕变特性 ……………………………………………（54）
  2.4　本章小结 ……………………………………………………（82）
第3章　膨胀土强度特性 ………………………………………（83）
  3.1　干湿循环下膨胀土强度试验研究 …………………………（83）
  3.2　膨胀土反复直剪试验研究 …………………………………（92）
  3.3　黏粒含量对膨胀土反复剪强度影响研究 …………………（109）
  3.4　本章小结 ……………………………………………………（126）
第4章　膨胀土非饱和特性 ……………………………………（128）
  4.1　非饱和膨胀土压缩试验 ……………………………………（128）
  4.2　非饱和膨胀土土水特征曲线试验 …………………………（144）
  4.3　非饱和膨胀土直剪试验 ……………………………………（151）
  4.4　非饱和土三轴抗剪强度试验 ………………………………（181）
  4.5　本章小结 ……………………………………………………（185）
第5章　膨胀土动力特性 ………………………………………（186）
  5.1　饱和膨胀土共振柱试验研究 ………………………………（186）
  5.2　动三轴试验 …………………………………………………（199）
  5.3　动单剪试验 …………………………………………………（236）
  5.4　本章小结 ……………………………………………………（242）
第6章　膨胀土细观结构 ………………………………………（244）
  6.1　试验方案 ……………………………………………………（244）

　6.2　试验仪器 …………………………………………………………（244）

　6.3　试样制备 …………………………………………………………（245）

　6.4　扫描过程 …………………………………………………………（247）

　6.5　试验结果分析 ……………………………………………………（248）

　6.6　细观结构对宏观性质的影响 ……………………………………（255）

　6.7　本章小结 …………………………………………………………（257）

第7章　膨胀土改性 ………………………………………………………（259）

　7.1　改性机制及试验方法 ……………………………………………（259）

　7.2　掺灰比对土体基本物理力学性质的影响 ………………………（260）

　7.3　抗剪强度 …………………………………………………………（263）

　7.4　动单剪试验 ………………………………………………………（266）

　7.5　共振柱试验 ………………………………………………………（267）

　7.6　本章小结 …………………………………………………………（269）

参考文献 ……………………………………………………………………（270）

绪　论

0.1　概　述

南水北调中线工程是我国优化配置水资源的重大举措,目的是解决河南、河北、北京、天津4省(直辖市)的水资源短缺问题,为沿线十几座大中城市提供生产生活和工农业用水。

中线工程从汉江丹江口水库引水,输水总干渠自陶岔渠首闸起,沿伏牛山和太行山山前平原,京广铁路西侧,跨江、淮、黄、海四大流域,流经河南、河北、北京、天津4个省(直辖市),自流至北京市颐和园团城湖,输水总干渠长1 432 km,其中天津干渠长156 km。

由于南水北调中线工程规模巨大,跨过多个流域,其工程地质条件表现出多样性、复杂性等特点,工程地质问题复杂多样。中线工程渠道遇到的主要工程地质问题有:膨胀土问题、湿陷性黄土问题、渠道边坡稳定问题、渠道渗漏问题、饱和土震动液化问题、渠段压煤和通过采空区问题等。

膨胀土富含以蒙脱石为主的亲水矿物,因此具有吸水膨胀、失水收缩的特征。在吸水膨胀时具有较高的膨胀力,因此体积容易扩胀,失水体缩变形也较大,反复胀缩使得岩土体强度降低。这些特性一方面会影响渠坡稳定,另一方面会对渠道衬砌造成破坏,对工程的安全运行影响很大,而且其处理难度、处理的工程量和投资也较大,因此膨胀岩土的处理是南水北调中线工程的主要技术问题之一。

总干渠明渠段涉及的膨胀岩土累计长度约340 km。总干渠河北省渠段的膨胀岩土主要分布在邯郸和邢台部分渠段,河南省渠段的膨胀岩土主要分布于南阳、许昌和新乡部分渠段。

长江科学院在南水北调中线工程渠道附近进行了大型人工降雨试验,结果表明:在降雨入渗的条件下,膨胀土常发生浅层滑动,这种滑动与通常饱和土的边坡失稳的原因是不同的。因此,采用通常饱和土边坡稳定分析方法来校核非饱和膨胀土边坡的稳定,对于深部过于保守,而对浅部则不够安全。程展林认为膨胀土边坡破坏有两种机制:裂隙强度控制下的边坡滑动和膨胀作用下的边坡滑动。

由此可见,裂隙性、膨胀性、强度、非饱和性是分析中线渠道边坡稳定需考虑的重要因素。本书也重点围绕以上因素开展研究。

0.2　研究现状

0.2.1　膨胀土裂隙性

姚海林、包承纲、殷宗泽、黄志全等先后研究了膨胀土裂隙、强度、变形、渗透等之间的关系,并在此基础上进一步研究了裂隙、强度及变形对膨胀土边坡稳定性的影响。目前,对膨胀土裂隙的研究主要有两方面,一方面集中在膨胀土裂隙观测及计量上,通过对裂隙观测,找出裂隙计量手段;另一方面多集中于用数理统计方法对裂隙进行统计分析。

对于膨胀土裂隙量测,主要有直接量测法和间接量测法。直接量测法包括数码成像法、远距光学显微镜法、CT试验等方法;间接量测法包括电阻率法和超声波法。

针对裂隙的统计分析,Chertkov v 将裂隙之间组合关系及其网络是否连续作为度量标准,对裂隙网络进行几何分类。在此基础上袁俊平等对膨胀土裂隙进行观测,并利用灰度熵对裂隙进行分析。马佳等通过观测膨胀土裂隙发育过程,总结得出了膨胀土裂隙发育规律。张家俊利用矢量图技术,对裂隙图像进行分析,提取了裂隙的各个几何要素,从而对干湿循环条件下膨胀土的裂隙发育进行了研究。此外,国内外学者应用分形理论对膨胀土裂隙做了大量统计分析,研究了裂隙发育程度与分维值的关系、裂隙密度和宽度与分维值的关系。

0.2.2　膨胀土变形

影响膨胀土膨胀变形的因素可分为两类,一类是组成膨胀土的矿物成分和结构特征;另一类是膨胀土的状态和力学条件,如初始含水量、干密度、荷载等。

通常随着蒙脱石含量的增加,土体膨胀性逐渐增大。膨胀变形量与初始含水量、初始干密度以及荷载成一定关系。

许多学者对干湿循环下的胀缩特性也进行了研究,结果表明膨胀土在干湿循环下的胀缩变形过程并不完全可逆,这是因为土颗粒集聚和排列的变化引起细观结构的改变,导致胀缩性能变化。

徐永福等根据膨胀变形试验,提出的膨胀变形模型解释了膨胀变形特征。曹雪山改进了 Alonso 的膨胀土模型,该模型能反映膨胀土的湿胀干缩。孙即超等建立的膨胀土膨胀模型(ESEM),能够反映膨胀土的膨胀潜势与深度的关系。章为民等建立的膨胀模型不但能反映初始干密度、初始含水量、上覆荷载对膨胀变形的影响,还可以从膨胀变形试验直接得到膨胀力。贾景超等基于膨胀力试验数据建立了膨胀应变模型,可以通过膨胀力预测膨胀变形。

最典型的膨胀本构关系是由 Huder-Amberg 在实验室内用常规固结仪对膨胀性泥灰岩进行研究得出的经验公式。在此基础上,Einstein 和 Wittke 提出了三维膨胀本构关系。杨庆等通过改装的三轴仪研究了膨胀应变与吸水量、应力之间的关系,验证了膨胀应变是由应力第一不变量引起的,并建立了三维膨胀本构关系。

此外,许多工程问题都是由土的蠕变产生的,尤其是膨胀土这种对环境湿热变化很敏感的土体。孙钧对土体和岩石介质的流变特性和解析方法做了详细研究,并探讨了其在工程中的应用;肖宏彬等得到了不同排水条件下软黏土的蠕变特性。

0.2.3　膨胀土强度

影响土体强度的因素很多,如初始干密度、应力历史、排水条件等。近年来,开展了许多针对膨胀土干湿循环对膨胀土强度影响的研究。

刘华强等对干湿循环下膨胀土裂隙的产生发育进行了观测,并利用直剪试验对其强度进行了测量。杨和平等研究了膨胀土抗剪强度在干湿循环作用下的变化规律,发现强度随循环次数的增多而减少。韩华强等认为干湿循环导致其强度降低的原因是干湿循环改变了膨胀土土体结构。吴珺华等利用现场大型剪切仪,对原状土和经历了干湿循环的膨胀土进行了大型剪切试验。

在计算土质边坡、地基或土工建筑物的稳定性时,土体抗剪强度指标的选取对计算结果有很大影响。如果选用的指标过高可能使工程存在危害,过低又会导致工程治理费用的增加甚至浪费。已有研究认为渐进式滑坡有充足的时间形成错动面,这类边坡的稳定主要取决于土体的残余强度。因此,研究膨胀土滑坡土体残余强度特征,对土体工程特性评价、边坡稳定性分析与设计及老滑坡的稳定性评价等具有极其重要的意义。

Skempton 通过对大量硬黏土的滑坡实例分析发现,超密实的硬黏土边坡在短期内常常处于稳定状态,但经过几年或者几十年后却发生了滑动破坏,据此推算滑坡土体的实际强度,远比由常规试验测得的峰值强度低。Kimura 研究了剪切速率和有效正应力对土体残余强度参数的影响。戴福初等采用环剪仪对大屿山地区的坡积土研究发现,该坡积土的残余强度与法向应力成非线性关系。左巍然等采用原状、击实和静压 3 种不同的制样方式对宁明公路边坡的膨胀土的残余强度进行室内试验,研究表明静压土的残余强度与原状土相近,可以作为该膨胀土的残余强度值。许成顺等采用环剪仪测得的黏性土抗剪强度结果表明:应力历史对黏性土残余强度的影响不明显;高塑性黏土的峰值强度随超固结比的增大而增大;塑性指数越大,黏性土的残余强度越小。徐彬等研究发现膨胀土的残余强度与土样经 5 次干湿循环后的抗剪强度较为接近。

0.2.4　非饱和性

非饱和土是由固体颗粒、液体和孔隙气组成的三相介质,表面张力的作用使得在液-气界面内外出现孔隙气压力 u_a 与孔隙水压力 u_w 之差,即非饱和土力学中的基质吸力,以下简称吸力。影响非饱和膨胀土抗剪强度的因素众多,如含水量或饱和度、应力历史、密实度等。徐永福等用改装可测吸力的三轴仪,研究了宁夏膨胀土中含水量对变形和强度特性的影响。缪林昌等研究发现,随着土样饱和度的增加,土体强度降低。

非饱和土抗剪强度公式是以 Mohr-Coulomb 强度准则为基础建立的,经典的有两种,即 Bishop 的单变量模型及 Fredlund 的双变量模型。

杨庆等研究发现,非饱和膨胀土黏聚力和内摩擦角受含水量的影响较大。孙德安认为试样饱和度越高,其应力比-应变关系曲线越高,强度越大。黄润秋等研究发现,黏聚力和内摩擦角也是吸力的函数,且随着吸力的增大而呈非线性增大。

但是,控制吸力的室内试验代价昂贵、非常耗时。鉴于此,有关学者提出了许多预测非饱和土抗剪强度的实用公式。这些公式利用土-水特征曲线(SWCC)和饱和土抗剪强度参数来直接或间接地预测非饱和土的抗剪强度。

Vanapalli 研究了应力历史、土体结构对 SWCC 的影响。国内有关学者也对影响土水曲线特征的因素进行了深入细致的研究。Fredlund 和 Xing 基于土体孔径分布函数提出了土水特征曲线公式,并确定了非饱和土抗剪强度随吸力变化的非线性规律,得到了非饱和土抗剪强度公式。Vanapalli 基于土水特征曲线方程提出了抗剪强度经验公式。缪林昌等通过南阳膨胀土抗剪强度试验研究,总结了非饱和土抗剪强度的双曲线模型公式。卢肇钧等提出了用膨胀力预测非饱和土强度的公式。作者近年来也一直进行该方面研究,针对南阳地区膨胀土,在试验的基础上提出了膨胀土抗剪强度的改进计算公式。

0.2.5 土动力学

土动力学是土力学的一个分支,主要研究地震、波浪及机器等动荷载作用下土体的动变形、动强度的规律性。

岩土的动剪切模量和阻尼比是描述土动力学特性的主要参数,为了确定这两个参数,国内外学者进行了许多研究,并取得了很多有价值的成果。

Zen 等第一次提出了不同的塑性指数值的动剪切模量曲线族。Sun、Vucetic 等深化了该方向的研究。费涵昌等对黄埔江大桥桥址土层进行共振柱试验,对动剪切模量-应变及阻尼比-应变关系进行了研究。蒋寿田等采用共振柱和动三轴仪对郑州地区的原状试样做了大量的试验,研究了土体的类型、天然状态、地层年代等因素对动剪切模量和阻尼比的研究,并比较分析了不同仪器测出的最大动剪切模量之间的关系。

0.2.6 细观结构

土体细观结构研究的初期阶段,由于计算机技术和观测手段的限制,研究进展非常缓慢,主要局限于定性研究。随着计算机图像处理技术和扫描电子显微镜的发展,大大加速了土体细观结构的研究进程。Anandarajah、Osipov 利用磁化率法开展了黏土细观结构的定向性研究。Bai、Dudoignon 研究了土体在固结和剪切过程中的细观结构变化。Sridharan、Griffiths 利用 CT 扫描法对加载过程中土体的细观孔隙变化进行了分析。Alshibli 用数字图像分析方法研究了颗粒介质中剪切带的方向和宽度。

我国也有众多学者对土体的细观结构进行研究。吴义祥提出了土的结构层次、结构状态以及结构状态熵的概念,对土体的细观结构进行了定量分析。胡瑞林利用分形方法研究了土体的细观结构,并认为结构要素可以由 9 类结构参数来进行描述。施斌、李林生介绍了 Videolab 图象处理系统的工作原理和特点,运用该系统对土体细观结构的 SEM 图片进行处理和分析,并论述了土体细观结构单元体定向性的测定方法。

0.3 研究内容

本书以南水北调中线工程膨胀土为研究对象,针对其力学特性及工程性质,采用试验研究的方法,研究了膨胀土的裂隙发育规律及其定量描述方法,膨胀变形规律、蠕变变形特性及蠕变模型,残余强度、干湿循环及黏粒含量对强度的影响,非饱和状态下的土水特性曲线、强度特性,动荷载作用下的动力特性,细观结构对宏观力学特性的影响,改性对膨胀土力学特性的影响,为工程防灾减灾提供科学依据。全书共分 8 章,主要内容包括:绪论、膨胀土的裂隙特性、膨胀土变形性质、膨胀土强度特性、膨胀土非饱和特性、膨胀土动力特性、膨胀土细观结构以及膨胀土改性。

第1章 膨胀土的裂隙特性

裂隙的存在对膨胀土的整体性、结构性均有很大影响。一方面,膨胀土中裂隙的产生和发展,对土体整体性产生很大破坏,使得土体强度大幅度下降;另一方面,裂隙为雨水入渗提供了通道,加剧了周围环境对土体的影响,使土体吸水、失水更为剧烈,从而造成土体迅速软化,内部裂隙面强度大幅度降低,导致土体容易沿裂隙面滑动。因此,研究干湿循环下裂隙的发育规律,进而对裂隙发育进行定量的数学描述,对于揭示滑坡等地质灾害破坏机制有着重大意义,也为地质灾害治理提供了依据。

目前,广大学者已经对膨胀土裂隙性进行了大量研究,取得了众多成果。对于膨胀土裂隙方面的研究主要集中在裂隙对膨胀土边坡稳定性的影响、裂隙本身发育规律以及量化指标等几个方面,对于怎样合理模拟干湿循环对裂隙发育的影响,在此基础上研究干湿循环下裂隙的演化规律,并从定性分析上升到定量分析,仍是值得进一步研究的问题;另外,对于含水量周期性变化过程中裂隙分维的变化规律,裂隙发育指标与基质吸力关系这两方面的研究比较欠缺。为此,本章拟对膨胀土裂隙进行观测,对不同干湿循环方式下裂隙的产生和发育过程进行观测,对其发育规律进行研究并建立基于分形理论的膨胀土裂隙的数学描述方法,揭示裂隙分形维数与膨胀土含水量、裂隙率之间的联系,对膨胀土裂隙的分形维数进行定量的描述,并结合滤纸法所测土水特征曲线,研究裂隙发育指标与基质吸力之间的关系。

1.1 裂隙的数学描述方法

目前,裂隙的图像观测技术已较成熟,但由于裂隙形成过程复杂,使得裂隙图像很不规则,结构十分复杂,在裂隙的统计分析上,现有研究仍存在很大不足,定量化的数学描述还很困难。目前对土体裂隙的统计分析,大多是参照岩体裂隙来进行的。主要有以下几种分析方法:

(1)赤平极射投影法。该方法将裂隙3D几何要素转化为2D平面来进行研究,主要是表示裂隙走向、倾向、倾角的方位以及相互之间的角度和距离。通过该方法可以得到裂隙极点图,对图像进行分析可以得出裂隙的分布情况。

(2)玫瑰花图法。根据裂隙的走向和倾向,按照一定间隔分组,统计各个分组的裂隙数量,然后按照一定的比例,将裂隙数量换算为线段长度,在半圆或者全圆中绘制形成玫瑰花图。该图可以准确表示出裂隙走向或者倾向的优势方向,是一种简单、常用的裂隙统计分析方法。

(3)灰度熵法。该方法通过将计算机技术与数码图像相结合,从而对裂隙进行统计分析。主要是将图像进行灰度处理,通过统计图像灰度值来反映裂隙的发展变化。研究表明,灰度熵越大,裂隙越发育。

(4)分形几何统计法。利用分形理论,对具有自相似性的裂隙网络进行分形维数计算,利用分形维数来对裂隙发育程度进行定量描述。

1.1.1　裂隙率

为了能够综合反映膨胀土裂隙的发育特征,目前多采用裂隙率作为裂隙的度量分析指标。裂隙率有多种表达方式,通常以单位面积上的裂隙面积、长度、分块个数、平均面积等作为裂隙率的表达方式。具体如下:

$$\delta = \sum_{i=1}^{n_i} A_i / A \tag{1-1}$$

$$\delta = \sum_{i=1}^{n_i} l_i / A \tag{1-2}$$

$$\delta = n_d / A \tag{1-3}$$

$$\delta = A_d / A \tag{1-4}$$

式中:δ 为裂隙率;A_i 为第 i 条裂隙面积;A 为试样总面积;l_i 为第 i 条裂隙长度;n_d 为试样被裂隙分开的土块个数;A_d 为试样被裂隙分开的小土块的平均面积。

1.1.2　裂隙率的计算方法

此次研究将单位面积上的裂隙面积作为裂隙率的表达方法。使用数码相机对图像进行采集,将采集后的图像,使用 PhotoShop 软件,对图片进行处理,使得每幅图像像素均为 256×256。随后利用 Matlab 软件,按照逻辑图 1-1 对图片进行处理计算。

图 1-1　裂隙率计算逻辑

首先将图片进行二值化处理,二值化处理由于操作简单、适用性强,在膨胀土裂隙图像处理方面应用很广。通过二值化处理,可以迅速准确地将裂隙与周围土体区分开来,而由于其处理后图像仅有黑白两种像素,对于图像中各类要素的提取有很大优势,即通过统计黑白像素,可以快速准确地对裂隙发育情况进行统计分析。二值化处理时,需要设置合适的阈值,大于这一阈值的部分为白,小于这一阈值的部分为黑,这样使得图像变为黑白图像。试验设置的阈值为 95,大于 95 的白色区域判定为土体表面,小于 95 的黑色区域判定为裂隙。其次进行增益降噪处理,将黑白图像对照原始图像,在不破坏裂隙信息的前提下,一方面对其他干扰因素进行清除,使得裂隙与土体能够最大程度地分离;另一方面对表现不充分而被略去的裂隙进行补充,提高统计计算精度。图 1-2 为各阶段处理前后的图片。

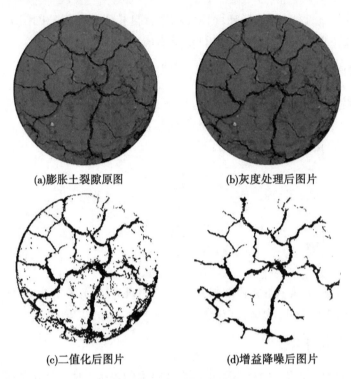

(a)膨胀土裂隙原图　　　　　　　　(b)灰度处理后图片

(c)二值化后图片　　　　　　　　(d)增益降噪后图片

图 1-2　裂隙处理前后图

对于处理后的图像,图像中裂隙为纯黑,灰度值为 0;土体为纯白,灰度值为 255。在程序中,将黑色像素设为 0,白色像素设为 1,整个图像就成为一个由 0、1 组成的矩阵。通过矩阵计算的方法,对黑白图像的黑色像素和白色像素进行统计,按照式(1-5)求得黑色像素与总像素之比 S,从而得出裂隙率 δ。程序计算如图 1-3 所示。

$$\delta = S = \frac{\text{黑色像素}}{\text{黑色像素} + \text{白色像素}} \tag{1-5}$$

```
>> path=strcat('\MATLAB7\work\60.bmp');
d=imread(path);
sum=0;
for i=1:size(d,1);
 for j=1:size(d,2);
   if d(i,j)<=0;
   sum=sum+1;
   end;
 end;
end;
S=sum/(size(d,1)*size(d,2))
imshow(path);title('二值化图像');

S =

    0.0862
```

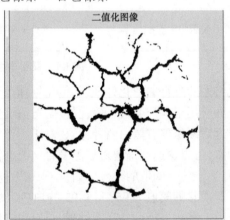

图 1-3　裂隙率计算程序

1.1.3　分形理论

分形(fractal)概念,是哈佛大学的 B. B. Mandelbrot 教授在 1975 年首先提出的,随后他在《Fractal:Form,Chance and Dimension》一书中对自然界中存在的某些不规则现象进行了研究,也正式提出了分形理论。分形可以描述自然界不规则的物体和现象,具有自相似和分维两大原则。

在欧式几何空间内,一个物体的长度、面积、体积可以用线、圆、球来进行量测,其量纲分别为长度的 1、2、3 次方,这与图形在几何空间里的维数相同。对于一个有确定维数 D 的物体,如果用一个维数为 d 的"尺"去量测,则会有以下几种结果:$d=D$,结果为确定的数值 N;$d<D$,结果为无穷大;$d>D$,结果为 0。对此,可以用如下数学表达式来表达:

$$N(r) \sim r^{-D} \tag{1-6}$$

对上式两边取对数,变换得到

$$D = -\ln N(r)/\ln(r) \tag{1-7}$$

式中:D 为 Hausdorff 维数;r 为"尺"的大小;N 为量测到的数目。

欧式几何维维数均为整数,但在自然界中,很多物体其形状是不规则的,比如海岸线,蜿蜒曲折的河流,连绵起伏的山脉,纵横交错的土体裂隙,它们的维数不一定是整数。通常将不是整数的 Hausdorff 维数,叫作分数维,也叫分形维数。

土体裂隙的发育特征,是一种非线性特征。人们通常用线性系统对它进行描述,描述过程中需要很多假定和简化,而这些假定和简化往往会使结果与实际情况产生很大偏差,从而不能真实地反映实际情况。膨胀土的裂隙分布虽然是随机的,表面上杂乱无章,但是其裂隙网络符合分形理论中的自相似性,膨胀土裂隙分布情况及演化规律可以用分形维数及其变化来进行定量描述。

1.1.4　裂隙分形维数计算方法

Hausdorff 维数是最早提出的分形维数计算方法,但它在实际计算中存在很多困难,于是在膨胀土裂隙分维的实际研究中,大多数采用盒维法来计算分形维数。具体方法即对于裂隙二值化图像,将图像分解为若干边长为 ε 的格子,统计存在裂隙黑色像素的格子数量 $N(\varepsilon)$,然后依次改变 ε 来求得相应的 $N(\varepsilon)$,由式(1-8)进行最小二值化拟合,求得其参数 A 和分形维数 D。

$$\lg N(\varepsilon) = A - D\lg\varepsilon \tag{1-8}$$

以往使用盒维法进行分形研究,要用不同大小的格子去覆盖所需测定的图像,这种方法不仅耗时长,而且精确度低。随着计算机技术的发展,可以利用 Matlab 软件,根据盒维法原理,编制分维计算程序,对图像进行分维计算。程序逻辑如图 1-4 所示,其中 ε 初值取 1。

利用该程序可以计算出不同 ε 对应的格子数量 $N(\varepsilon)$,经过拟合得到 D 值。分形维数计算程序界面如图 1-5 所示。通过对不同裂隙发育程度的图片进行分析,从而得出其分形维数。

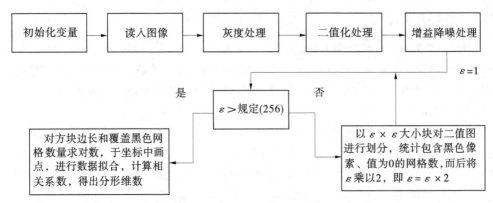

图 1-4　裂隙分形维数计算逻辑

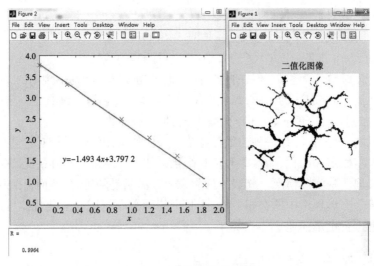

图 1-5　分形维数计算程序

1.2　试验方案

1.2.1　试验土样

试验所用土样为南水北调中线南阳段地区膨胀土,根据资料显示,该地区土体矿物成分以伊利石、蒙脱石为主,蒙脱石含量为 10.3%~30.8%,试样土样为重塑样,基本物理指标如表 1-1 所示。根据《膨胀土地区建筑技术规范》(GB 50112—2013)的分类,试验土样为弱膨胀性膨胀土。

表 1-1　土样基本物理力学指标

液限 W_L/%	塑限 W_P/%	塑性指数 I_P	比重 G_s	最大干密度 ρ_d/(g/cm³)	最优含水量 ω/%	自由膨胀率 %
43	22	21	2.69	1.69	21	50

1.2.2　试验方法

由于土体在吸湿初期迅速膨胀,加水后水分充填裂隙,造成裂隙迅速闭合,因此无法准确采集裂隙信息。故研究只针对脱湿过程的裂隙发育变化情况。具体操作步骤如下:

(1)配土、制样。将土样烘干碾碎过 2 mm 筛,将土和水充分拌匀,制成含水量为 25% 的土样。取两份土样测量其含水量,剩余土样使用密封袋密封后放置在保湿器内 24 h 以上以使土水混合均匀。

将配好的土样压成直径 9.1 cm、高 4 cm、干密度为 1.6 g/cm³ 的土饼,取两个直径 6.18 cm、高 2 cm 的环刀,背靠背置于土饼中心,缓慢压入约 30 mm,,将上部环刀移开,削去下部环刀外侧土样并称重。所制试样中 11 个进行完整脱湿试验,11 个进行完整吸湿试验,8 个用于模拟任意含水量变化路径试验。

(2)干湿循环。在模拟脱湿过程时,以往室内试验多为自然风干,但此过程所需时间很长,几天到几十天不等,而且裂隙发育不明显。在实际自然环境中,土体受到高温烈日暴晒时,短短几个小时裂隙便会产生发育,且十分明显。由此可见,自然风干的脱湿手段并不能很好地促进裂隙发育,与实际情况不符。这也说明要研究裂隙发育情况,则需要高温脱湿来促进裂隙发育,而若将试样放置在高温烈日下暴晒来进行试验,试验环境如天气和温度等无法人工控制,从而造成试样经历的脱湿过程不一致,对试验结果势必造成影响。为解决该问题,最为理想的试验方法是在人工气候室内保持恒温恒湿进行试验。其次也可以利用烘箱保持恒温,进而观察裂隙发育情况。由于试验条件所限,本次研究利用烘箱对土样进行烘干(80 ℃)来模拟脱湿过程,利用喷壶洒水来模拟吸湿过程,从而完成干湿循环。

为考虑不同循环方式对裂隙发育的影响,本次循环采用两种循环方式进行试验。第一种循环方式从含水量 25% 脱湿至 5%,再加水吸湿至 25%,从而完成一次循环,以此对 4 组试样分别进行 1、2、3、4 次循环;第二种循环方式为第一次循环从 25% 脱湿至 20% 后加水吸湿至 25%,第二次循环为 25%~15%,第三次循环为 25%~10%,第四次循环为 25%~5%,以此对 1 组试样完成 4 次循环,具体如表 1-2 所示。由于试样在脱湿后冷却才可进行吸湿试验,而冷却过程中含水量仍会下降,为保证循环过程一致,根据以往试验经验,选择在 6.5% 含水量点左右取出试样冷却,可使其含水量达到 5%。而当吸湿至目标含水量后,将试样放置在恒温保湿器中 1 d 使土体内部水分平衡。

表 1-2　干湿循环方式

干湿循环方法	循环次数	组数	每组试样类型及个数
25%~5%	4 次	4	直剪样 6 个
25%~5% 递减 5% 循环	4 次	1	直剪样 6 个

(3)图像采集。研究采用数码成像法对图片进行采集,该法性价比高、操作简单,利用数码相机所得裂隙图像能够充分完整地反映表层裂隙发育情况,满足试验分析的要求。数码相机选用 Canon EOS 600D 相机,自动对焦。利用一个能够固定相机和试样的装置

(见图1-6),固定相距和焦距,并使镜头主光轴与土样表面垂直,保证能够真实反映裂隙形态,从而提高计算准确性。为保证拍照环境一致,选择在晚上进行试验,隔绝其他光源,仅使用日光灯照明。由于闪光灯会造成拍摄面曝光不均匀,也使得图片中裂隙发育不明显,对后续图像处理和计算产生很大影响,因此在拍照时要避免使用闪光灯。根据实际情况,脱湿2 h,取出试样冷却后含水量在5%左右,当按照第一种循环方式进行试验时,在脱湿过程中分别选择试验开始后的 10 min、20 min、40 min、60 min、80 min、100 min、120 min 以及最终试样含水量达到5%

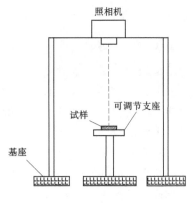

图1-6 固定装置

时,将试样取出拍照并称重。进行第二种递减循环试验时,按照与第一种循环方式相同的时间进行拍照,由于每次循环的目标含水量不同,当接近目标含水量时停止脱湿,拍照称重后重新进行吸湿。

(4)图像处理、分析。利用编制好的裂隙率以及分形维数计算程序,一方面对二值化图像进行黑白像素计算,统计黑色像素与总像素之比,得出裂隙率;另一方面对相同图像进行分形维数计算,得出其分维值。

1.3 干湿循环下裂隙发育机制

1.3.1 脱湿过程裂隙发育情况

(1)按照第一种循环方式(25%~5%循环),试验所得不同循环过程中裂隙发育情况如图1-7~图1-10所示,其中 T 代表时间,单位为分钟(min)。

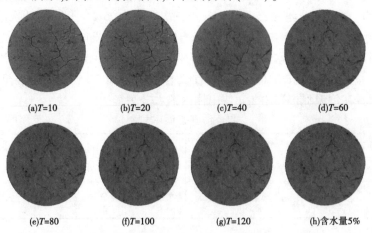

(a)T=10   (b)T=20   (c)T=40   (d)T=60

(e)T=80   (f)T=100   (g)T=120   (h)含水量5%

图1-7 第一种循环方式下第1次循环裂隙发育情况

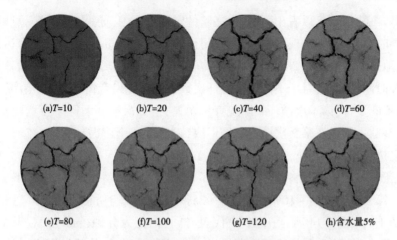

(a)*T*=10　　　(b)*T*=20　　　(c)*T*=40　　　(d)*T*=60

(e)*T*=80　　　(f)*T*=100　　　(g)*T*=120　　　(h)含水量5%

图 1-8　第一种循环方式下第 2 次循环裂隙发育情况

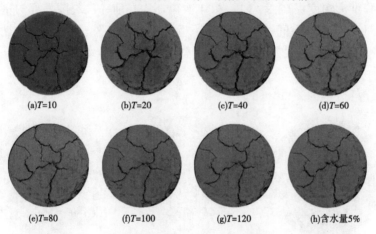

(a)*T*=10　　　(b)*T*=20　　　(c)*T*=40　　　(d)*T*=60

(e)*T*=80　　　(f)*T*=100　　　(g)*T*=120　　　(h)含水量5%

图 1-9　第一种循环方式下第 3 次循环裂隙发育情况

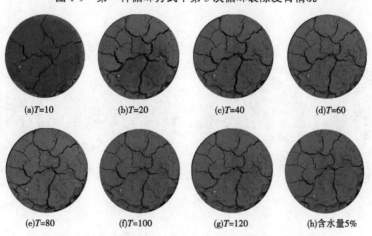

(a)*T*=10　　　(b)*T*=20　　　(c)*T*=40　　　(d)*T*=60

(e)*T*=80　　　(f)*T*=100　　　(g)*T*=120　　　(h)含水量5%

图 1-10　第一种循环方式下第 4 次循环裂隙发育情况

由图1-7~图1-10可以看出,在一个完整的脱湿过程中,如第2次循环,可以发现裂隙发育随脱湿时间的增加,呈现出先张开、后闭合的现象,40 min左右裂隙发育达到顶峰,在此以后,裂隙逐渐闭合。在80~100 min土体收缩基本达到稳定,此后裂隙发育基本不变。

当脱湿时间相同时,对于不同干湿循环次数下的裂隙发育情况,随着干湿循环次数的增加,裂隙不断发育,第1次循环裂隙发育不明显,第2次循环裂隙发育增幅很大。通过对比发现,裂隙主干线在第2次循环已经形成,再次经历干湿循环时,裂隙均是在原有裂隙的基础上进行延伸、贯通。

(2)按照第二种循环方式(递减5%循环),第1次循环为25%~20%,第2次循环为25%~15%,第3次为25%~10%,第4次为25%~5%。试验所得不同循环过程中裂隙发育情况如图1-11~图1-14所示,其中T代表时间,单位为分钟(min)。对于相同脱湿时间,裂隙发育随循环次数的增多而不断增大。第1次循环时,裂隙发育不明显,第2次循环裂隙发育程度大幅度提高,第3次、第4次循环均在前一次裂隙发育的基础上延伸增加。对于相同循环次数,在同一脱湿过程中,除第1次循环外,第2、3、4次循环裂隙发育均随时间的增加呈现出先张开、后闭合的现象。其裂隙发育峰值也均在40 min左右,其后裂隙逐渐闭合。

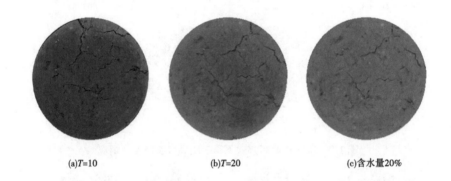

(a)$T=10$　　　　　(b)$T=20$　　　　　(c)含水量20%

图1-11　第二种循环方式下第1次循环裂隙发育情况

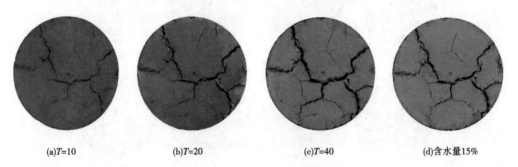

(a)$T=10$　　　(b)$T=20$　　　(c)$T=40$　　　(d)含水量15%

图1-12　第二种循环方式下第2次循环裂隙发育情况

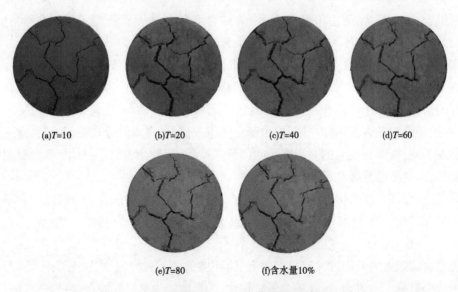

(a)T=10 (b)T=20 (c)T=40 (d)T=60

(e)T=80 (f)含水量10%

图 1-13 第二种循环方式下第 3 次循环裂隙发育情况

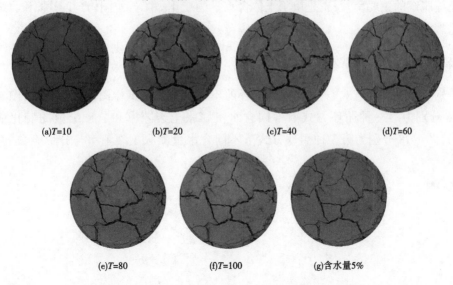

(a)T=10 (b)T=20 (c)T=40 (d)T=60

(e)T=80 (f)T=100 (g)含水量5%

图 1-14 第二种循环方式下第 4 次循环裂隙发育情况

造成裂隙产生主要有内因和外因两方面。

内因方面主要是膨胀土矿物成分、土体结构以及本身胀缩性。膨胀土的矿物成分包括黏土矿物和碎屑矿物,碎屑矿物中大部分为石英、斜长石,其次为方解石和石膏等矿物,碎屑矿物构成膨胀土的粗粒部分,往往含量有限,对裂隙的发育影响不大。膨胀土的细粒部分主要为黏土矿物,如蒙脱石、伊利石、高岭石等,这些黏土矿物对膨胀土的裂隙性和胀缩性影响很大,特别是蒙脱石类矿物。蒙脱石含量越多,土的活动性越强,膨胀收缩能力也越显著,从而对裂隙发育的促进作用也越大。土体结构对裂隙的影响有两方面:一方面是结构形态,层状的结构本身孔隙连通性很好,有利于孔隙水的运移以及裂隙的延伸和贯通,对裂隙产生比较有利;另一方面是排列方式,土颗粒在微集聚体之间的组合方式主要有面面组合、面边组合、面边角组合以及三者综合组合方式,从而形成了不同结构类型,而不同的结构类型对于土体裂隙产生和发育的影响也不同。

膨胀土本身的胀缩性与裂隙的产生密切相关,胀缩性是导致裂隙产生的主要内因。土体在干湿循环条件下,由于胀缩循环而导致土体体积反复变化,为裂隙产生和发育创造了良好的条件,另外土体体积反复变化也使得土体结构被破坏,促进了土体表层风化作用,又加速了裂隙向内部延伸。同时,由于土体组成成分、含水量分布等不均匀,造成土体胀缩程度不同,胀缩程度大的对程度小的部分产生拉、压应力,造成土体内部微裂隙的产生和发育,为裂隙的延展和贯通创造了条件。

另外,从细观角度来讲,膨胀土基质吸力也是导致裂隙产生发育的因素之一。基质吸力随干湿循环而产生周期性变化,从而导致土体体积等产生周期性变化,促进了裂隙发育。

造成裂隙产生的外因方面有很多,如试验环境条件、湿度、温度、人为条件等,但主要还是水分的影响。一方面,水破坏土体结构性,为裂隙产生提供先决条件;另一方面,水是引起土体胀缩的主要因素,正是由于土体含水量的变化,才导致土体产生膨胀和收缩,从而促进裂隙的产生。

1.3.2 脱湿过程裂隙发育机制

分别对两种循环方式下,各自4次循环的不同含水量的试样图像进行分析,图1-15、图1-16分别为第一种循环方式下不同含水量膨胀土裂隙率和分形维数的变化曲线,图1-17、图1-18分别为第二种循环方式下不同含水量膨胀土裂隙率与分形维数的变化曲线。

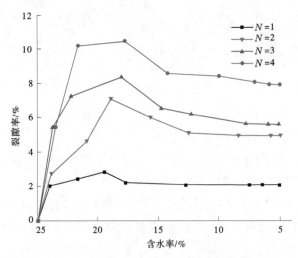

图 1-15 第一种循环方式下裂隙率变化曲线

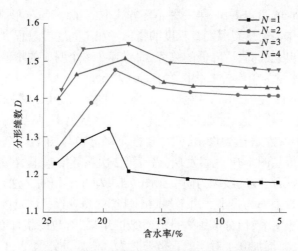

图 1-16 第一种循环方式下分形维数变化曲线

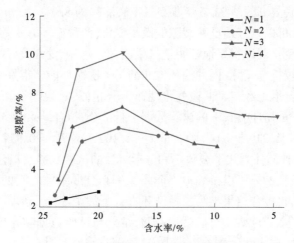

图 1-17 第二种循环方式下裂隙率变化曲线

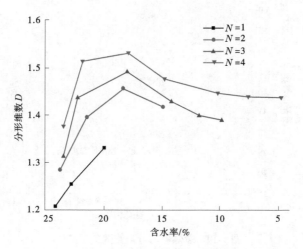

图 1-18 第二种循环方式下分形维数变化曲线

由图 1-15 和图 1-16 可以看出,第一种循环方式下,裂隙率与分形维数的变化规律基本相似,二者均可以作为衡量裂隙发育程度的指标。在不同脱湿过程中,二者曲线随着含水量的减少,均呈现出先升高、后降低的趋势,曲线存在一个明显的峰值,峰值含水量范围为 17%~20%,在含水量为 10%左右裂隙发育趋于稳定。

从图 1-17 和图 1-18 发现,第二种循环方式下,裂隙率与分形维数变化规律相似,第一次循环裂隙一直处于增长状态,无法判断峰值对应含水量范围,从后三次循环可以看出,裂隙发育在含水量 18%左右达到峰值,其后逐渐下降。而从图 1-17 发现,第 2 次和第 4 次循环增幅均很大,但从图 1-18 观察发现,只有第 2 次循环增幅很大,其后逐渐减小。计算裂隙率和分形维数所用数码图像为同一张图,结果却并不相同。这是由于在裂隙发育很差时,分形维数和裂隙率均很小。由于裂隙率计算的总像素是固定的,当裂隙发生很小的变化,因此增加并不明显;但分形维数是取对数的结果,对数每增加 0.1 对应的真数是不同的,对数值越大,每增加 0.1 对应的真数差越大。例如,当对数从 1.1 增长至 1.2 时,对应的以 10 为底的真数从 12.58 增加到 15.84,涨幅 3.26,而当对数从 1.5 增长至 1.6 时,对应的以 10 为底的真数从 31.6 增加到 39.8,涨幅为 8.2。由此可以说明,当裂隙发育较差时,分形维数可以较好地反映裂隙的微小变化,两种循环方式的第 1 次循环对应的裂隙率和分形维数变化可以很好地证明这一说法;而当裂隙发育较好时,利用裂隙率来反映裂隙发育情况比较符合实际,两种循环方式的第 4 次循环能够很好地说明这一观点。

由于裂隙率和分形维数二者曲线变化规律十分相似,对裂隙率和分形维数之间的关系进行分析,对第一种循环方式下的试验数据进行拟合,拟合结果为

$$y = 1.215\ 5 + 0.140\ 7\ln(x - 1.102\ 7) \qquad R^2 = 0.977\ 3 \qquad (1-9)$$

图 1-19 为第一种循环方式下裂隙率和分形维数的试验数据及拟合结果,从图 1-19 中可以看出,利用非线性函数可以很好地表征裂隙率和分形维数之间的关系。为进一步验证函数式的适用性,将拟合结果与第二种循环方式下裂隙率与分形维数的试验结果进行对比(见图 1-20)。从图 1-20 中可以看出,拟合结果与试验数据吻合较好,说明裂隙率和分形维数之间可以用非线性函数关系式来表达。

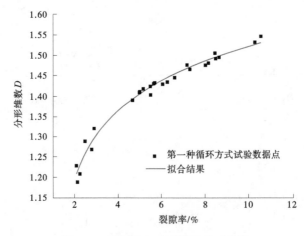

图 1-19 裂隙率与分形维数关系曲线

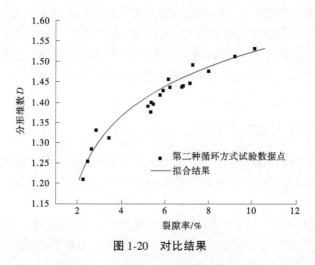

图 1-20　对比结果

虽然裂隙率和分形维数均可以反映裂隙发育程度,但二者之间也有很大区别。研究中裂隙率采用单位面积上的裂隙面积,表示裂隙在一定范围内的空间占有率,其计算方法简单,但不能很好地反映裂隙发育的随机性和不规则性。而分形维数不仅能够表征裂隙发育程度,也可以用于表示裂隙网络分布的不规则程度,但其计算方法相比裂隙率要更加复杂。将裂隙率与分形维数结合起来对裂隙发育进行分析,是一种比较科学的定量分析方法。

由于膨胀土具有较强的胀缩性,含水量下降时,土体产生收缩。由于土体各部分成分、含水量有所差异,从而造成应力分布不均匀,容易产生应力集中区。根据马佳等的研究,土体开裂时满足的应力状态方程为

$$\sigma_t = -\frac{\nu}{1-\nu}(u_a) - \frac{E(u_a - u_w)}{H(1-\nu)} \tag{1-10}$$

式中:ν 为泊松比;E 为变形模量;u_a 为孔隙气压;u_w 为孔隙水压;H 是与基质吸力有关的弹性常数;σ_t 为土体抗拉强度。

由式(1-10)可知,当土体某一部位满足应力状态方程时,裂隙就会产生,并随含水量的降低不断发育。由于土体在脱湿过程中,土体表面与热空气首先接触,试样温度的升高是先上后下、由外而内,这就造成土体表面含水量下降较快,而内部下降较慢,土体表面与内部含水量分布不均匀,从而形成一个上低下高的含水量梯度,上部土体收缩较快,下部土体收缩较慢,于是从表面看,土样裂隙发育呈现上宽下窄的现象。另外,由于试样与直剪环刀直接接触,环刀会对土体产生约束力,阻止土体收缩挤压裂隙,为裂隙发育创造了条件。这就是脱湿初期裂隙率和分形维数不断增长的主要原因。

当裂隙产生后,使得热空气通过裂隙进入土体内部,此时由于表面含水量较低,内部含水量较高,从而内部含水量下降速率要高于表面。而裂隙的产生使得土体表面应力得到释放,应力分布逐渐发生变化,随土样收缩,裂隙附近拉应力慢慢减小,并逐渐转化为压应力,裂隙部位由受拉变为受压;另外,当含水量下降到一定程度时,试样内部产生的拉应力会大于环刀约束力,从而使试样脱离环刀,约束力消失,土体收缩,也会对裂隙产生压应

力。由此可知,在某一脱湿过程中,裂隙不是无限发育的。如图 1-11 和图 1-12 所示,当压应力与拉应力相等时,裂隙发育达到顶峰,当压应力大于拉应力时,裂隙就会在压应力的作用下逐渐减小,一些微小裂隙也会闭合。从而造成裂隙率和分形维数下降。当接近缩限含水量时,土体表面和内部含水量下降速率趋于相等,土体不再收缩,此时裂隙发育逐渐稳定,裂隙率和分形维数不再变化。

1.3.3　干湿循环下裂隙发育机制

由图 1-15～图 1-18 可知,对于两种循环方式,相同含水量下对应的裂隙率和分形维数均随循环次数的增多而增大。相同裂隙率或分形维数对应的含水量也随循环次数的增多而增大。

图 1-21、图 1-22 分别为第一种循环方式下膨胀土裂隙率与分形维数随时间变化曲线,图 1-23、图 1-24 分别为第二种循环方式下膨胀土裂隙率和分形维数随时间的变化曲线。

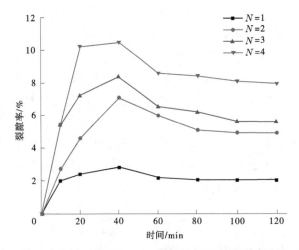

图 1-21　第一种循环方式下裂隙率随时间的变化曲线

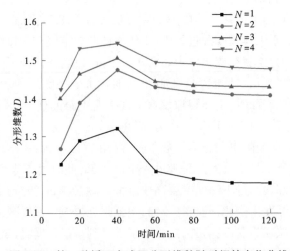

图 1-22　第一种循环方式下分形维数随时间的变化曲线

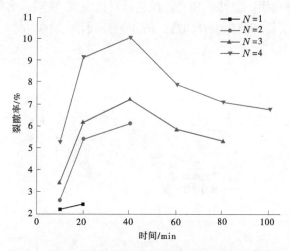

图 1-23　第二种循环方式下裂隙率随时间的变化曲线

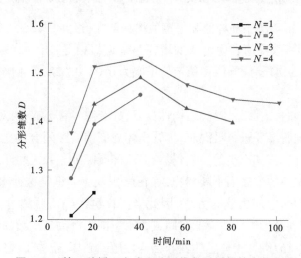

图 1-24　第二种循环方式下分形维数随时间的变化曲线

从图 1-21~图 1-24 可以发现,当脱湿时间相同时,裂隙率和分形维数值随循环次数的增多而增大,相同裂隙率或分形维数对应的时间随循环次数的增大而减小。裂隙发育达到峰值的时间在 40 min 左右。对于第一种循环方式,当脱湿进行到 80 min 时,裂隙发育趋于稳定,这与肉眼从彩色图片观察到的结果一致。

图 1-25、图 1-26 分别为第一种循环方式下,不同循环次数对应的裂隙率和分形维数最大值及稳定值。

从图 1-25 可以看出,对于不同循环次数下的裂隙率,其峰值和稳定值变化规律相似。第 1 次循环裂隙率的峰值和稳定值均很小,分别为 2.88、2.1,结合实际图像可以看出,裂隙发育很差,第 2 次循环二者的峰值和稳定值增幅最大,分别为 4.25、2.54。后两次循环峰值和稳定值均有所增加,第 3 次循环增幅分别为 1.29、0.68,第 4 次循环增幅为 2.1、2.33。第 4 次循环稳定值比第 2 次循环峰值还大,接近第 3 次循环峰值,说明干湿循环对裂隙发育有很大促进作用。对峰值和稳定值进行对比发现,在同一循环过程中,稳定值均比峰值要小,说明每次循环裂隙发育均会经历先张开、后闭合的情况。

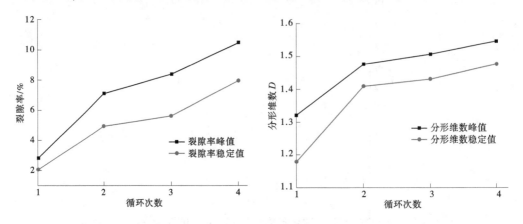

图 1-25 裂隙率峰值、稳定值与循环次数关系   图 1-26 分形维数峰值、稳定值与循环次数关系

从图 1-26 发现,第 2 次循环峰值和稳定值增幅最大,达到 0.155、0.23,而第 3 次和第 4 次循环对应的分形维数峰值和稳定值的增幅速率近似相等,图中为两条近似平行的线段。从数据上看,第 3 次循环,峰值和稳定值增幅为 0.03、0.022,第 4 次循环,二者增幅为 0.04、0.046。

由于第 1 次脱湿时,土体整体性、结构性良好,故裂隙发育不充分,对应的裂隙率和分形维数很小。当试样脱湿后进行吸湿时,尽管土体膨胀使裂隙闭合,但土体完整性已被破坏,闭合的裂隙没有消失,其产生的影响仍然存在,即裂隙处土粒之间联结减弱,而且这种影响作用随着循环次数的增多而不断累积,存在累积效应。正是这种累积效应使得土体更容易满足土体开裂时的应力状态方程,因此当土样再次经历脱湿时,此处便会首先张开,因此相同裂隙率和分形维数对应的时间或含水量随干湿循环次数的增多而不断减小。

在经历不同干湿循环后,土体整体性和结构性遭到破坏,土体不同位置土粒之间结构联结减弱。某些部位最初拉应力小于抗拉强度,没有裂隙产生,当再次经历脱湿过程时,这些位置的拉应力大于抗拉强度,新的裂隙就会产生。另外,原有裂隙随着含水量的下降,会继续张开并不断发育,相比前次循环相同裂隙发育程度,其含水量要高,此时对应的拉应力还很大,上下土体对应的含水量梯度很小,随着裂隙的不断发育,裂隙会成为新的临空面,从而重新建立新的含水量梯度。在新的含水量梯度形成过程中,含水量仍处于较高状态,上部土体拉应力大于压应力,从而造成原有裂隙的不断扩大。当达到裂隙率或者分形维数峰值后,由于土体收缩挤压裂隙,裂隙会产生一定程度的闭合,但土体收缩是有限的。随着循环次数的增多,土体收缩性能会在一定程度上减小,对裂隙产生的压应力也会降低,而相同含水量下的裂隙率又随循环次数的增多而增大,故当裂隙发育稳定后,循环次数越多,裂隙率和分形维数稳定值越大。

然而,干湿循环的作用是有限的,裂隙并不能无限发育。裂隙能够发育,原因在于存在拉应力,且该应力大于土体抗拉强度。而拉应力主要来自于土体本身的胀缩性。随循环次数增多以及含水量的降低,土体收缩性不断减小。而裂隙的存在,将土体切割为不同大小的土块,使得土体应力分布更为复杂,对裂隙产生的拉应力也逐渐减小。当裂隙发育到一定程度时,土体产生的拉应力小于抗拉强度,裂隙将不再发育。试验由于土样尺寸以及试验次数所限,结果未能体现该发育规律,此问题有待今后进一步研究。

1.3.4   不同循环方式裂隙发育机制

图 1-27 为不同循环次数、不同循环方式对应的裂隙率随含水量变化曲线,其中 N 为循环次数。针对两种不同循环方法得到的裂隙发育情况,按照不同循环次数来进行对比分析,由于裂隙率和分形维数发育规律相似,研究仅选择裂隙率来进行分析。为方便比较,以下所做对比均是在相同含水量下进行的。

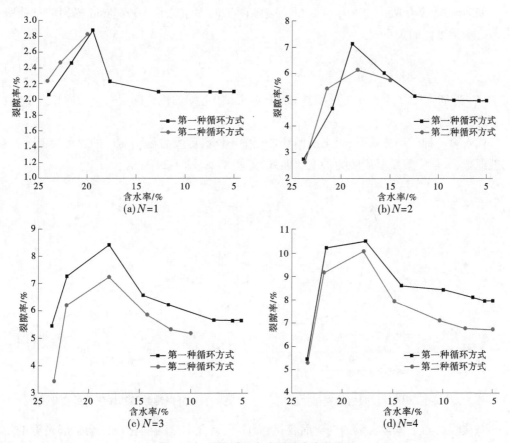

图 1-27   不同循环方式裂隙率变化曲线

由图 1-27 可以看出,第 1 次循环时,两种循环方式下土样变化规律相同,第二种循环方式对应的裂隙率高于第一种。第 2 次循环时,20 min 以前,第二种循环方式的裂隙率仍比第一种要高,到 40 min 裂隙发育出现峰值时,第二种循环方式的裂隙率低于第一种。而第 3 次、第 4 次循环,从最开始裂隙发育,第二种循环方式的裂隙率均比第一种要低。不同循环方式对土体裂隙发育的影响作用得到了很好的体现。

第 1 次循环,两种方式土样均未经历干湿循环,此时二者裂隙发育与自身结构有关。第 2 次循环 20 min 以前,第二种循环方式裂隙率仍高于第一种。到裂隙发育达到峰值时,不同循环方式所造成的结果终于显现出来,土样经历的循环幅度越大即脱湿、吸湿开始点之间差值越大,裂隙越发育,这种作用到第 3 次、第 4 次循环体现得更加明显。说明裂隙发育与其经历的干湿循环过程密切相关。一方面,脱湿、吸湿开始点之间差值越大,表明土体经历的循环幅度越大,其整体性和结构性的破坏程度越大,促进了裂隙发育。另一方面,经历的干湿循环变动越小,裂隙受到的拉应力作用越小,裂隙发育受到很大的抑制,并且这种作用随着循环次数的增多而不断累积。

1.3.5　基质吸力对裂隙发育的影响

如前所述,基质吸力也是导致膨胀土裂隙产生的因素之一。Fredlund 提出的基质吸力与含水量之间的关系式为

$$\theta = \frac{\theta_{\text{sat}} + \theta_{\text{irr}}(P_c/b)^d}{1 + (P_c/b)^d} \tag{1-11}$$

式中:P_c 为基质吸力;b 和 d 为模型参数,通过对试验数据的拟合确定;θ_{sat} 为饱和含水量;θ_{irr} 为残余含水量。

代入第一种循环方式下、第 1 次循环过程中不同裂隙发育程度对应的含水量,从而得到裂隙率、分形维数随基质吸力的变化曲线,如图 1-28、图 1-29 所示。

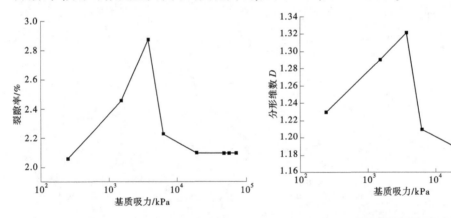

图 1-28　裂隙率随基质吸力的变化曲线　　　　图 1-29　分形维数随基质吸力的变化曲线

基质吸力随土体含水量的变化而变化,而膨胀土含水量的变化往往会引起裂隙的产生、发育和闭合。因此,从细观方面来说,基质吸力也是导致裂隙产生的重要因素。当含水量由高到低时,基质吸力由小变大,这种吸力作用会像有效应力一样,使土体发生收缩,在收缩过程中造成裂隙发育,到达一定程度后又会挤压裂隙,使裂隙闭合;而当含水量由低到高时,基质吸力不断变小,致使土体产生膨胀变形。基质吸力正是通过影响土体胀缩性,进而对裂隙发育产生影响。

1.4　本章小结

膨胀土裂隙由于形成过程十分复杂,裂隙分布为随机分布,具有很强的非线性特征。尽管裂隙网络没有严格意义上的自相似性,但组成的裂隙网络系统具有统计意义上自相似的分形结构,可依据分形理论对其进行研究。得出的分形维数变化规律与裂隙率相似,可以很好地表征裂隙发育情况,分形维数和裂隙率之间可以用非线性函数关系来进行定量描述。

(1)在脱湿过程中,随含水量的降低,裂隙率和分形维数曲线均呈现出先升高、后降低的趋势,曲线存在一个明显的峰值,峰值含水量范围为 17%～20%,并在含水量为 10% 左右趋于稳定。

(2)对于不同干湿循环过程,循环次数越多,相同含水量下对应的裂隙率和分形维数也越大。而相同裂隙率或分形维数对应的含水量也随循环次数的增多而增大,对应的时间随循环次数的增多而减小。裂隙率和分形维数的峰值和稳定值,均随循环次数的增多而增大。

(3)不同循环方式对裂隙发育有很大的影响。这种影响与脱湿、吸湿开始点之间的差值有关。差值越大,土体经历的干湿循环过程越长,越有利于裂隙发育。

(4)基质吸力是影响裂隙发育的重要因素。一方面基质吸力的变化意味着含水量的变化,从而影响裂隙的产生和闭合;另一方面,基质吸力的变化影响土体胀缩性,基质吸力的升高和降低,使得土体收缩和膨胀,进而使得裂隙张开和闭合。

第 2 章　膨胀土变形性质

　　膨胀土吸水膨胀变形是膨胀土所特有的力学特性,以往利用固结仪开展膨胀试验已取得众多成果,本章采用三轴蠕变仪开展了膨胀土的轴向、径向膨胀变形、体积膨胀变形等方面试验研究,在此基础上探索建立了两向膨胀模型。

　　此外,地基的长期沉降、隧道施工时的地表沉降及变形等均与其蠕变特性有关。因此,本章还研究了重塑饱和膨胀土的蠕变特性,包括轴向总应变与时间的关系、体积应变与时间的关系以及孔压与时间的关系,并建立了相应的蠕变关系式。

2.1　膨胀土膨胀机制

　　膨胀土含有的膨胀性黏土矿物是导致其产生膨胀的主要因素。现有理论中分子膨胀机制及胶体膨胀机制比较符合实际情况,其主要内容简述如下。

2.1.1　晶层膨胀机制

　　膨胀土的主要组成物质为黏土矿物,是一种含水硅铝酸盐矿物,它的晶胞由两种基本结构单元组成,即硅氧四面体(见图2-1)和铝氧八面体(见图2-2)。四面体、八面体在平面上分别连接成为四面体片及八面体片,交界处的粒子则相邻共用,四面体片和八面体片通过顶部的 O^{2-} 和 OH^- 共用而结合形成晶胞。根据晶胞内四面体片和八面体片的结合形式不同,将常见的黏土矿物分为:蒙脱石族、高岭石族和伊利石族。

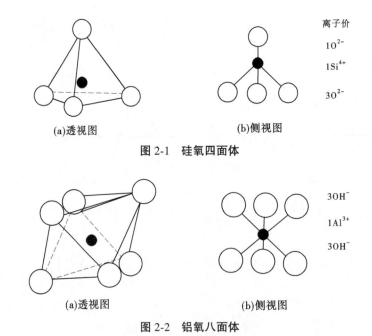

離子价

10^{2-}

$1Si^{4+}$

30^{2-}

(a)透视图　　　　　(b)侧视图

图 2-1　硅氧四面体

$30H^-$

$1Al^{3+}$

$30H^-$

(a)透视图　　　　　(b)侧视图

图 2-2　铝氧八面体

　　蒙脱石晶体是由许多互相平行的晶胞组成的,每个晶胞如图 2-3 所示,有 3 层,厚度约为 14Å,上层及下层是 Si-O 四面体,中间为一层 Al-O-OH 八面体。它的最大特点是四面体及八面体在晶胞中以 2:1 的数量存在;晶胞之间是以 O^{2-} 接触的,不够紧密,可以吸收一定量的水分子,从而使其结构构架的活动性较大,亲水性强;晶胞之间的 Al^{3+} 可被 Ca^{2+}、Mg^{2+}、Fe^{2+}、Fe^{3+} 等取代,继而形成不同的矿物,若被二价离子所取代,那么在格架中将会出现多余的游离原子价,这样吸附能力就会提高,晶胞间的连接力也会增强。从以上所述特性得出,蒙脱石族矿物具有较强的吸水能力,使体积大大增加,甚至使相邻的晶胞间失去连接力的特性。

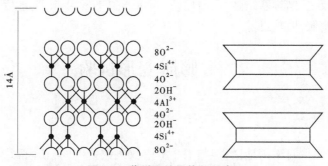

图 2-3　蒙脱石结晶格架示意

　　由于蒙脱石矿物相邻的晶胞间具有同号电荷,因而具有斥力,其活动性变大。晶胞之间存在的沸石水也有一些反离子,当膨胀土遇水后,这些反离子会溢出,造成晶胞之间的吸引力减小,水分子挤入,晶胞的间距增大,致使矿物颗粒本身急剧膨胀。

　　伊利石矿物、伊蒙混合层也具有上述蒙脱石晶粒的内部膨胀机制,只不过伊利石所具有的 3 层结构中 SiO_2 相对较少一些,其上层和下层的 Si-O 四面体中 Si^{4+} 可被 Al^{3+}、Fe^{3+} 取代,有时晶胞中正电荷不足,甚至有二价正离子来补偿。在膨胀土中,常见 K^{1+}。因此,伊利石结晶格架的活动性比蒙脱石小,亲水性也较低一些。

　　分子膨胀机制对于解释膨胀土的胀缩变形、预测膨胀程度,有一定的意义,但这种理论仅考虑了晶胞之间的吸附结合水作用,而没有考虑黏土颗粒及其集聚体的吸附结合水作用。实际上,膨胀土的膨胀不仅发生在晶格构造内部,而且也发生在颗粒与颗粒之间的集聚体与集聚体之间。

2.1.2　胶体膨胀机制

　　有些膨胀土不含蒙脱石、伊利石和伊蒙混合层,主要成分为高岭石时也具有一定的膨胀性。高岭石的结构与蒙脱石类似,由相互平行的晶胞组成,但其晶胞之间是通过 O^{2-} 与 OH^- 胶结连接的,连接力较强,水分子很难进入晶胞之间,所以它的亲水性小,遇水后体积膨胀有限。虽然其晶胞之间水分子不易进入,但其黏粒表面及其吸附离子具有静电引力。由于水分子是极性体,可以被静电引力吸引,距离近的水分子被吸附在黏粒表面成为强结合水,距离稍远的地方,有一定的自由活动能力,成为弱结合水;再远一些的,静电引力很弱小,水分子会成为自由水。由于黏粒的粒径很小,表面积很大,致使吸附作用很强,此时容易形成胶体,其表面将形成非常厚的水化膜吸附层,造成黏土在宏观上体积增大。只要是粒径小于 0.002 mm 的矿物,均能够形成胶体,具有上述膨胀机制。

颗粒表面的负电荷与介质溶液会有电位差,其对结合水膜的厚度影响较大,水膜厚度随着电位差的增大而增大。研究表明,蒙脱石与天然水的电位差大于伊利石,高岭石次之。由此也解释了以蒙脱石矿物为主的膨胀土,其膨胀性要大于高岭石、伊利石。

除上述两种理论外,微结构理论认为,膨胀土产生胀缩变形不仅取决于岩土的矿物组成,还与岩土体的微观结构特征密切相关。岩土的微观结构特征指的是结构单元体(单粒和集聚体)的大小形状、表面特征、空间排列状况、联结特征及孔隙特征等。膨胀土的结构联结弱,排列定向性较明显,裂隙较为发育,为水分迁移提供了良好的通道,因此具有较强的膨胀性;反之,结构联结强,定向性差,吸水通道不发育,则吸水后集聚体沿各个方向的扩展受阻,膨胀性也较低。

2.2　膨胀变形试验

2.2.1　试验材料

试验用膨胀土取自南阳地区,但与 1.2 节中取土位置不同,自由膨胀率为 70%,属于中膨胀土。为了使试验中膨胀变形的宏观表现较为明显,便于研究规律性,采取了在原膨胀土中按干质量比 1:1 加入钠基膨润土的做法,来提高土样的膨胀性。为方便起见,仍称为膨胀土。所用膨润土为山东省潍坊市坊子区驸马营钠土厂产的钠基膨润土,其蒙脱石含量≥60% ~ 70%。

2.2.1.1　粒度成分

和其他普通黏性土相比,膨胀土在颗粒组成上往往具有黏粒含量较高的特点,一般黏粒含量均在 30% 以上,有时超过 40%,膨胀土黏粒含量高、比表面积大、颗粒与水的相互作用能力强是其具有显著的遇水膨胀、失水收缩特性的原因之一。

本书对南阳膨胀土及加膨润土的土样进行了颗粒分析试验,得到膨胀土颗粒级配曲线(见图 2-4)和颗粒组成分析结果表(见表 2-1)。

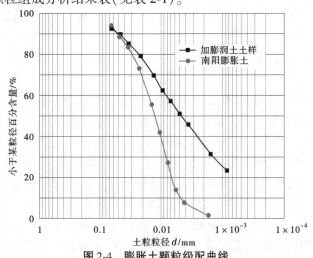

图 2-4　膨胀土颗粒级配曲线

表 2-1　膨胀土颗粒组成分析结果

粒组名称	粒径范围/mm	所占比例/%	
		南阳膨胀土	加膨润土土样
砂粒	2~0.075	4.3	5.4
粉粒	0.075~0.005	84.4	43.6
黏粒	<0.005	11.3	50.9

由颗粒分析结果可以清楚地看出,南阳膨胀土的粒度成分以粉粒(0.075~0.005 mm)为主,占到总含量的 84.4%,其次为黏粒(<0.005 mm),占总含量的 11.3%。对于加膨润土的土样,以黏粒含量为主,占总含量的 50.9%;其次为粉粒,占总含量的 43.6%。

2.2.1.2　比重

用比重瓶法测得的南阳膨胀土的比重为 2.77,加膨润土试样的比重为 2.81。

2.2.1.3　界限含水量

本书采用液塑限联合测定仪测定膨胀土试样的液限和塑限。试验得南阳膨胀土的液限为 44.5%,塑限为 24.1%,塑性指数为 20.4。加膨润土土样的液限为 84.7%,塑限为 25.6%,塑性指数为 59.1,加膨润土后,试样的液限和塑性指数均升高。

2.2.1.4　自由膨胀率

膨胀土的自由膨胀率是指将膨胀土样经过粉碎风干后,一定体积的松散土粒(结构内部无约束力)浸泡于水中,在没有任何限制条件下经充分吸水膨胀后产生自由膨胀,体积增大,试样膨胀稳定后所增加的体积与初始体积之比,以百分率表示。

《膨胀土地区建筑技术规范》(GB 50112—2013)中按照自由膨胀率的大小划分土的膨胀潜势强弱,以对土的胀缩性高低加以判断,如表 2-2 所示。经试验测得,南阳膨胀土的自由膨胀率为 70%,属于中膨胀土,加入膨润土的土样自由膨胀率为 250%,为强膨胀土。可见,随着膨胀性矿物含量的增多,膨胀土的膨胀性明显增大。

表 2-2　膨胀土的膨胀潜势分类

自由膨胀率/%	膨胀潜势
$40 \leqslant \delta_{ef} < 65$	弱
$65 \leqslant \delta_{ef} < 90$	中
$\delta_{ef} \geqslant 90$	强

对南阳膨胀土及加入膨润土的膨胀土进行了基本物理力学性质试验,指标见表 2-3。加入膨润土后,膨胀土的比重、液缩限、塑性指数、自由膨胀率均增大,可见膨胀性矿物含量对土的物理力学性质指标影响较大。

表 2-3   膨胀土物理性质指标

土样	比重	液限/%	塑限/%	塑性指数	自由膨胀率	颗粒组成/%		
						2~0.075	0.075~0.005	<0.005
南阳膨胀土	2.77	44.5	24.1	20.4	70	4.3	64.4	31.3
加膨润土土样	2.81	84.7	25.6	59.1	250	5.4	43.6	50.9

2.2.2   膨胀土侧限膨胀试验

2.2.2.1   试验方案与试验步骤

1.试验方案

本节主要研究侧限条件下膨胀应变与应力、膨胀应变与含水量以及膨胀应变与上覆压力之间的关系。

在相同的含水量和干密度条件下,制备 7 个环刀试样,在固结仪中进行以下试验:

(1)分别进行上覆压力为 25 kPa、50 kPa、100 kPa、150 kPa、200 kPa、250 kPa、300 kPa 的有荷浸水膨胀变形试验。

(2)待膨胀稳定后,将 300 kPa 的压力按每级 50 kPa 逐级卸载到 100 kPa。

试验过程中可得到不同荷载条件下不同时刻的膨胀变形量。压缩稳定的标准为每小时变形量不超过 0.01 mm,膨胀稳定的标准为 2 h 内百分表读数差值不超过 0.01 mm。

2.试验仪器与试验步骤

试验采用的仪器为杠杆式三联高压固结仪,如图 2-5 所示。试验主要步骤为:

图 2-5   三联高压固结仪

(1)将试样放入环刀中,上下各放一块透水石,将其放入容器中,安装百分表。

(2)先施加较小的荷载(1 kPa)使试样与仪器接触良好,然后逐级加载到设计的轴向压力,记录压缩量。

(3)向容器中注水至覆盖上部透水石。

（4）记录膨胀过程中及稳定后的膨胀应变。

（5）将 300 kPa 的压力逐级卸载,记录卸载瞬间膨胀量以及稳定后的膨胀量。

（6）重复步骤（5）,直到荷载下降至 100 kPa。

（7）试验结束后,先吸去容器中的水,称取试样重量及烘干后的重量。

3. 试样制备

试样初始含水量均为 24%,干密度为 1.65 g/cm³。为了使膨胀变形较为明显,便于研究规律性,试验用土（按干质量比 1∶1）加入钠基膨润土的膨胀土。重塑试样制作过程:

（1）将土样烘干,充分碾碎后过 2 mm 筛,去除粒径大于 2 mm 的粗粒、杂质及有机质等。

（2）按照干膨胀土与干膨润土质量 1∶1 的比例,分别称取所需质量（待烘干后立即称取）,混合均匀后,加入纯水,充分搅拌,配置成既定含水量的混合土样,用塑料袋密封后,放入保湿缸中养护 24 h。

（3）用静力压实的方法进行制样,制样器见图 2-6,根据设计的初始含水量及干密度,需要的湿土质量根据式（2-1）计算,试样尺寸为直径 61.8 mm、高 20 mm。

$$m = \rho_{d}(1 + \omega)V \tag{2-1}$$

式中:ρ_{d} 为试样的干密度,g/cm³;ω 为制样的含水量（%）;V 为制样环刀的体积,cm³。

图 2-6　制样器

2.2.2.2　试验结果

试样膨胀变形的大小用膨胀率 ε 表示:

$$\varepsilon = \frac{\Delta H}{H_0} \times 100 \tag{2-2}$$

式中:ΔH 为膨胀量;H_0 为试样压缩稳定后的高度。

1. 膨胀变形时程规律

试样在不同上覆压力条件下的膨胀率随时间的变化关系如图 2-7 所示。从图 2-7 中可以看出,随着时间的增长,膨胀率不断增大,不同上覆压力下膨胀率-时间曲线基本相似,即随着时间的增长,膨胀率增长率的总趋势在逐渐减小,并且随着上覆压力的增大,试样的膨胀率减小。膨胀完成的时间为4~19 d。

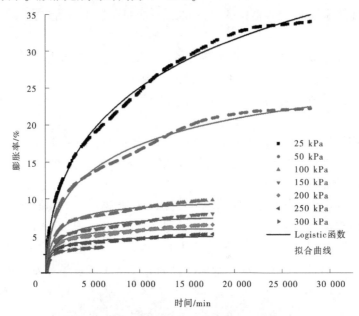

图 2-7　膨胀率随时间变化拟合曲线

膨胀变形过程可分为吸水膨胀、加速膨胀、缓慢膨胀 3 个阶段,在试样加水的初期阶段,膨胀仅发生在浸水表面,吸力比较大,膨胀速率也较高;随着水分的逐渐深入,土水交界的面积增大,膨胀速率也加快;水分继续增加,则吸力减小,吸水量也相应减少,膨胀速率较缓慢。

在单向浸水膨胀时,膨胀变形时程关系可以分阶段拟合成对数、指数、半对数坐标下双曲线。李志清等用药物反应对数模型(Does Response)来拟合膨胀时程规律,效果较好。

式(2-3)为 Does Response 模型的数学表达式:

$$\varepsilon_t = \frac{A_1 - A_2}{1 + \left(\dfrac{t}{t_0}\right)^P} + A_2 \qquad (2\text{-}3)$$

式中:A_1、A_2 为待定参数;P 为指数;t_0 为 50 %ε 时 t 的值。

在 Does Response 模型启示下,现采用与其类似的 Logistic 函数来描述膨胀时程曲线,函数表达式为

$$\varepsilon_t = A_1 - \frac{A_1}{1 + \left(\dfrac{t}{t_0}\right)^P} \qquad (2\text{-}4)$$

式中:ε_t 为 $t(\min)$时刻的膨胀率,%;A_1、P、t_0 为与土性有关的参数。

拟合结果见图 2-7 及表 2-4。

表 2-4　Logistic 函数拟合膨胀规律方程

上覆压力/kPa	拟合结果
25	$\varepsilon_t = 38.127\,3 - \dfrac{38.127\,3}{1+\left(\dfrac{t}{4\,881.321\,5}\right)^{1.170\,2}}$
50	$\varepsilon_t = 24.563\,4 - \dfrac{24.563\,4}{1+\left(\dfrac{t}{3\,355.312\,1}\right)^{1.001\,2}}$
100	$\varepsilon_t = 10.085\,5 - \dfrac{10.085\,5}{1+\left(\dfrac{t}{1\,095.701\,85}\right)^{0.910\,09}}$
150	$\varepsilon_t = 8.153\,2 - \dfrac{8.153\,2}{1+\left(\dfrac{t}{885.305\,1}\right)^{0.741\,14}}$
200	$\varepsilon_t = 6.357\,28 - \dfrac{6.357\,28}{1+\left(\dfrac{t}{692.893\,2}\right)^{0.875\,54}}$
250	$\varepsilon_t = 5.574\,21 - \dfrac{5.574\,21}{1+\left(\dfrac{t}{719.476\,5}\right)^{0.655\,58}}$
300	$\varepsilon_t = 3.713\,15 - \dfrac{3.713\,15}{1+\left(\dfrac{t}{368.903}\right)^{0.889\,83}}$

2. 膨胀变形与上覆压力的关系

不同上覆荷载作用下侧限浸水膨胀试验结果如图 2-8 所示。从图 2-8 中可以看出，随着上覆压力的增大，膨胀率有明显的减小趋势。当所加压力较小（<100 kPa）时，膨胀率的变化幅度较大，当所加压力较大（>100 kPa）时，膨胀率的变化幅度较小。由此可见，膨胀土所受到的荷载越大，其体积随含水量变化而产生的膨胀变形越不明显。在膨胀土地区的地基土，大多需要承受土体自重应力和建筑物所产生的附加应力中某一者的作用或两者的共同作用。当水分入渗引起土体含水量增大，土体必须首先克服压力的作用才可能表现出其膨胀特性，即压力对膨胀具有抑制作用。随着深度的增加，土体所受到的上覆土自重压力越来越大，其吸水膨胀量越来越小，在达到地面以下一定深度后，土体将不再产生膨胀变形。同理，对于自重较大的建筑物，由于地基土所受到的附加应力较大，其膨胀量也较小，膨胀土对于轻型建筑物的破坏作用最为明显正是由于这一原因。

关于上覆压力与膨胀量的关系研究较多。Gysel M 的一维膨胀理论认为在弹性范围内，在有侧限的情况下，根据弹性理论和经验公式，竖向膨胀量可以用以下公式计算：

$$\varepsilon_{hp} = \varepsilon_h \left(1 - \frac{\ln \sigma_z}{\ln \sigma_{max}}\right) \tag{2-5}$$

式中：ε_{hp} 为在压力作用下的膨胀量；σ_z 为作用于土体的垂直向的应力；σ_{max} 为膨胀变形为 0 时的最大膨胀压力。

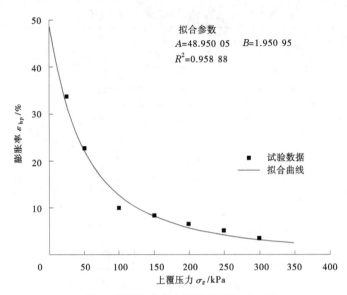

图 2-8　膨胀率与上覆荷载的关系曲线

刘特洪提出压力作用下的膨胀变形按照以下公式计算:

$$\varepsilon_{\mathrm{hp}} = A \frac{\ln\sigma_{\max}}{\ln\sigma_z} \qquad (2\text{-}6)$$

式中:A 为参数,与含水量有关,对于同一种土,其只与初始含水量有关。

徐永福等提出的膨胀量与压力的关系为

$$\varepsilon_{\mathrm{hp}} = A \left(\frac{\sigma_z + P_{\mathrm{a}}}{P_{\mathrm{a}}} \right)^{-B} \qquad (2\text{-}7)$$

式中:A、B 为试验参数;P_{a} 为大气压力。

李献民等提出的计算公式为

$$\varepsilon_{\mathrm{hp}} = 10^{A+B\sigma_z} \qquad (2\text{-}8)$$

式中:A、B 为试验参数。

上述各式均能够较好地反映侧限条件下,膨胀变形与上覆压力的关系。式(2-5)与式(2-6)都不能够计算上覆压力为 0 时的膨胀变形量(即无荷膨胀量);式(2-8)将压力作为指数项,其少许变化对膨胀变形量有很大影响,不利于拟合参数的稳定性;式(2-7)不仅能够计算上覆压力为 0 的膨胀量,还通过大气压将压力无量纲化,因此本章将采用式(2-7)拟合膨胀变形与上覆压力的关系。

式(2-7)中,参数 A 的值即为压力为 0 时的膨胀量。而 B 值需通过试验确定,其与膨胀土的初始含水量及初始干重度有关。式(2-7)的拟合结果如图 2-8 所示,可以看出拟合结果较好,说明了式(2-7)的合理性。

3. 膨胀含水量与上覆压力、膨胀率的关系

膨胀含水量,一般也称为胀限含水量,系指膨胀土在一定条件下吸水膨胀,达到稳定时的最大含水量。

图 2-9 绘出了不同上覆压力下的膨胀含水量,图 2-10 为膨胀率与膨胀含水量的关

系。从两个图中可以看出,随着上覆压力的增大,膨胀含水量逐渐减小,相应的膨胀变形减小。即当上覆压力越大时,试样的吸水量越小,膨胀性能越小;当上覆压力越小时,试样充分吸水,膨胀性能表现得越突出。在侧限条件下,膨胀含水量与上覆压力呈对数线性相关,拟合关系式如下:

$$\omega_h = 0.678\ 2 - 17.045\ 2\ln\sigma_z$$

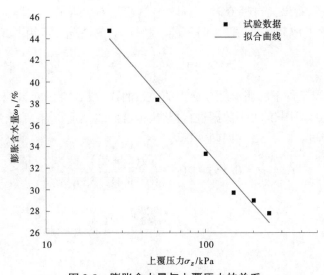

图 2-9　膨胀含水量与上覆压力的关系

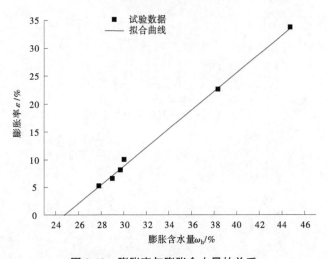

图 2-10　膨胀率与膨胀含水量的关系

膨胀率与膨胀含水量的关系可用线性描述:

$$\varepsilon = 1.679\ 2 - 41.496\ 5\omega_h$$

4. 膨胀应变与应力、时间关系研究

国际岩石力学学会推荐的测量膨胀应变和荷载之间关系的方法是逐级卸载法。该方法是对试样先施加一定的荷载,然后再逐级卸载,随着荷载的减小,试样的膨胀量会逐渐增大。记录试样在每一级荷载下的膨胀量,就可以绘制出应力应变关系曲线。本次试验卸载路径为 300 kPa—250 kPa—200 kPa—150 kPa—100 kPa。

Huder-Amberg 模型的数学表达式为

$$\varepsilon = K\left(1 - \frac{\lg\sigma_z}{\lg\sigma_0}\right) \tag{2-9}$$

式中：σ_0 为膨胀应变为 0 时的膨胀应力；ε 为膨胀应变；σ_z 为膨胀应力。

从式(2-9)可以看出，当 $\sigma \to 0$ 时，$\varepsilon \to \infty$，显然这是不合理的。实际上，膨胀土吸水膨胀稳定后，ε_∞ 应该近似为常数，式(2-9)不能反映 $\sigma = 0$ 的情况。可用下式进行修正：

$$\varepsilon = \varepsilon_\infty\left[1 - \frac{\lg(1 + \sigma_z)}{\lg(1 + \sigma_0)}\right] \tag{2-10}$$

图 2-11 为侧限条件下膨胀应变与应力的关系曲线，图 2-12 为对数拟合曲线。分别用式(2-9)和式(2-10)对图 2-11 中数据进行拟合，拟合曲线几近重合，那么用式(2-10)代替式(2-9)将更为合适。图 2-12 的回归方程为

$$\varepsilon = 0.563\,4\left[1 - \frac{\lg(1 + \sigma_z)}{\lg(1 + 418.83)}\right]$$

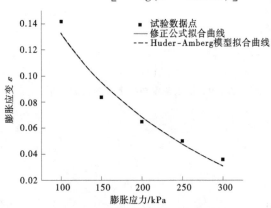

图 2-11 膨胀应力应变的关系曲线

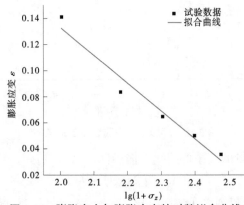

图 2-12 膨胀应力与膨胀应变的对数拟合曲线

最大膨胀率为 0.563 4,最大膨胀应力 σ_0 为 418.83 kPa。

考虑到膨胀土吸水的非稳态膨胀过程,将式(2-10)改为

$$\varepsilon = \varepsilon_t \left[1 - \frac{\lg(1 + \sigma_z)}{\lg(1 + \sigma_0)} \right] \tag{2-11}$$

前文已研究了膨胀应变随时间的变化规律,式(2-4)中 $t \to \infty$,$\varepsilon \to A_1$,即 A_1 为最终膨胀量,其与荷载有关。将式(2-4)与式(2-11)联合得

$$\varepsilon = \varepsilon_\infty \left(1 - \frac{1}{1 + \left(\dfrac{t}{t_0} \right)^p} \right) \left[1 - \frac{\lg(1 + \sigma_z)}{\lg(1 + \sigma_0)} \right] \tag{2-12}$$

此式即为膨胀土浸水后 t 时刻的膨胀应力应变关系。

2.2.3　膨胀土三轴膨胀试验及体积膨胀模型

2.2.3.1　膨胀三向变形特征

在三向应力作用下,膨胀土浸水后会存在三向变形,变形的性质与三向应力状态、土样初始含水量、干密度等因素有关,王园通过对荆门膨胀土的研究,将三向变形归纳为 4 种典型类型:

(1)单向压缩型。土样在一个方向始终产生压缩变形,而在另一方向始终产生膨胀变形。由于土样在一个方向受到较大的应力(大于膨胀压力)作用,同时土的初始含水量较高(大于最优含水量),随着土样吸水,虽然在某一方向产生压缩变形,但土样总体仍产生体积膨胀变形。在另一方向上,由于受外荷较小(小于膨胀压力),仍会产生膨胀变形,膨胀变形能量来自于土样自身的膨胀变形能和另一个方向压缩伴随产生的剪切变形。表现为该方向土样伸长变形化的膨胀。土样吸水产生膨胀变形,消耗了膨胀变形能,当土中膨胀力与外力相互平衡,土体不再产生体积变形。此后变形完全是一种畸变。一个方向压缩变形,另一个方向膨胀变形,总体积变形能量为零。

(2)单向胀缩型。是在一个方向先产生膨胀变形,而后产生压缩变形,在其正交方向始终产生膨胀变形。反映的是膨胀土在三向应力状态下,浸水初期土样吸水膨胀,膨胀力大于三向应力。因膨胀土具有较强的亲水性,而继续吸收水分,随着膨胀变形(体应变)的增加,膨胀变形能逐渐释放,膨胀压力减小。当土样的垂直膨胀力与垂直应力相平衡时,土样就不再产生体积变形,同时由于含水量的增大,土体软化,强度降低,径向膨胀应变进一步增加,而竖向膨胀变形逐渐向压缩变形转化。随着土样吸水软化的进一步发展,竖向变形完全转化为压缩,其中部分竖向压缩应变能转化为径向膨胀应变能。

(3)单向有限膨胀型。土样在一个方向始终呈现出膨胀性质,在另一方向,浸水初期产生膨胀变形。随着土样不断吸水,该方向外力作功与土的膨胀变形能相等,变形趋于渐近值。反映了在较低的三向应力和初始含水量下,土样浸水产生较高的膨胀压力,随着膨胀位移的增大,能量耗散,在主应力差作用下,较大应力方向上土体的膨胀力与外力平衡,不再产生变形。而在另一方向上,由于受到较小的外力作用,土中膨胀变形能继续释放,变形增加。当该方向上的膨胀变形能与外力做功相等时,土样吸水停止,则膨胀变形也停止。

(4)双向膨胀型。是土样在竖向和径向都产生浸水膨胀变形。作用于土样中的外荷

远远小于土样浸水产生的膨胀力。随着土体膨胀变形的不断发展,膨胀力不断降低,当膨胀力与外荷平衡时,土样不再产生体积变化,竖向和径向变形停止,土样不再吸水,各方向应变达到极限渐近值,土样处于变形静平衡状态。

膨胀应变是一种体积应变,为确定膨胀土的三轴非线性膨胀本构关系,国际岩石力学学会倡导进行三轴浸水膨胀的试验研究。

对于膨胀土的三轴非线性膨胀本构关系,Einstein(1972)和Wittke(1976)提出了三维膨胀本构假说,并在此基础上建立了三维膨胀本构关系。Einstein和Wittke的三维膨胀理论详述如下:

第一假设:根据弹性理论,体积应变是由应力第一不变量所引起的,而膨胀应变恰是一种体积应变,所以Einstein和Wittke假定:膨胀应变是由于应力第一不变量的改变所引起的。

第二假设:这条假设是在Huder-Amberg的一维膨胀本构关系的基础上提出的。Huder-Amberg的一维膨胀本构关系为

$$\varepsilon = K\left(1 - \frac{\log \sigma}{\log \sigma_0}\right)$$

Einstein和Wittke认为侧向膨胀应力应符合金尼克条件,即侧向应力为

$$\sigma_x = \sigma_y = \frac{\mu}{1 - \mu}\sigma_z$$

式中:μ 为泊松比。

则应力第一不变量为

$$\sigma_V = \sigma_x + \sigma_y + \sigma_z = \frac{1 + \mu}{1 - \mu}\sigma_z$$

从而

$$\sigma_z = \frac{1 - \mu}{1 + \mu}\sigma_V \tag{2-13}$$

又因试验是在侧限约束条件下进行的。即可认为侧向膨胀应变为零,所以体积膨胀应变为

$$\varepsilon_V = \varepsilon \tag{2-14}$$

将式(2-13)、式(2-14)代入式(2-9)得

$$\varepsilon_V = K\left[1 - \frac{\lg\left(\sigma_V \frac{1 - \mu}{1 + \mu}\right)}{\lg\left(\sigma_{V\max} \frac{1 - \mu}{1 + \mu}\right)}\right] \tag{2-15}$$

式中:$\sigma_{V\max}$ 为最大膨胀体积应力。此式即为Einstein和Wittke的三维膨胀本构关系。

杨庆等根据某矿山膨胀岩重塑样的三轴膨胀试验结果,验证了Einstein、Wittke的三维膨胀本构假说,并建立了考虑应力和吸水率两个因素的膨胀体积应变经验关系式:

$$\varepsilon = A + B \cdot \frac{W}{\sigma} - C \cdot \ln\sigma \tag{2-16}$$

式中:ε 为体积应变;W 为单位体积吸水率;σ 为体积应力;A、B、C 为试验常数。

2.2.3.2　试验概况

1. 试验方案

试样初始含水量为 24%，干密度为 1.60 g/cm³。试验方案如表 2-5 所示，包括：①围压为 0，不同竖向荷载的膨胀变形试验；②围压为 25 kPa 的竖向逐渐卸载试验。

表 2-5　试验方案

围压 σ_3/kPa	竖向荷载 σ_1/kPa
0	0、12.5、25、37.5、50
25	（卸载）75—62.5—50—37.5—25

2. 试验仪器

本次试验是在二联式土工三轴蠕变仪（见图 2-13）上完成的，该仪器可量测竖向变形、体变、吸（排）水量，并可施加恒定竖向荷载。

图 2-13　二联式土工三轴蠕变仪

应变量测系统及进排水系统详述如下。

1) 应变量测系统

试验过程中需量测体积变化量及轴向位移。轴向位移通过安放在压力室顶部的位移传感器测得。体积变化量通过围压控制系统中的体变管内水量的变化获得，当试样体积发生膨胀或压缩时，压力室内的水压就会升高或降低，为了维持压力室内压力的恒定，围压伺服系统就会排出或压入一定量的水，通过体变管显示出来。

2) 吸水系统

吸水系统由滴定管、注水腔和透水石组成。通过滴定管可以测出膨胀过程中试样的吸水量；注水腔是用不锈钢制成（壁厚 1 cm），放于底座上方，其作用是可以增加试样接触水的面积，加速试样的膨胀进程；透水石置于注水腔上方，目的是使试样底部吸水均匀。吸水过程中连接试样顶部的管道打开，与空气相通，即当试样下部吸水时，试样孔隙中的气体可以从顶部管道排出体外，保证试样各部分吸水均匀。通过该系统，可以量测试样在膨胀过程中不同阶段的吸水量，可以得到应力、应变与吸水量的关系。

3. 试验步骤

（1）将试验用的透水石及滤纸放入与土样含水量相同的备土中 24 h，使透水石、滤纸的含水量与土样含水量保持一致，防止土样与其之间的水分交换，影响试验。

（2）调整进水管、体变管水头高度，底座中心进水孔中的水面稍低于表面，防止试样在固结过程中吸水，调整完成后关闭围压及进水阀门。水由试样底部浸入，相当于施加了反压，若反压大于围压，就会把橡皮膜撑起，影响试样结果。

（3）试样周围贴上 4 个滤纸条，装样完成后，安放压力室并充水，并打开与试样帽顶端连接的阀门，与空气相通，排出橡皮膜与试样及仪器之间的气体。

（4）打开围压阀门施加围压，通过砝码施加轴向荷载，使试样排气固结，此过程中保持围压与轴向荷载恒定，待竖向位移稳定后，打开排水阀，进行浸水膨胀试验。

（5）每隔一定的时间测记试样的竖向位移、外体变、进水量等数据。

（6）膨胀稳定后，按试验计划逐步卸载竖向荷载，记录体变、竖向位移瞬间的变化值。

（7）重复步骤（5）和步骤（6），直到荷载下降到设定的目标值。

（8）试验结束后，将试样烘干再称重。

试验中每级荷载下的稳定标准为每 2 h 体变量不超过 0.1 mL 和轴向位移变化量不超过 0.01 mm。

4. 试验土样

试验仪器要求标准试样的尺寸为直径 61.8 mm、高 125 mm，但是按照此尺寸进行试验，膨胀稳定时间较长。鉴于此，将试样的高度改为 20 mm，最终尺寸为 61.8 mm×20 mm。

2.2.3.3　三轴浸水膨胀变形规律

1. 试验前后土样对比

图 2-14 为试样吸水膨胀前后对比图。从图 2-14 中可以看出，在一定的应力水平下，试样浸水后，体积变大，不仅竖向产生了膨胀变形，其径向也产生了一定程度的膨胀变形。

图 2-14　膨胀前后对比

2. 侧限与三轴试验对比分析

在侧限及三轴浸水膨胀试验中,均做了竖向荷载为 25 kPa、50 kPa 的试验,对比两种条件下的膨胀变形时程曲线,如图 2-15 所示,侧限条件下,浸水膨胀至稳定的时间明显较长,且在允许径向膨胀的情况下,竖向膨胀应变则小得多,即在一定的应力条件下,一个方向的膨胀变形,会引起另一个方向膨胀变形的减小。

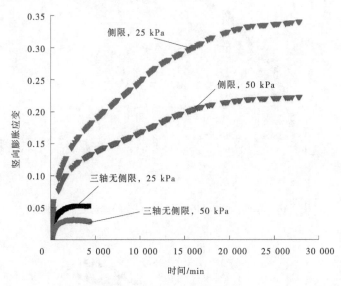

图 2-15　侧限与三轴试验对比

3. 单向应力作用下膨胀变形规律

单向应力作用在本书中的意思是围压为 0,仅有竖向应力作用。图 2-16、图 2-17 为试样在单向应力作用下膨胀体应变随时间的变化。由于荷载相对小(0 及 12.5 kPa)时,试样吸水达膨胀稳定时间比荷载较大(25 kPa、37.5 kPa 及 50 kPa)时长很多,为了明显地表示出荷载对膨胀变形的影响,将体积应变时程曲线分别绘出。结合图 2-16 及图 2-17 发现,荷载不会影响膨胀体应变随时间的变化趋势,但荷载越大,膨胀稳定时的应变越小,体积应变增长速率表现出快速、缓慢和趋于平稳 3 个阶段,但是 3 个阶段没有明显的界限。对比不同荷载的情况,膨胀体应变随着荷载的增大而逐渐减小,荷载越小,膨胀至稳定的时间越长。而杨长青等对广西宁明重塑膨胀土的三向等压试验则表明,压力对于膨胀稳定时无明显影响。

4. 三向压力作用下膨胀变形规律

本小节开展了三向分级卸荷情况下的膨胀变形试验。本书中卸载试验是在保持围压 25 kPa 不变的情况下,应力差($\Delta\sigma$)由 50 kPa 按试验方案逐步卸载到 0。

1) 径向应变的计算

三轴浸水膨胀试验不能直接测量径向膨胀应变,只能得到体变量及竖向膨胀量(转化为体变及竖向应变),计算径向应变的方法根据式(2-17)得到

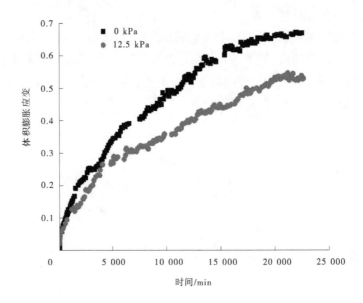

图 2-16　单向应力 0 kPa 及 12.5 kPa 的体应变时程曲线

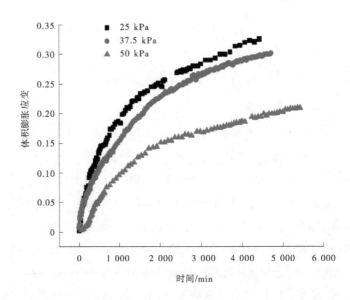

图 2-17　单向应力 25 kPa、37.5 kPa 及 50 kPa 的体应变时程曲线

$$\varepsilon_V = \varepsilon_1 + 2\varepsilon_3 \tag{2-17}$$

则径向应变为

$$\varepsilon_3 = \frac{\varepsilon_V - \varepsilon_1}{2} \tag{2-18}$$

式中：ε_V 为体应变；ε_1、ε_3 分别为竖向膨胀应变、径向膨胀应变。推导过程如下。

如图 2-18 所示，竖向发生微小膨胀量 Δl，径向发生的微小膨胀量 Δd。则竖向膨胀应变 $\varepsilon_1 = \dfrac{\Delta l}{l}$，径向膨胀应变 $\varepsilon_3 = \dfrac{\Delta d}{d}$。

体应变为

$$
\begin{aligned}
\varepsilon_V &= \frac{\frac{1}{4}\pi(d + \Delta d)^2(l + \Delta l) - \frac{1}{4}\pi d^2 l}{\frac{1}{4}\pi d^2 l} \\
&= \frac{l\Delta d^2 + 2ld\Delta d + \Delta l d^2 + \Delta l \Delta d^2 + 2d\Delta l\Delta d}{d^2 l} \\
&= \varepsilon_3^2 + 2\varepsilon_3 + \varepsilon_1 + \varepsilon_1\varepsilon_3^2 + 2\varepsilon_1\varepsilon_3 \\
&= (1 + \varepsilon_1)(1 + \varepsilon_3)^2 - 1
\end{aligned}
\tag{2-19}
$$

那么，径向膨胀应变为

$$
\varepsilon_3 = \sqrt{\frac{1 + \varepsilon_V}{1 + \varepsilon_1}} - 1
\tag{2-20}
$$

在式(2-19)中，若略去高阶项，则：

$$
\begin{aligned}
\varepsilon_V &= \frac{\frac{1}{4}\pi(d + \Delta d)^2(l + \Delta l) - \frac{1}{4}\pi d^2 l}{\frac{1}{4}\pi d^2 l} \\
&= \frac{l\Delta d^2 + 2ld\Delta d + \Delta l d^2 + \Delta l \Delta d^2 + 2d\Delta l\Delta d}{d^2 l} \\
&\approx \frac{2ld\Delta d + \Delta l d^2}{d^2 l} \\
&= 2\varepsilon_3 + \varepsilon_1
\end{aligned}
$$

即得到式(2-17)。由以上分析可知，采用式(2-18)来近似计算径向应变结果会偏小。因此，为了使结果更接近实际情况，文中径向膨胀应变均按式(2-20)计算。

2）膨胀体应变、应力、吸水量之间的关系

膨胀土在三向应力条件下吸水膨胀，试验数据列于表 2-6。

吸水量是指在一定的应力条件下，膨胀土吸水膨胀，膨胀稳定时试样所吸收的水量。从图 2-19 可以看出，在一定的压力下，膨胀土吸水有一个稳定值，卸载则试样又继续吸水，即膨胀土的吸水量与体积应力密切相关。用对数关系表示它们之间的关系，拟合曲线见图 2-19。

表 2-6　三轴膨胀试验结果

σ_V/kPa	σ_3/kPa	σ_1/kPa	ε_V	ε_1	ε_3	吸水量 ω/mL
125.0	25	75.0	0.109 31	0.028 00	0.038 80	7.5
112.5	25	62.5	0.130 02	0.037 25	0.043 76	8.4
100.0	25	50.0	0.159 56	0.049 75	0.045 10	9.7
87.5	25	37.5	0.220 03	0.074 25	0.065 69	11.5
75.0	25	25.0	0.293 37	0.105 75	0.081 52	23

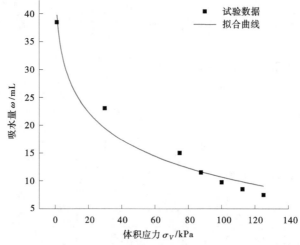

图 2-19　吸水量与体积应力拟合曲线

$$\omega = 44.968 - 17.06\ln(1 + \sigma_V)$$

图 2-20 给出了试样体积应变与体积应力的关系曲线,体积应变随着体积应力的减小逐渐增大,在体积应力较小时,体应变增加比较迅速。拟合成对数关系为

$$\varepsilon_V = 0.627\,2 - 0.096\ln(1 + \sigma_V)$$

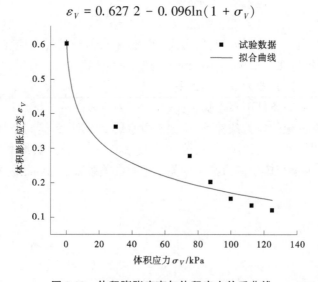

图 2-20　体积膨胀应变与体积应力关系曲线

图 2-21 为体积膨胀应变与吸水量的关系曲线,可用线性关系很好的拟合,回归方程为

$$\varepsilon_V = 0.016\ 91 + 0.015\ 45\omega$$

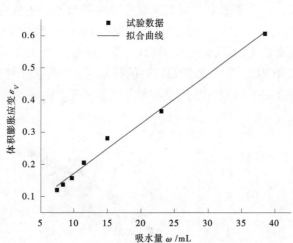

图 2-21　体积膨胀应变与吸水量关系曲线

5. 三维膨胀模型

由以上分析可知,体积膨胀应变与体积应力成对数关系,与吸水量成线性关系,并且吸水量受体积应力的影响,因此模型中应能够反映它们之间的关系。基于杨庆等提出的本构关系进行拟合,拟合结果为

$$\varepsilon_V = 1.003\ 83 - 0.010\ 31 \cdot \frac{W}{\sigma_V} + 0.180\ 02 \cdot \ln\sigma_V \quad R^2 = 0.98$$

可以看出上述三维膨胀本构方程可以很好地描述三向应力作用下膨胀土的变形规律。

2.2.4　各向异性膨胀本构模型

膨胀土在三向应力作用下浸水存在着三向膨胀变形,前文的研究显示,膨胀土在吸水变形过程中,竖向应变与径向应变存在着差异,这种差异因所受应力状态的不同而不同,即表现出了各向异性。事实上,各向异性不仅表现在膨胀应变竖向与径向的不同,还表现在两个方向上膨胀应力的不同。张颖钧运用三向胀缩仪对 6 种原状试样垂直方向和水平方向的膨胀力的研究发现,水平膨胀力与竖向膨胀力之比为 0.376~0.646,表现出了各向异性。谢云等的研究表明三向膨胀力不等,水平膨胀力小于竖向膨胀力。

膨胀土在原状条件下,其各向异性取决于沉积条件及在地壳运动过程中升降运动的影响。重塑也可以造成膨胀土的各向异性。蒙脱石矿物晶体呈扁平状,其叠片取向的不同决定了其各向异性。当散状的膨胀土倒入模具中时,可以认为蒙脱石叠片取向是随机的,不存在各向异性,在制样过程中,膨胀土颗粒将受到很大的竖向作用力,迫使蒙脱石叠片垂直于压实方向,因此竖向膨胀力将大于水平膨胀力。

目前,对膨胀土的研究较多,也在试验研究的基础上,建立了合理的模型对试验结果

进行模拟,然而所建模型均不能反映膨胀的各向异性,下文将从广义胡克定律出发,建立能够反映膨胀土各向异性的膨胀模型。

2.2.4.1　各向异性试验分析

各向应力为 0 时,径向膨胀应变与竖向膨胀应变随吸水量的变化如图 2-22 所示,从图 2-22 中可以看出,初始吸水时两个方向的膨胀变形随吸水量的变化均很缓慢,随着吸水量的增加,膨胀变形快速增长,最后趋于稳定,竖向膨胀应变大于径向膨胀应变。应力增大到 12.5 kPa,如图 2-23 所示,膨胀稳定时的径向应变已经大于竖向应变,随着应力的增大(见图 2-24~图 2-26),径向膨胀应变与竖向膨胀应变之间的差值变大。

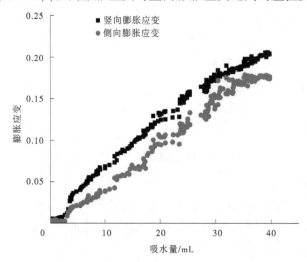

图 2-22　0 kPa 时膨胀应变随吸水量的变化规律

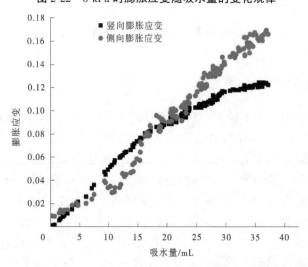

图 2-23　12.5 kPa 时膨胀应变随吸水量的变化规律

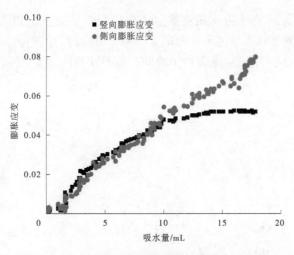

图 2-24　25 kPa 时膨胀应变随吸水量的变化规律

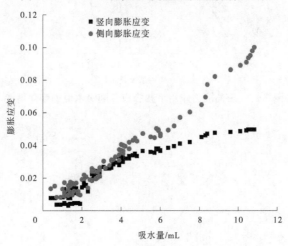

图 2-25　37.5 kPa 时膨胀应变随吸水量的变化规律

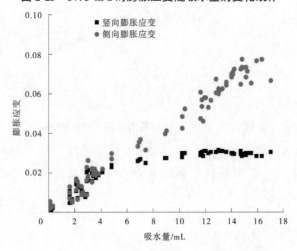

图 2-26　50 kPa 时膨胀应变随吸水量的变化规律

在三向应力作用下,两个方向最终膨胀应变随吸水量的变化如图 2-27 所示,可以看出它们之间的差异随着吸水量的增大而增大。两个方向应力的差值及比值对膨胀变形的影响如图 2-28 和图 2-29 所示。随着应力之间差值及比值的增大,径向应变逐渐大于竖向应变。

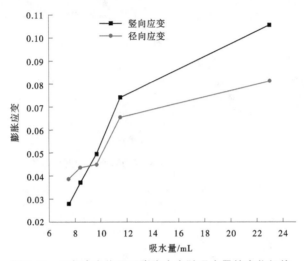

图 2-27　三向应力作用下膨胀应变随吸水量的变化规律

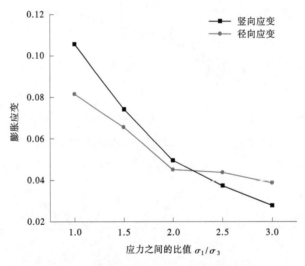

图 2-28　膨胀应变与应力之间比值的关系

2.2.4.2　各向异性本构模型的建立

在研究材料的拉伸(或压缩)时,在线弹性范围内,其应力应变关系可用胡克定律表述:

$$\sigma = E\varepsilon \tag{2-21}$$

式中:σ 为轴向正应力;E 为弹性模量;ε 为轴向正应变。

另外,轴向应变引起的径向应变,可由材料的泊松比求得

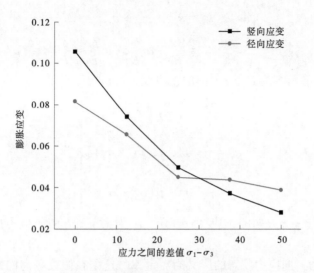

图 2-29　膨胀应变与应力差的关系

$$\varepsilon'_1 = -\mu\varepsilon = -\mu\frac{\sigma}{E} \tag{2-22}$$

式中:ε'_1 为侧向正应变;μ 为泊松比。

对于各向同性材料,在线弹性范围内,处于小变形时,线应变只与正应力有关,与剪应力无关;于是只要利用式(2-21)、式(2-22)求出与各个应力分量对应的应变分量,然后进行叠加即可,应力分解见图 2-30。

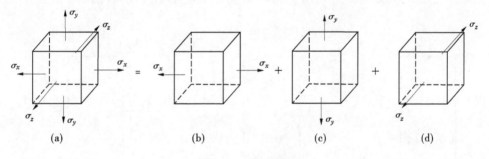

图 2-30　应力分解

在正应力 σ_x 单独作用时[见图 2-30(b)],单元体在 x 方向的正应变 $\varepsilon_{xx} = \dfrac{\sigma_x}{E}$;

在正应力 σ_y 单独作用时[见图 2-30(c)],单元体在 x 方向的正应变 $\varepsilon_{xy} = -\mu\dfrac{\sigma_y}{E}$;

在正应力 σ_z 单独作用时[见图 2-30(d)],单元体在 x 方向的正应变 $\varepsilon_{xz} = -\mu\dfrac{\sigma_z}{E}$;

那么,在 σ_x、σ_y、σ_z 共同作用时[见图 2-30(a)],单元体在 x 方向的正应变为

$$\varepsilon_x = \varepsilon_{xx} + \varepsilon_{xy} + \varepsilon_{xz}$$

$$= \frac{\sigma_x}{E} - \mu \frac{\sigma_y}{E} - \mu \frac{\sigma_z}{E} = \frac{1}{E}[\sigma_x - \mu(\sigma_y + \sigma_z)]$$

同理,可求出单元体在 y 和 z 方向的正应变 ε_y 和 ε_z,最后得

$$\left.\begin{array}{l} \varepsilon_x = \dfrac{1}{E}[\sigma_x - \mu(\sigma_y + \sigma_z)] \\[2mm] \varepsilon_y = \dfrac{1}{E}[\sigma_y - \mu(\sigma_x + \sigma_z)] \\[2mm] \varepsilon_z = \dfrac{1}{E}[\sigma_z - \mu(\sigma_x + \sigma_y)] \end{array}\right\} \tag{2-23}$$

式中:ε_x、ε_y、ε_z 为 x、y、z 方向的正应变;σ_x、σ_y、σ_x 为 x、y、z 方向的应力;E 为弹性模量;μ 为泊松比。

式(2-23)即为三向应力状态的广义胡克定律。这是在假设各向同性、小变形及线弹性范围的条件下建立的,并且应变是由应力引起的。

对于膨胀土,在一定的应力条件下,其膨胀变形是由含水量的增加引起的,并不是由应力引起的,但是应力会限制其膨胀变形。在侧限膨胀试验中,得到竖向膨胀应变与竖向应力呈对数关系,忽略了径向应力的影响;在三轴膨胀试验中,体应变与体积应力的对数关系,同样也没有表示出膨胀应变与两个方向的应力之间的关系。

那么,在一定的应力条件下,膨胀土含水量增加,其膨胀变形与所受应力之间会有怎样的一种关系? 为此,进行以下假设:膨胀过程满足各向同性、小变形及线弹性。下面结合三轴圆柱形试样,如图 2-31 所示,从单向应力作用来分析两个方向的膨胀应变。

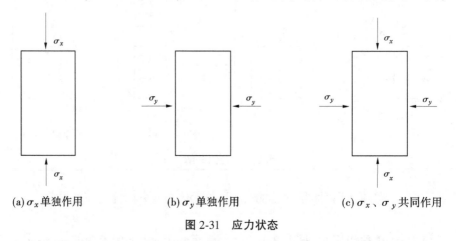

(a)σ_x 单独作用　　　　(b)σ_y 单独作用　　　　(c)σ_x、σ_y 共同作用

图 2-31　应力状态

在 σ_x 单独作用下[见图 2-31(a)],径向可以充分膨胀,其竖向膨胀应变为 ε_{xx},相对于无应力时的自由膨胀,σ_x 对竖向膨胀应变有一定的限制作用;σ_y 单独作用时[见图 2-31(b)],竖向可以充分膨胀,并且由于径向应力的限制,使得径向应变不能够充分的发展,那么此时的竖向膨胀应变为 ε_{xy};σ_x、σ_y 同时作用时[见图 2-31(c)],竖向和径向应变都将受到限制,膨胀体应变随着减小,此种情况下,竖向膨胀应变 ε_x 比 ε_{xx} 和 ε_{xy} 都要小。经过以上分析,用下式来表示 ε_x 与 ε_{xx}、ε_{xy} 的关系:

$$\frac{1}{\varepsilon_x} = \frac{A}{\varepsilon_{xx}} + \frac{B}{\varepsilon_{xy}} \qquad (2\text{-}24)$$

同理有

$$\frac{1}{\varepsilon_y} = \frac{C}{\varepsilon_{yy}} + \frac{D}{\varepsilon_{yx}} \qquad (2\text{-}25)$$

式中:A、B、C、D 为参数;ε_{xx}、ε_{xy}、ε_{yy}、ε_{yx} 为两个方向的应力 σ_x、σ_y 的函数。

在单向应力的作用下,将 ε_{xx} 与 σ_x 的关系表示为

$$\varepsilon_{xx} = f(\sigma_x)$$

那么,单向应力 σ_y 作用下产生的竖向应变 ε_{xy} 可表示为

$$\varepsilon_{xy} = \mu' f(\sigma_y)$$

上式中,μ' 为膨胀泊松比,定义为膨胀过程中径向膨胀应变与竖向膨胀应变之比。那么式(2-24)就变为

$$\frac{1}{\varepsilon_x} = \frac{A}{f(\sigma_x)} + \frac{B}{\mu' f(\sigma_y)} \qquad (2\text{-}26)$$

同理,

$$\frac{1}{\varepsilon_y} = \frac{C}{f(\sigma_y)} + \frac{D}{\mu' f(\sigma_x)} \qquad (2\text{-}27)$$

式(2-26)、式(2-27)即为各向异性膨胀模型框架,对于特定的膨胀土,求出单向应力作用下膨胀应变与应力的关系及 μ' 的值,模型即可确定。

1. 单向应力与应变关系

对于单向应力与膨胀应变的关系,假设膨胀为各向同性,只需求出一个方向的应力与应变的关系即可。围压为 0,不同竖向荷载的试验结果见表 2-7。竖向膨胀应变与竖向荷载的关系见图 2-32,其变化规律与侧限条件下的膨胀应力应变关系类似,将其拟合成对数曲线为

$$\varepsilon_{xx} = f(\sigma_x) = 0.250\,2 - 0.056\ln(1 + \sigma_x) \qquad (2\text{-}28)$$

那么,单向应力 σ_y 作用时,ε_{yy} 与 σ_y 的关系亦可表示为

$$\varepsilon_{yy} = f(\sigma_y) = 0.250\,2 - 0.056\ln(1 + \sigma_y) \qquad (2\text{-}29)$$

表 2-7 单向应力试验结果

竖向荷载/kPa	0	12.5	25	37.5	50
体积应变	0.641 1	0.533 6	0.343 2	0.308 4	0.209 4
竖向应变	0.205 5	0.124 4	0.051 9	0.046 5	0.026 3
径向应变	0.176 1	0.167 8	0.130 0	0.118 2	0.085 5
膨胀泊松比	0.811 4	1.348 8	2.502 6	2.543 0	3.250 5

2. 膨胀泊松比

杨长青等用自制的三向胀缩仪研究了广西宁明重塑膨胀土在三向应力(三向应力相同)作用下的三向变形规律,试验分为 4 种初始含水量,均在三向应力作用下吸水膨胀,表 2-8 为试验结果。按其文中的表述,用 δ_{xy}(两个水平方向膨胀率的均值)表示水平向(垂直于压实方向)膨胀率,用 δ_{oz} 表示竖向(平行于压实方向)膨胀率,ω_0 为初始含水量,

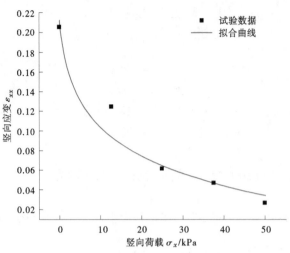

图 2-32　单向应力与应变的关系

$P(\text{kPa})$ 为三向压力。

表 2-8　三向膨胀率

$P/$ kPa	$\omega_0 = 9.2\%$			$\omega_0 = 13.2\%$			$\omega_0 = 15.5\%$			$\omega_0 = 17.93\%$		
	δ_{xy}	δ_{oz}	μ'	δ_{xy}	δ_{oz}	μ'	δ_{xy}	δ_{oz}	μ'	δ_{xy}	δ_{oz}	μ'
1	7.38	9.01	0.818	6.93	8.61	0.804	6.47	8.06	0.803	6.25	7.80	0.801
14	4.46	5.43	0.820	4.13	5.12	0.806	3.82	4.70	0.818	3.34	4.16	0.803
27	3.63	4.61	0.787	3.43	4.34	0.790	3.21	3.87	0.829	2.76	3.40	0.812
54	3.11	3.81	0.816	2.85	3.54	0.804	2.70	3.28	0.823	2.22	2.76	0.804
109	2.51	3.11	0.805	2.38	2.98	0.797	2.26	2.75	0.822	1.74	2.10	0.806
164	2.23	2.70	0.826	2.03	2.55	0.794	1.95	2.38	0.819	1.41	1.75	0.806

　　根据杨长青等的试验数据得到不同三向压力作用下膨胀泊松比 μ' 的值列于表 2-8。可以看出,三向应力增大,使水平及竖直向应变量逐渐减小,但不会影响它们之间的比值,即膨胀泊松比保持不变。对比不同初始含水量的情况,初始含水量越大,膨胀应变量越小,但膨胀泊松比的数值几乎落在 0.80~0.82,变化很小,说明初始含水量对膨胀泊松比的影响较小。

　　对于干密度对不同方向膨胀应变的影响,谭波等对宁明中膨胀土进行了研究,提出了侧纵膨胀系数(实质上为径向与竖向膨胀应变的比值,即膨胀泊松比)。研究表明,三个方向的膨胀应变存在差异,水平向的膨胀大致相等,三向膨胀的差异性与干密度密切有关,干密度愈大,差异性愈小,并用线性关系描述了侧纵膨胀系数随干密度的变化规律。

　　文献[22]中的三向等压试验也证明了,相等的三向压力不会影响水平向与竖直向膨胀应变的比值,三向不等压试验表明,三个方向压力不同,侧纵向膨胀系数也将不同。将侧纵膨胀系数随竖向应力与水平向应力的均值之差(应力差)绘于图 2-33,可以看出侧纵比随着应力差的增大而增大。单向应力状态实际上也属于有应力差的试验,将单向应力及三向应力的试验数据也绘于图 2-33,结合拟合曲线可以看出,侧纵膨胀系数随应力差的变化规律相似,均可以用线性关系来描述,侧纵膨胀系数也用本章的膨胀泊松比 μ' 表示,那么拟合公式为

$$\mu' = A \cdot \Delta\sigma + B$$

式中:μ' 为侧纵膨胀系数(实质上为膨胀泊松比);$\Delta\sigma$ 为应力差;A、B 为与土性有关的参数。

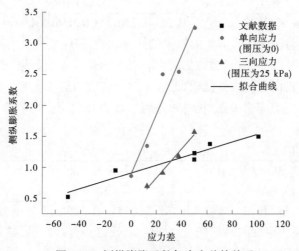

图 2-33　侧纵膨胀系数与应力差的关系

　　对比单向应力及三向应力中围压为 0 和围压为 25 kPa 时的数据,即使应力差相同,膨胀泊松比也是不同的,说明膨胀泊松比与三向应力之间的比值也是有关系的。将竖向应力与水平应力的比值与膨胀泊松比绘于图 2-34,可以看出,膨胀泊松比随着应力比的增大而增大。

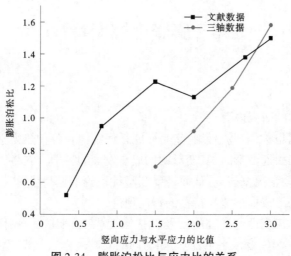

图 2-34　膨胀泊松比与应力比的关系

2.2.4.3　本构模型的应用

以上对膨胀泊松比的研究,只是在有限的数据上得到的经验关系,在对三向应力作用下的膨胀数据进行拟合时,膨胀泊松比暂选用三向应力均为 0 时的膨胀泊松比 0.81,拟合结果为

$$\frac{1}{\varepsilon_x} = \frac{0.211\,6}{0.250\,2 - 0.056\ln(1+\sigma_x)} + \frac{0.362\,84}{0.81[0.250\,2 - 0.056\ln(1+\sigma_y)]}, R^2 = 0.95$$

$$\frac{1}{\varepsilon_y} = \frac{0.725\,9}{0.250\,2 - 0.056\ln(1+\sigma_y)} + \frac{0.149\,19}{0.81[0.250\,2 - 0.056\ln(1+\sigma_x)]}, R^2 = 0.81$$

从拟合结果看,对竖向膨胀应变的效果较好,径向膨胀应变的效果稍差。可能是因为围压只有一个,即 25 kPa,并且试验数据较少。对于杨长青等的数据,也用本书建立的本构模型拟合,膨胀泊松比取其均值,虽然无法得到单向应力应变关系,可用竖向应变拟合公式中的参数(单向应力应变关系对数拟合参数)代入径向应变的参数中,以此来反映各向同性。拟合结果为

$$\frac{1}{\varepsilon_x} = \frac{10.624}{2.074 - 0.306\ln(1+\sigma_x)} + \frac{8.797}{0.81[2.074 - 0.306\ln(1+\sigma_y)]}, R^2 = 0.98$$

$$\frac{1}{\varepsilon_y} = \frac{13.080}{2.074 - 0.306\ln(1+\sigma_y)} + \frac{10.786}{0.81[2.074 - 0.306\ln(1+\sigma_x)]}, R^2 = 0.98$$

上述结果是将竖向应变的参数代入径向应变,反之,其拟合结果如下:

$$\frac{1}{\varepsilon_x} = \frac{1.324}{0.279 - 0.041\ln(1+\sigma_x)} + \frac{1.263}{0.81[0.279 - 0.041\ln(1+\sigma_x)]}, R^2 = 0.983$$

$$\frac{1}{\varepsilon_y} = \frac{1.654}{0.279 - 0.041\ln(1+\sigma_y)} + \frac{1.530}{0.81[0.279 - 0.041\ln(1+\sigma_x)]}, R^2 = 0.977$$

从以上两种拟合结果可以看出,所建立的各向异性的膨胀模型在一定程度上能够描述试验结果。

2.3　膨胀土蠕变特性

2.3.1　土的蠕变理论

2.3.1.1　土流变学的研究内容

土的流变理论,也称作塑流理论,它是研究任何物体在各种热力学条件和物理化学条件下,由于各种原因引起变形时,其变形的构成与发展的科学。它将固体的塑性变形作为连续介质的某种运动情况来研究,从而需要在塑性理论的基础上建立起联系应力与变形速率关系的方程,来形成描述流变特性的塑流理论。

一般来讲,土的流变理论研究的问题包括蠕变(在长期应力作用下变形随时间发展的过程)、应力松弛(恒应变水平下,应力随时间的衰减过程)、长期强度(强度随时间增长而变化的过程)以及滞后效应(一部分可恢复的变形在加荷后的一定时间内增长,卸荷后的一定时间内恢复的现象)。对于这些问题的研究,一方面是从土微观构造的变化来揭

示流变的机制;另一方面是从土宏观所表现出的流变现象,通过数学、力学推导及解析建立流变方程式。这两种方法的结合,即微观与宏观的结合,理性与物性的结合,是探讨土体微细观变化与宏观流变特性间内在联系及相关规律的有效途径。

2.3.1.2　蠕变本构模型研究综述

蠕变本构模型的研究是蠕变特性研究的核心工作,模型理论也是流变力学研究的重要方面。模型理论是指:将土的流变特性视为弹、黏、塑性的联合作用,通过弹簧元件 H(符合 Hooke 定律,即 $\tau = G\gamma$),黏壶元件 N(符合理想 Newton 体的运动定律,即 $\tau = \eta\dot{\gamma}$)和摩擦元件 S(符合 St. Venant 定律,即 $\tau = \tau_r$,$\tau_r < \tau_s$ 时不产生变形)的串联或并联连接后的力学效果来描述土弹、黏、塑性的各种表现。

蠕变本构模型主要包括以下几种。

1. 元件模型

元件模型包含 3 个基本流变元件,分别是 Newton 黏滞体 N、Hooke 弹性体 H 和 St. Venant(圣维南)塑性体 S,通过这 3 种元件的串联和并联来模拟研究土的蠕变行为。

1)Hooke 弹性体

Hooke 弹性体的应力–应变呈线性关系,用弹簧来表示,如图 2-35(a)所示。

在一维情况下,Hooke 弹性体的本构方程变为

$$\sigma = E\varepsilon \tag{2-30}$$

2)Newton 黏滞体

Newton 黏滞体的模型如图 2-35(b)所示。

在一维情况下,Newton 黏滞体的本构方程变为

$$\sigma = \eta\dot{\varepsilon} \tag{2-31}$$

3)St. Venant(圣维南)塑性体

圣维南塑性体的符号和应力–应变关系如图 2-35(c)所示,其模型由两块互相接触的粗糙面板组成,若应力 $\sigma < \sigma_0$,塑性体不产生变形;若 $\sigma \geqslant \sigma_0$,就会产生塑性流动引起变形。

2. 组合模型

将基本流变元件通过相互串联或并联予以适当组合来模拟土的弹、黏、塑性的性质,形成流变模型并建立土的本构关系即应力–应变–时间之间的关系。

(1)元件并联。M1 ‖ M2,$\sigma = \sigma_1 + \sigma_2$,$\varepsilon = \varepsilon_1 = \varepsilon_2$,

则

$$\sigma = [f_1(D) + f_2(D)] \times \varepsilon_2 \tag{2-32}$$

(2)元件串联。M1—M2,$\sigma = \sigma_1 = \sigma_2$,$\varepsilon = \varepsilon_1 + \varepsilon_2$,

则

$$\varepsilon = \frac{f_1(D) + f_2(D)}{f_1(D) \times f_2(D)} \times \sigma \tag{2-33}$$

最基本的几种模型如图 2-36 所示。

3. 屈服面模型

单屈服面模型比元件流变模型的三维形式更符合实际,揭示了蠕变过程中屈服面随

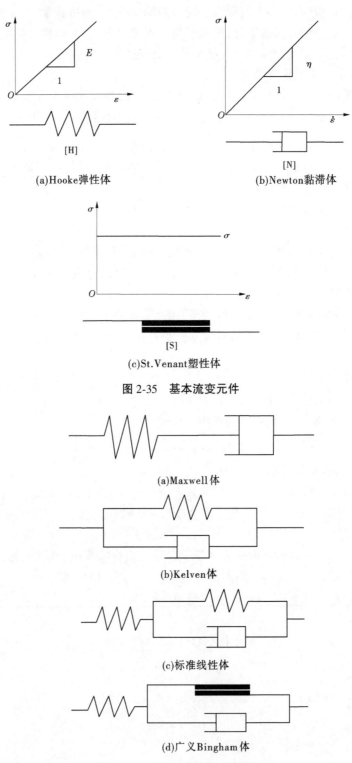

(a)Hooke弹性体

(b)Newton黏滞体

(c)St.Venant塑性体

图 2-35　基本流变元件

(a)Maxwell 体

(b)Kelven 体

(c)标准线性体

(d)广义Bingham 体

图 2-36　4 种基本的组合元件模型

时间的变化规律,适用于压缩区的任意应力路径。

双屈服面模型,由殷宗泽提出的双屈服面弹塑性模型和修正的考马拉-黄模型结合,可以得到双屈服面弹、黏、塑模型。

三屈服面模型是由 1 个旋转的类似修正剑桥模型的固结屈服面和 2 个类似 Drucker-Prager 模型的剪切屈服面 G_1 和 G_2 组成的模型。

4. 内时模型

内时模型是以内时理论为基础而建立的。内时理论最基本的概念是塑性和黏塑性材料内任一点的现时应力状态是该点邻域内整个变形和温度历史的泛函,变形历史用内蕴时间来度量,得出内变量的变化规律,给出显示的本构方程,其大多数应用于循环加卸载和振动问题的研究。

2.3.1.3　蠕变变形理论

1. 衰减和非衰减蠕变

蠕变变形包括加荷后立即发生的瞬时变形和随时间的发展而发生的变形之和,整个蠕变过程可能以减速进行或加速进行,减速进行的情况称为衰减蠕变过程,加速进行的情况称为非衰减蠕变过程(见图 2-37)。

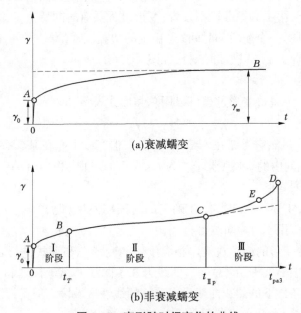

(a)衰减蠕变

(b)非衰减蠕变

图 2-37　变形随时间变化的曲线

图 2-37(a)所示的蠕变过程为衰减蠕变过程,变形 $\gamma(t)$ 以减速发展,变形值最后趋于一个与荷载有关的常数,即 $d\gamma/dt \to 0$,γ_∞ 为常数。

图 2-37(b)所示的蠕变过程为非衰减蠕变过程,除了瞬时变形外,非衰减蠕变还包括3 个阶段:Ⅰ衰减阶段 AB 段,也称为不稳定蠕变阶段;Ⅱ稳定的流动阶段 BC 段;Ⅲ急剧流动阶段 CD 段。第一个阶段等同于衰减蠕变,变形 $\gamma(t)$ 以减速发展;第二个阶段,变形速度趋于稳定,变形速率 $\dot{\gamma}$ 为常数,这个阶段也被称为黏滞塑性流动阶段;第三个阶段,变形速度增大,导致土体脆性或者黏滞性的破坏,这个阶段也被称为破坏阶段。

也有的研究者认为第三阶段应该划分为两段:CE 段和 ED 段。CE 段可描述为土体发展着的塑性变形,但还未引起介质破坏,之后土体的微裂隙强烈发展导致土体崩溃性急剧变形直到破坏(ED 段)。这种区分方式原则上是合理的,因为某些土体的塑性变形可能发展很长时间,但土体并不失去承载能力。

另外,还有一种特殊的蠕变方式,即为蠕变变形速度随时间不断减小,但其变形却随时间无止境的发展,即变形速率 $\dot{\gamma} \to 0$,而 $\gamma \to \infty$。有些人认为它应该归入非衰减蠕变,也有些人将其归入衰减蠕变。

应该指出,在实际情况中,尤其在土体中,蠕变变形的发展是很复杂的,例如有些稳定了的变形在很长一段时间后可能仍在增长,以固定速度发展的变形实际上可能在缓慢衰减,或者相反正在加速发展,所以蠕变阶段的划分是有条件的。任何一个蠕变阶段的发展变化和持续期长短都主要取决于土的类型和加荷的大小,不同的荷载作用下蠕变曲线的差别很大:在大荷载作用下,第 II 阶段持续时间很短,第 III 阶段的破坏阶段也会很快出现,在更大的荷载作用下,加荷后会瞬间进入第 III 阶段,蠕变曲线呈 S 式。在中等荷载作用下,3 个蠕变阶段表现都十分清楚。

在中等荷载作用下,塑黏性流动可以不断地发展,但不过渡到第 III 阶段。在不超过某个极小值的小荷载下,第 I 和第 II 段不发育,变形过程具有时间特性。相应于这些情况可以划分从一个阶段到另一个阶段的时间 t_T(稳定的塑黏流动阶段开始时间),t_{IIp}(过渡到急剧流动阶段的时刻)和 t_{pa3}(破坏时刻),如图 2-37(b)所示。

2. 蠕变曲线表达

随时间发展的一个完整变形过程可以用总和形式表示,即

$$\gamma = \gamma_0 + \gamma_I + \gamma_{II} + \gamma_{III} \tag{2-34}$$

式中:γ_0 为瞬时变形,虽然它是指在 $t=0$ 时的变形,但实际上是在某个有限时间间隔内测定的;γ_I 为 $0<t<t_T$ 期间内的衰减变形;γ_{II} 为 $t_T<t<t_{IIp}$ 期间内稳定流动变形;γ_{III} 为 $t_{IIp}<t<t_{pa3}$ 期间内发生的剧烈变形。

式(2-34)意味着上述每个变形仅在确定的时间内发生,但 t_T,t_{IIp},t_{pa3} 值具有不确定性,所以以式(2-32)的应用更具有可变性。

比较实用的蠕变变形的表达式是以相应阶段的变形总和形式进行表达的,即认为这些变形同时发生,如图 2-38 所示,总变形曲线为 3 条曲线的纵坐标之和。从图 2-38 中可以发现,在这种假设条件下的累积曲线没有严格的线性区域段。但是,因为在短时间内对蠕变过程做出主要贡献的是衰减变形 γ_I,在中等时间内是稳定变形 γ_{II},在很长时间内才是急剧变形 γ_{III}。所以,这种表达形式能很好地反映实际情况。

在大多数情况下不希望土的变形进入第 III 阶段。因此,通常不研究急剧变形 γ_{III},而把总蠕变变形看作是瞬时变形、衰减变形和塑黏性变形的总和,即

$$\gamma = \gamma_0 + \gamma_I + \gamma_{II} \tag{2-35}$$

显然,在衰减蠕变过程 $\gamma_{II}=0$,变形可用式 $\gamma=\gamma_0+\gamma_I$ 来描述。在某些情况下,为了简化非衰减蠕变,取变形为稳定流动变形 γ_{II} 和初始变形 γ^0 之和(γ^0 包括瞬时变形 γ_0 和 γ_I 在纵坐标上的投影),即 $\gamma=\gamma^0+\gamma_{II}$。如果衰减变形的发展时间不长,基本过程为第 II 阶

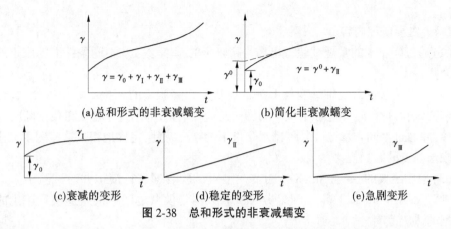

图 2-38　总和形式的非衰减蠕变

段,这种简化是可行的。此公式还可以进一步简化,即把变形看作仅仅是瞬时变形和流动变形的总和:

$$\gamma = \gamma_0 + \gamma_{II} \tag{2-36}$$

3. 可恢复的和残余的变形

土样卸载时变形局部恢复,如图 2-39 所示。在荷载解除后,瞬时变形 γ_0 立即全部恢复或局部恢复,全部恢复时即为完全弹性 $\gamma_0 = \gamma^e$。

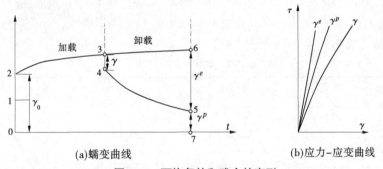

图 2-39　可恢复的和残余的变形

只局部恢复的瞬时变形包括弹性部分(0—1 区段)和塑性部分(1—2 区段)两部分: $\gamma_0 = \gamma_0^e + \gamma_0^p$;卸载后,恢复的仅为弹性部分 γ_0^e 。

衰减变形 γ_I 随时间的发展会有局部性的恢复(4—5 区段),也就是说它是由弹性 γ_I^e (5—6 区段)和塑性后效 γ_I^p(5—7 区段)组成: $\gamma_I = \gamma_I^e + \gamma_I^p$ 。

第 II 阶段的稳定变形和第 III 阶段的急剧变形是塑性的、完全不可逆的,即 $\gamma_{II} = \gamma_{II}^p$, $\gamma_{III} = \gamma_{III}^p$ 。

相应的,在式(2-34)中, γ_0 和 γ_I 包括可恢复部分和不可逆部分,而 γ_{II} 和 γ_{III} 是不可逆的。土体在任意时刻的总蠕变由可恢复的和残余的两部分组成:

$$\gamma = \gamma^e + \gamma^p \tag{2-37}$$

2.3.1.4　主要研究内容

（1）通过膨胀土的常规试验得出禹州膨胀土的基本参数及不同条件下膨胀土的破坏剪应力。

（2）在应力控制式三轴蠕变仪上进行重塑饱和膨胀土的不排水剪切蠕变试验、排水剪切蠕变试验，得出蠕变过程中试样的轴向总应变、体积应变、剪应变和孔压随时间的变换规律；并通过不同含水量、围压、排水条件下的蠕变特性，定性地得出这些因素对重塑饱和膨胀土蠕变的影响规律。

（3）采用经典的 Singh-Mitchell 蠕变模型对试验数据进行模拟并对试验结果进行对比，并修正 Singh-Mitchell 蠕变模型，分析试验数据与模型之间的误差及误差产生的原因和模型的适应范围。

（4）在 Singh-Mitchell 蠕变模型的基础上，分析应力-应变关系、应变-时间关系，用合适的拟合函数建立经验蠕变模型，介绍模型及模型参数的确定方法。

2.3.2　试验概况

2.3.2.1　试验用土及其物性指标

采样地点位于南水北调中线禹州段，取土深度约为 4 m，呈红褐色。两次共采 1 m³ 左右原状样 10 块，30 cm²×2 cm 环刀样 50 个，30 cm²×4 cm 渗透样 10 个以及散装样若干。

按照《土工试验方法标准》（GB/T 50123—2019）对所采膨胀土进行了室内常规试验，所得试验指标见表 2-9、表 2-10 及图 2-40。

表 2-9　原状土试验结果

试验项目		成果	试验项目		成果
基本物性指标	比重	2.72 g/cm³	液塑限指标	液限	34%
	平均含水量	18.07%		塑限	19.5%
	天然密度	1.94 g/cm³		塑性指数	14.5
	天然干密度	1.64 g/cm³		定名	粉质黏土
	孔隙比	0.66	膨胀试验	自由膨胀率	42%
	饱和度	74.5%		定名	弱膨胀土
固结指标	压缩系数	0.128 MPa⁻¹	快剪	黏聚力	24.13 kPa
	压缩模量	8.041 MPa		内摩擦角	17.2°
击实试验	最优含水量	18.5%	渗透	渗透系数	1.30×10⁻⁵ cm/s
	最大干密度	1.69 g/cm³			

表 2-10　土样颗粒组成

颗粒组成	0.25~0.1 mm	0.1~0.075 mm	0.075~0.05 mm	0.05~0.005 mm	<0.005 mm
所占百分比/%	6.7	3.3	6.5	63.1	20.4

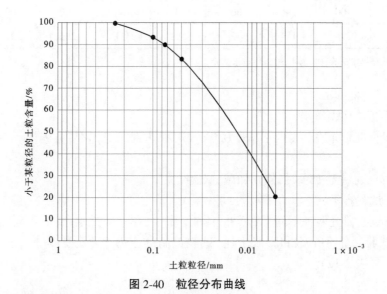

图 2-40　粒径分布曲线

2.3.2.2　试样制备

本节制备 8 个三轴蠕变试样:将采集的膨胀土风干、碾碎,使用孔径为 2 mm 的筛子筛选土样,测定风干土样的含水量;称取一定量的土样,依据试样所需的含水量,计算制样所需的水量,将风干的土样平铺于不锈钢盘中,用量筒称量所需水量,并将水均匀洒在土样上,搅拌均匀,润湿不少于 24 h;取 3 处不同位置的润湿土测定含水量,保证含水量达到要求。使用定制的制样器压样,制作干密度分别为 1.5 g/cm³、1.6 g/cm³ 的膨胀土重塑样;将试样放入饱和器中,采用真空饱和装置抽气饱和,饱和时间为 24 h。

2.3.2.3　三轴蠕变试验简介

1.试验仪器介绍

试验仪器是溧阳市永昌工程实验仪器有限公司生产的二联式三轴蠕变仪 2FSR-6 型,该仪器采用的是由砝码加载控制的应力式加载。仪器通过数据线与计算机相连,所有读数都可通过计算机读取。

主要技术指标:试样尺寸:$\phi 6.18$ cm×12.5 cm;周围压力:$\sigma_3 = 0 \sim 600$ kPa;孔隙水压力:$U_w = 30 \sim 600$ kPa;轴向力:$F = 0 \sim 6$ kN;轴向变形:$\Delta L = 0 \sim 25$ mm;试样外测体积变化:$\Delta V = 0 \sim 50$ cm³;加载方式:砝码加载。

2.加载方式及蠕变稳定标准

1)加载方式及加载增量

三轴蠕变试验采用分级加载的方式。首先使用应变式三轴仪开展常规三轴试验,得到不同条件下土样的破坏强度(见表 2-11)。由此确定蠕变试验的分级标准,应力水平一般分 5 级,即 0.1、0.2、0.3、0.6、0.9 倍破坏偏应力。

表 2-11 常规三轴试验结果(q_f 为土样破坏剪应力)

试样类型	89%ρ_{dmax}				95%ρ_{dmax}			
排水条件	CD	CU	CD	CU	CD	CU	CD	CU
围压/kPa	100	100	300	300	100	100	300	300
q_f/kPa	278	181	472	361	311	206	537	373

注:CD 为固结排水试验;CU 为不固结、不排水试验。

2)蠕变稳定标准

本次试验的稳定标准规定为:

(1)竖向变形量在 3 h 内不超过 0.01 mm,则达到稳定标准,可进行下一级应力水平试验。

(2)总应变量至 15%时,停止加载,试验结束。

2.3.2.4 试验方案

通过试验,研究两种不同干密度的饱和膨胀土,在不同排水条件、不同围压下的蠕变试验,本试验制作 8 个饱和膨胀土样,试验控制的应力水平分别为 0.1→0.2→0.3→0.6→0.9(见表 2-12)。

表 2-12 三轴蠕变试验具体方案

干密度/(g/cm³)	排水条件	围压	应力水平
1.5	CD	100 kPa	0.1→0.2→0.3→0.6→0.9
1.5	CU	100 KPa	0.1→0.2→0.3→0.6→0.9
1.5	CD	300 kPa	0.1→0.2→0.3→0.6→0.9
1.5	CU	300 kPa	0.1→0.2→0.3→0.6→0.9
1.6	CD	100 kPa	0.1→0.2→0.3→0.6→0.9
1.6	CU	100 kPa	0.1→0.2→0.3→0.6→0.9
1.6	CD	300 kPa	0.1→0.2→0.3→0.6→0.9
1.6	CU	300 kPa	0.1→0.2→0.3→0.6→0.9

2.3.2.5 试验步骤

第一步,打开加压阀,旋转开关将气压加至所需要的围压值,打开进水阀,使水冲入压力室中,让其试样在这个状态下进行固结,时间为 24 h。

第二步,试样固结至变形稳定后,读取土样的轴向变形量、排水量、孔隙水压力值等数据。根据排水条件关闭排水阀或保持排水阀打开状态,施加第一级偏应力即竖向压力。

第三步,定时读取竖向变形数据,直至达到蠕变稳定标准,施加下一级偏应力。

第四步,重复第二步和第三步的过程,直至施加的第五级偏应力达到蠕变稳定标准。停止试验、导出试验数据。

2.3.3　三轴蠕变试验结果分析

2.3.3.1　试验数据处理

1.线性叠加原理

本节的蠕变试验数据处理主要参考线性法。假设试验土体为线性蠕变体,其蠕变响应为

$$\varepsilon(t) = \sigma J(t) \tag{2-38}$$

式中:$J(t)$ 为土体的线性蠕变柔度。

对于时刻 t 的荷载增量,其蠕变响应为

$$\varepsilon_i(t) = \Delta\sigma_i J(t - t_i) \quad t > t_i \tag{2-39}$$

所以,任意时刻 t 的总的蠕变响应为

$$\varepsilon_T(t) = \sum \varepsilon_i(t) = \sum \Delta\sigma_i J(t - t_i) \tag{2-40}$$

该式就是线性叠加原理。

但在实际情况下,土体要被视为非线性的蠕变体,蠕变曲线不能简单地由蠕变响应叠加而成,它并不完全满足线性叠加原理,若要更准确地研究土体的蠕变性质,可按下面的方法处理。

设土体的非线性蠕变方程为

$$\varepsilon_T(t) = \sigma J_1(t) + \sigma^2 J_2(t) + \sigma^3 J_3(t) + \cdots + \sigma^i J_i(t) \tag{2-41}$$

式中:$J_1(t)$ 为土体的线性蠕变柔度;$J_2(t)$,$J_3(t)$,$\cdots$,$J_i(t)$ 为与土体的材料类型和状态有关的非线性蠕变函数,它反映土体材料的蠕变状态。

但必须通过试验来确定非线性材料的函数 J_2,J_3,J_i,$\cdots$,所以式(2-41)在实际应用方面存在很大的困难。

可以看出当 J_2,J_3,$\cdots$,J_i 略去不计时,式(2-41)就是线性叠加原理。这种使用线性叠加原理处理蠕变数据的方法称为线性法,通常在处理分级加载的数据时,可进行简单的坐标平移,将加载的初始时刻定为这一级荷载下蠕变的初始时刻,以此类推,处理下一级荷载下的试验数据。

国内有些学者整理蠕变数据时采用的是陈氏法。这种方法近年来也得到了广泛的应用,它最初是由陈宗基教授提出的,这种方法能使蠕变试验从单一试样、采用适当的加载程序得到更多的试验资料,这对于试验设备昂贵、试验周期较长的蠕变研究有重要的实际意义。

本节主要参考线性法来处理试验数据。排除瞬时变形、固结变形后,所得的变形为蠕变变形。在分析含水量、排水条件、围压对蠕变的影响时,所取的蠕变变形为各级应力水平下的试样的净蠕变量,即不考虑上一级应力作用下已发生的变形。

2.瞬时变形、固结变形和蠕变变形的区分

1)瞬时变形与蠕变变形的区分

荷载作用引起的试样变形中,有一部分是瞬时发生的应变,不包含在蠕变变形中。为了合理地区分这两部分变形,三轴剪切蠕变试验过程中轴向偏应力的施加,通常参考邓

肯-张模型参数的三轴剪切试验方法,按应变式控制标准加载至某一恒定应力状态 σ_i,并保持不变,测定侧向围压及恒定轴向应力 σ_i 作用下应变随时间的发展。

由于剪切蠕变试验中偏应力加载控制标准与常规剪切试验相同,这部分瞬时应变 ε_i 应当与常规三轴剪切试验中应力 σ_i 所对应的应变 ε_i 相等,其关系示意如图 2-41 所示。不排水剪切中,荷载作用后,瞬时应变 ε_i 很快完成。因此,三轴剪切蠕变试验过程中,可直接将试样加载至 σ_i 状态时的后续变形归结为蠕变,蠕变变形由总的变形扣除瞬时变形 ε_i 得到。

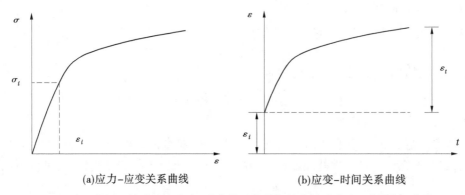

(a)应力-应变关系曲线　　　　　(b)应变-时间关系曲线

图 2-41　常规三轴试验中应力-应变关系曲线与蠕变试验应变-时间关系曲线

2)固结变形和蠕变变形的区分及次固结开始时间的确定

根据相关文献[119]、[120]介绍,次固结开始时间的确定方法如下:在施加各向等压荷载固结时试样孔隙比与时间的半对数关系曲线中,曲线后半部分次固结变形的大小与时间的关系在半对数图上和单向固结一样接近为直线,根据这一特点试验曲线反弯点前面部分的切线与后半部分直线段延长线的交点为试样固结度达 100% 的点,该点的横坐标即为次固结开始的时间。

根据试验中的实际情况,次固结开始的时间与施加的偏应力有直接关系,在施加较低的偏应力水平后,次固结会很快开始;相反,偏应力水平较高时,这个时间点不会很快出现。依照上述方法,此次试验中,确定排水剪切中各应力水平下固结完成时间按照表 2-13 规定。

表 2-13　各应力水平下试样固结完成时间

S(应力水平)	0.1	0.2	0.3	0.6	0.9
固结完成时间/min	120	120	120	180	360

以下三轴次压缩试验的轴向应变、体积应变和剪应变等都以此为依据进行整理。本节的三轴蠕变试验是应力控制的,在整理次固结试验资料时按固结之后的变形进行整理可得轴向应变、体积应变和剪应变与时间的关系曲线。

2.3.3.2　轴向应变规律分析

对两种干密度的重塑饱和膨胀土试样,进行了应力控制式三轴蠕变试验,围压采用 100 kPa 和 300 kPa,通过分级加载的排水和不排水试验,根据前文常规试验所得的破坏强度及综合试验情况,确定应力式蠕变试验的破坏强度,分别得出了应力水平为 0.1、0.2、0.3、0.6、0.9 倍的蠕变数据,将竖向变形数据整理后即得到轴向应变–时间的关系曲线(见图 2-42、图 2-43)。

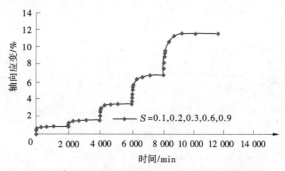

图 2-42　$\rho_d = 1.5 \ \text{g/cm}^3$ 试样 CD 试验轴向应变–时间关系(围压 300 kPa)

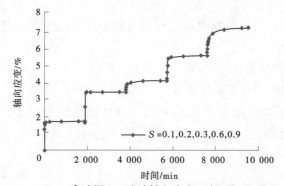

图 2-43　$\rho_d = 1.6 \ \text{g/cm}^3$ 试样 CU 试验轴向应变–时间关系(围压 100 kPa)

从图 2-42、图 2-43 中可以看出:

(1)曲线呈现非线性特性,在各级应力加载后,曲线有瞬时上升阶段、缓慢变形阶段,最后趋于稳定。

(2)就曲线形状来说,应变与时间曲线都呈衰减曲线,应变速率越来越小,应变随时间增长随后趋于一个稳定值。

(3)在低应力水平下,曲线由瞬时变形到稳定阶段所经历的时间很短,应变很快达到稳定;随着应力水平的增加,由瞬时变形到稳定变形的历时会相应增加。

1. 含水量对轴向蠕变变形的影响

在较低的应力水平下,即 $S = 0.1$ 和 0.2 时,试样的竖向变形值的变化差异较大,甚至在进行试探性试验时,在各条件都相同的情况下,对 2 个相同干密度的试样,在 $S = 0.1$ 和 0.2 时的竖向变形值都差异较大。这是因为在低应力水平下,试样更容易受到外部条件的影响,如加载砝码的速度、秤盘的摆动情况、装样完毕后仪器的调试情况、平衡围压的小砝码的重量等。故而在分析不同条件对蠕变变形的影响时,宜采用较大应力水平下的数据比较,这里主要分析 $S = 0.3$、0.6、0.9 的情况。

对围压 300 kPa 下的 CD 试验轴向应变数据进行整理,比较两种干密度的试样在各级应力下的净轴向应变(加载本级荷载时,不考虑上一级应力水平下的应变量),如图 2-44

所示,从试验结果可以看出:

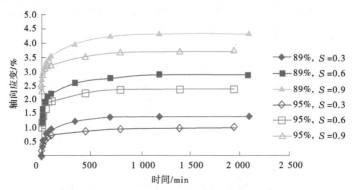

图 2-44　$\rho_d = 1.5 \ \text{g/cm}^3$ 与 $\rho_d = 1.6 \ \text{g/cm}^3$ 试样 CD 试验轴向蠕变曲线对比(围压 300 kPa)

(1)从整体上看,土的轴向应变会随着含水量的增加而增加,含水量越大,试样的蠕变特征越明显。

(2)不同的含水量下,轴向蠕变都呈现衰减形态,应变速率越来越小,故用双曲线规律进行拟合较为合理。

(3)相同的围压和排水条件下,含水量越大,轴向应变越大。

2. 排水条件对轴向蠕变变形的影响

对 $\rho_d = 1.6 \ \text{g/cm}^3$ 试样在围压 100 kPa 下的 CD 试验和 CU 试验的数据进行整理,如图 2-45 所示,从试验结果可以看到:

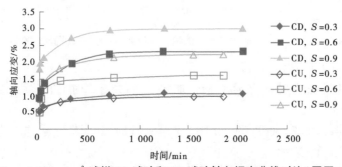

图 2-45　$\rho_d = 1.6 \ \text{g/cm}^3$ 试样 CD 试验和 CU 试验轴向蠕变曲线对比(围压 100 kPa)

(1)排水条件与不排水条件的轴向应变–时间关系曲线有以下相似之处:蠕变曲线都呈衰减曲线,曲线形状类似,瞬时变形和非稳定变形随着偏应力的增大而增大。

(2)不同排水条件下,轴向蠕变都呈现衰减形态,应变速率越来越小,故用双曲线规律进行拟合较为合理。

(3)轴向应变受排水条件的影响较大,在相同的含水量、围压、应力水平下,排水条件下的轴向应变比不排水条件下的轴向应变要大,甚至 $S = 0.6$ 的排水试验的轴向应变大于 $S = 0.9$ 的不排水试验的轴向应变。

3. 围压对轴向蠕变变形的影响

对 $\rho_d = 1.6 \ \text{g/cm}^3$ 试样在围压 100 kPa 和 300 kPa 下进行 CD 试验的数据进行处理,

对比结果如图 2-46 所示,可以看出:

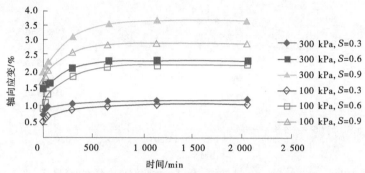

图 2-46　$\rho_d = 1.6 \text{ g/cm}^3$ 试样围压 100 kPa 和 300 kPa 轴向蠕变曲线对比(CD 试验)

(1)不同围压下,轴向应变呈现相似的规律,轴向蠕变都呈现衰减形态,应变速率越来越小,故用双曲线规律进行拟合较为合理。

(2)在相同的含水量、排水条件、应力水平下,围压越大,轴向瞬时应变越大,围压越小,蠕变特征越明显。

(3)相同应力水平下,围压越大,轴向蠕变值也越大,且随着应力水平的提高,差别越来越明显。

2.3.3.3　体积应变规律分析

对 CD 试验进行了体变的测量,得出了体积应变-时间的蠕变曲线图,如图 2-47 所示。可以看出:

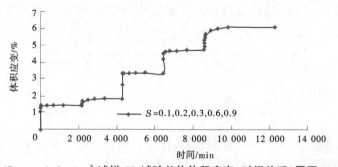

图 2-47　$\rho_d = 1.5 \text{ g/cm}^3$ 试样 CD 试验总体体积应变-时间关系(围压 300 kPa)

(1)每一级偏应力加荷的瞬间,试样的排水量瞬间增大,并随时间的增长,最后趋于稳定。

(2)在第一级偏应力下孔隙水的排出量较大,从第二级开始,随着应力水平的提高,排水量即体变量会随荷载的加大而增大。

(3)体积应变也有瞬时上升阶段和稳定阶段,与轴向应变变化规律类似。

对 $\rho_d = 1.5 \text{ g/cm}^3$、$1.6 \text{ g/cm}^3$ 试样在围压 300 kPa 下的 CD 试验数据整理可得体积蠕变曲线的对比图,如图 2-48 所示,依然比较应力水平 $S = 0.3$、0.6 和 0.9 时的体积蠕变情况,从试验结果可以看出:

(1)对于同一种土样,在低应力水平下,土体的瞬间体变量,即瞬间排水量高,应力水

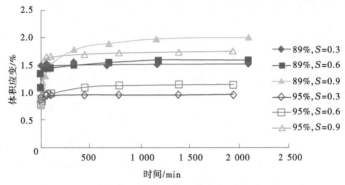

图 2-48　$\rho_d = 1.5$、1.6 g/cm³ 试样 CD 试验体积蠕变曲线对比(围压 300 kPa)

平越高,瞬间排水量越低。这是因为土体在经过前几级应力水平下的固结排水后,土颗粒之间密实程度提高,不利于水的排出。

(2)对于同一种土样,土体的最终体变量大小和应力水平有关,应力水平越大,虽然初始体变量低,但最终体变量越高;应力水平越低,体变量越低。

(3)在相同的围压、应力水平下,含水量越大,体积应变越大,甚至 $\rho_d = 1.5$ g/cm³ 试样在 $S = 0.3$ 时的体变量大于 $\rho_d = 1.6$ g/cm³ 试样在 $S = 0.6$ 时的体变量。

2.3.3.4　剪应变规律分析

土体受剪产生剪应变,剪应变包括荷载卸除后能恢复的弹性剪应变和由于颗粒之间相对滑移错动产生的塑性剪应变。

在广义偏应力 q 的作用下,土体会产生相应的偏应变,或称广义剪应变,广义剪应变用 ε_s 表示。其中:

$$q = \frac{1}{\sqrt{2}} \sqrt{(\sigma_1 - \sigma_2)^2 + (\sigma_3 - \sigma_2)^2 + (\sigma_1 - \sigma_3)^2} \tag{2-42}$$

$$\varepsilon_s = \frac{\sqrt{2}}{3} \sqrt{(\varepsilon_1 - \varepsilon_2)^2 + (\varepsilon_3 - \varepsilon_2)^2 + (\varepsilon_1 - \varepsilon_3)^2} \tag{2-43}$$

ε_s 表示了复杂受力状态下的剪切变形,在应力控制式的三轴次固结试验中,在偏应力 q 的作用下,对于轴对称三轴试样,ε_s 可以用下式计算:

$$\varepsilon_s = \varepsilon_a - \frac{\varepsilon_V}{3} \tag{2-44}$$

根据以上轴应变、体积应变和剪应变三者的关系,由试验结果数据整理得到本书重塑饱和膨胀土试样的次固结剪应变与时间关系曲线如图 2-49 所示。

从试验结果可以看出,剪切蠕变曲线和轴向蠕变曲线形状相似,都出现瞬时变形,非稳定变形和稳定变形;瞬时变形在 ρ_d 应力水平下较小,随应力水平的增加,瞬时变形越来越明显;曲线主要呈衰减状态,剪切变形随后趋于一个稳定的值,如图 2-50 所示。

1. 含水量对剪切蠕变变形的影响

在三轴蠕变试验中,不排水条件下剪切蠕变试验是剪应力引起的剪切蠕变,而排水条件下剪切蠕变试验是体积蠕变和剪切蠕变的耦合,根据前文的计算方式,可以得出剪应变

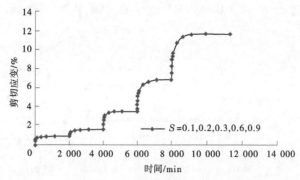

图 2-49　$\rho_d = 1.5 \text{ g/cm}^3$ 试样 CD 试验总体剪应变–时间关系(围压 300 kPa)

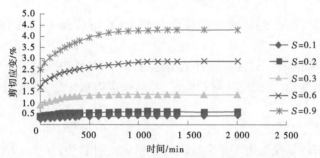

图 2-50　$\rho_d = 1.5 \text{ g/cm}^3$ 试样 CD 试验各级应力水平下剪切蠕变曲线(围压 300 kPa)

随时间的变化曲线,如图 2-51 所示,变化规律和轴向应变规律相似。

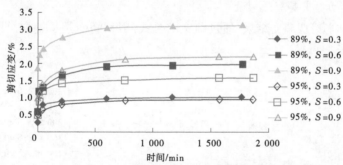

图 2-51　$\rho_d = 1.5$ 与 $\rho_d = 1.6 \text{ g/cm}^3$ 试样 CU 试验剪切蠕变曲线对比(围压 100 kPa)

(1)从整体上看,土的剪应变会随着含水量的增加而增加,含水量越大,试样的剪应变越大。

(2)不同的含水量下,轴向蠕变都呈现衰减形态,应变速率越来越小,故用双曲线规律进行拟合较为合理。

(3)随着应力水平的提高,不同含水量下的剪应变差值也越来越大。

2. 排水条件对剪切蠕变变形的影响

由于排水条件下剪切蠕变为轴向蠕变和体积蠕变的耦合,对于排水剪切蠕变和不排水剪切蠕变,在分析排水条件不同对蠕变的影响时,就只能分析对应的剪应变规律。图 2-52 为 $\rho_d = 1.6 \text{ g/cm}^3$ 试样在围压为 100 kPa 下 CD 试验和 CU 试验的剪切蠕变曲线对

比图,依然选取应力水平 S=0.3、0.6、0.9下的蠕变曲线,从图中可以看到:

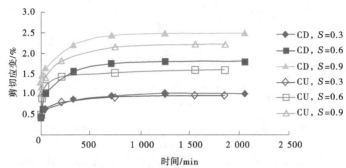

图 2-52 ρ_d = 1.6 g/cm³ 试样 CD 试验和 CU 试验剪切蠕变曲线对比(围压 100 kPa)

(1)不同排水条件下,剪切蠕变都呈现衰减形态,应变速率随着时间的增长越来越小。

(2)相对于不排水条件下,排水条件的剪应变-时间关系曲线有以下相似之处:曲线形状类似,出现瞬时变形、非稳定变形和稳定变形,偏应力水平越大,瞬时变形越大,非稳定变形也越大。

(3)排水条件下,曲线进入稳定的时间比不排水条件下的时间要长,这是因为在排水条件下,初期土体剪切蠕变是由于排水造成的体积应变引起的,在排水稳定后,土体的剪切蠕变才因土粒表面结合水膜蠕变和土颗粒重新排列引起较为缓慢的变形。

(4)相同含水量、围压、应力水平下,排水剪切的剪应变比不排水剪应变要大。

3. 围压对剪切蠕变变形的影响

图 2-53 为排水剪切蠕变结果,通过前文的公式,剪切蠕变是从轴向总蠕变中减去体积蠕变所得,从图中可见:

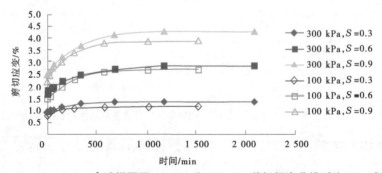

图 2-53 ρ_d = 1.5 g/cm³ 试样围压 100 kPa 和 300 kPa 剪切蠕变曲线对比(CD 试验)

(1)不同的围压下,剪应变呈现相似的规律,剪切蠕变都呈现衰减形态,应变速率越来越小,故用双曲线规律进行拟合较为合理。

(2)在相同的含水量、排水条件、应力水平下,围压越大,剪应变越大。

2.3.3.5　孔压规律分析

膨胀土的蠕变是土颗粒骨架在一定有效应力的作用下变形不断发展的过程,在不排水三轴蠕变试验中,饱和土体的体积不会发生变化,此时土体的有效应力会从土骨架转移

到孔隙水中,从而引起空隙水压力的变化。不排水蠕变试验中孔压的变化曲线见图 2-54。

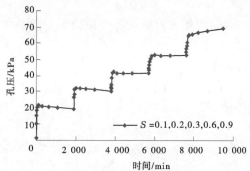

图 2-54 $\rho_d = 1.5 \ \mathrm{g/cm^3}$ 试样 CU 试验孔压－时间关系曲线(围压 300 kPa)

从图 2-54 中可以看到:

(1)在每一级偏应力水平下,孔隙水压力与时间关系都是在加载瞬时上升,然后逐渐趋于稳定;在初始阶段含水量较大时,孔压增大幅度也较大,瞬时增加段曲线斜率较大。

(2)比较图 2-43 与图 2-54 可知,在不排水条件下,土样的应变－时间关系曲线与孔压－时间关系曲线形状、变化趋势基本一致;土样的蠕变变形由加速蠕变过渡到衰减蠕变,孔压由快速上升过渡到稳定阶段,即两种曲线拐点处,几乎处于同一时间。

(3)在孔压稳定阶段,根据有效应力原理,有效应力同样稳定,从蠕变的概念得出,此后的变形才是不排水剪切蠕变,孔压达到稳定的时间,也可为区分瞬时变形和蠕变变形提供参考依据。

(4)在不排水条件下,膨胀土的蠕变变形和孔隙水压力变化有相同的规律,从机制上看都是由于土中相邻颗粒接触所产生的黏滞效应引起的。

2.3.4 蠕变模型研究

2.3.4.1 几种经典的经验蠕变模型

目前描述土体蠕变特性较多地采用两种方式:模型理论和非线性经验蠕变模型。模型理论在前文中已经提到,它将土的流变特性视为弹、黏、塑性的联合作用,通过基本元件的串联或并联来描述土弹、黏、塑性的各种表现;它的缺点在于模型辨识比较复杂,参数确定比较困难,且不能描述膨胀土的非线性蠕变特征。为了更好地体现非线性蠕变特性,许多学者更倾向于建立经验蠕变模型,通过试验结果的应力、应变、时间的关系来构建模型;其缺点是缺乏严密的理论依据,仅能描述特定状态下的蠕变现象,但经验模型的优势在于简单实用易懂,只需要做一些试验来确定参数,经验模型就可对实际工程具有一定的指导意义。

1.几种典型的经验蠕变方程

经验蠕变模型是根据试验结果的应力－应变关系和应变－时间关系得出的,对于不同的模型,应力－应变、应变－时间的关系可写成

$$\varepsilon = f(S, t) \tag{2-45}$$

式中:ε 为轴向应变;S 为剪应力水平;t 为时间。

或写成

$$S = \varphi(\varepsilon, t) \tag{2-46}$$

通过式(2-45)和式(2-46)可推出对应于各个应力水平的 $\varepsilon-t$ 等时曲线,或对应于各个时间的 $S-\varepsilon$ 等时曲线。

等时曲线的相似条件如下:

$$\varphi(\varepsilon) = S\psi(t) \tag{2-47}$$

蠕变曲线的相似条件如下:

$$\varepsilon = f(S)\phi(t) \tag{2-48}$$

如果研究变形速度,则关系式(2-47)和式(2-48)可取以下形式:

$$\dot{\varphi}(\varepsilon) = SK(t) \tag{2-49}$$

$$\dot{\varepsilon} = f(S)\chi(t) \tag{2-50}$$

式中:时间函数 K 和 χ 与函数 $\psi(t)$ 和 $\phi(t)$ 有以下关系:

$$\psi(t) = 1 + \int_0^1 K(t)\,\mathrm{d}t \tag{2-51}$$

$$\phi(t) = 1 + \int_0^1 \chi(t)\,\mathrm{d}t \tag{2-52}$$

式中:$\phi(t)$ 为时间函数,也称为蠕变函数。

2. 变形函数与时间函数

1)变形函数

在弹塑性力学中,一般材料在外力作用下达到流限后,塑性变形开始。但对于土体而言,在加荷的最初时刻即同时产生弹性和塑性变形,所以应力-应变关系可写成

$$\varepsilon = S/G + f(S) \tag{2-53}$$

式中:S/G 代表弹性变形;$f(S)$ 表征塑性变形,但在土体中,应力-应变曲线中弹性变形可基本忽略,所以式(2-53)也可用关系式 $\varepsilon = f(S)$ 来表达。

2)时间函数

对于常见的应力水平范围,时间函数可尽量采用单项式,使用最多的是对数形式、幂次形式或双曲线形式。C. C. 维亚洛夫建议了一个通用的时间函数:

$$K(t) = \left(\frac{T_2}{T_1 + t}\right)^n \tag{2-54}$$

对于不同幂指数值 n,可以导出下列关系式:

当 $n = 1-\alpha$(其中 $0 < \alpha \leq 1, n < 1$)和 $T_1 = 0$、$T_2 = \left(\dfrac{\alpha\delta}{T^\alpha}\right)^{\frac{1}{1-\alpha}}$ 时,

$$\psi(t) = 1 + \left(\frac{t}{T}\right)^\alpha \tag{2-55}$$

当 $n = 1$ 和 $T_1 = 0, T_2 = \left(\dfrac{\alpha\delta}{T^\alpha}\right)^{\frac{1}{1-\alpha}}$ 时,

$$\psi(t) = 1 + \delta\ln\frac{t + T}{T} \tag{2-56}$$

当 $n=2$ 和 $T_1=T, T_2=[T(\delta-1)]^{\frac{1}{2}}$ 时，

$$\psi(t)=\frac{T+\delta t}{T+t}=1+(\delta-1)\frac{t}{T+t} \tag{2-57}$$

式(2-57)对应的时间函数分别为幂函数、对数函数与双曲线函数，其中 δ 为公式变换引进的参数，无具体意义。

3. 常用的蠕变模型函数形式

蠕变方程的一般形式由变形函数和时间函数组成，可由试验得出的等时曲线来确定变形函数 $f(S)$ 或 $\varphi(\varepsilon)$ 的形式，由蠕变曲线来确定时间函数 $\psi(t)$ 或 $\phi(t)$。等时曲线和蠕变曲线的函数形式可表述为幂次函数、对数函数、双曲线函数以及指数函数，二者组合即可得到蠕变方程。

1) 幂次关系

最实用的关系函数是幂函数 $S=A\varepsilon^m$ 和式(2-51)的组合。将这些函数代入式(2-47)可以得到

$$\varepsilon^m=\frac{S}{A_0}\left[1+\delta\left(\frac{t}{T}\right)^\alpha\right] \tag{2-58}$$

根据式(2-48)，可以得到

$$\varepsilon=\left(\frac{S}{A_0}\right)^{\frac{1}{m}}\left[1+\delta\left(\frac{t}{T}\right)^\beta\right] \tag{2-59}$$

式(2-58)和式(2-59)中的第一项表征了瞬时变形 $\varepsilon_0=(S/A_0)^{1/m}$。如果不考虑瞬时变形 ε_0，则式(2-58)和式(2-59)可统一为

$$\varepsilon=\left(\frac{\delta T}{A_H}\right)^{\frac{1}{m}}\left(\frac{t}{T}\right)^\beta=\dot\varepsilon_H t^\beta \tag{2-60}$$

式中：$\beta=\alpha/m$；$\delta=\delta^{-m}$；$\dot\varepsilon_H=\varepsilon_H\delta^{1/m}T^{-\beta}$；$\varepsilon_H=(S/A_H)^{1/m}$ 为初始变形，A_H 为相应于 $T_H=T\delta^{-\alpha}$ 接近于零时刻的初始变形模量。

从式(2-58)~式(2-60)可以看出蠕变过程中，变形速度随时间而减小，在时间无限大时趋于零，而变形一直增长。幂次关系式(2-58)~式(2-60)的主要优点是比较简单和实用的，且适用面广泛。

2) 对数关系

若按 $S=A\varepsilon^m$ 和式(2-52)取函数 $\psi(t)$ 和 $\phi(t)$，并代入式(2-47)，得蠕变方程：

$$\varepsilon^m=\frac{S}{A_0}\left[1+\delta\ln\frac{t+T}{T}\right] \tag{2-61}$$

如果根据式(2-48)，可得到

$$\varepsilon=\left(\frac{S}{A_0}\right)^{\frac{1}{m}}\left[1+\delta\ln\frac{t+T}{T}\right] \tag{2-62}$$

当不考虑瞬时变形 $\varepsilon_0=(S/A_0)^{1/m}$，式(2-61)和式(2-62)可取以下形式：

$$\varepsilon^m=(\dot\varepsilon_H)^m\ln\frac{t+T}{T}；\varepsilon=\dot\varepsilon_H\ln\frac{t+T}{T} \tag{2-63}$$

式(2-61)~式(2-63)同式(2-58)~式(2-60)一样描述蠕变过程。变形速度随时间而减小,在时间无限大时趋于零,而变形一直增长。但是,从式(2-61)~式(2-63)得出的变形增长幅度比式(2-58)~式(2-60)要小。根据式(2-61)~式(2-63),变形按对数规律增长,而根据式(2-58)~式(2-60),变形按幂次规律发展。

根据相关文献,式(2-61)~式(2-63)可以描述剪切蠕变的过程。这个关系式也可用于塑胶、泥炭、胶体系统,甚至金属。

3)双曲线关系

若 $\psi(t)$ 和 $\phi(t)$ 取 $\varepsilon_i = \dfrac{G_0 S_s}{T_s + G_0 \varepsilon_i} \varepsilon_i$ 和式(2-47)的形式,并将式(2-47)对 ε 求解得

$$\varepsilon = \frac{S(T + \delta t)}{G_0 \left[T\left(1 - \dfrac{\varepsilon}{\varepsilon_s}\right) + t\left(1 - \dfrac{\varepsilon}{\varepsilon_s}\right) \right]} \tag{2-64}$$

假设式(2-64)中 $t=0$,可得到瞬时变形值:

$$\varepsilon_0 = \frac{S}{G_0 \left(1 - \dfrac{S}{S_s}\right)} \tag{2-65}$$

由式(2-64)可以看出,随着应力水平 S 的不同,蠕变曲线表现出不同的形式:在小应力 $S<S^*$ 时,曲线有衰减特征;在 $t \to \infty$ 时变形速度趋近于零,而变形本身取式(2-65)确定的值。

如果应变-时间关系取双曲线函数形式,应力-应变的关系将是式(2-64)的特殊情况,即

$$\varepsilon = \frac{S(T + \delta t)}{G_0(T + t)} \tag{2-66}$$

4)指数关系

为了描述衰减蠕变过程,同时应用下述指数规律:

$$\varepsilon = \varepsilon_\infty - (\varepsilon_\infty - \varepsilon_0) e^{-\frac{t}{T}} \tag{2-67}$$

式中: $\varepsilon_0 = S/G_0$; $\varepsilon_\infty = S/G_\infty$; G_0 和 G_∞ 为初始剪切模量和极限时间剪切模量。如果取 $\varepsilon_0 - 0$,可得

$$\varepsilon = \varepsilon_\infty (1 - e^{-\frac{t}{T}}) \tag{2-68}$$

式(2-67)也可以根据弹黏变形理论推出。

2.3.4.2 Singh-Mitchell 蠕变模型

1. Singh-Mitchell 蠕变方程

1968 年,Singh 与 Mitchell 在单级加载的排水与不排水三轴压缩蠕变试验的基础上,总结了应力-应变、应变-时间的关系规律,提出了一个应力-应变-时间的关系模型,即 Singh-Mitchell 模型,模型使用指数形式表达应力-应变关系、幂函数形式表达应变-时间关系。我国一些学者对 Singh-Mitchell 蠕变模型进行了广泛的应用和改进,很好地模拟了一些地区中土的蠕变特性。该模型的表达式为

$$\dot{\varepsilon} = A_r \exp(\alpha S) \left(\frac{t_r}{t}\right)^{-m} \tag{2-69}$$

式中：$\dot{\varepsilon}$ 为任意时刻的轴向应变速率；t 为试样受荷时间；$S = (\sigma_1 - \sigma_3)/(\sigma_1 - \sigma_3)_f$ 为偏应力水平，$(\sigma_1 - \sigma_3)_f$ 可由常规三轴试验获得，$(\sigma_1 - \sigma_3)$ 为三轴蠕变试验中加载偏应力即竖向压力；α 为应变速率对数值与剪应力关系图（即 $\ln\dot{\varepsilon}$-S 关系图）中拟合直线的斜率；m 为 $\ln\dot{\varepsilon}$-$\ln t$ 关系图中拟合直线的斜率；A_r 是在单位参考时间、偏应力水平为零时的应变速率。

可以看出，在 Singh-Mitchell 蠕变模型中有 3 个参数 A_r、m 和 α。积分式（2-69）在 $m \neq 1$，且不考虑初始应变时，经推导可得

$$\varepsilon = B_r \exp(\beta S) \left(\frac{t}{t_r}\right)^{\lambda} \tag{2-70}$$

式中：$B = A_r t_r/(1-m)$；$\beta = \alpha$；$\lambda = 1-m$。这个模型需要确定的 3 个参数是 B、β、λ。

当 $t = t_r$ 时，式（2-70）可以写成

$$\varepsilon_r = B \exp(\beta S) \tag{2-71}$$

转化为线性形式：

$$\ln\varepsilon_r = \beta S + \ln B \tag{2-72}$$

根据式（2-71）和式（2-72），取 $t_r = 1$ min，做出 $\ln\varepsilon_r$-S 关系曲线图，由图中拟合直线的斜率与截距，即可求得参数 β 和 B。

2. Singh-Mitchell 蠕变模型及验证

处理的数据选用 $\rho_d = 1.5$ g/cm³、围压为 300 kPa 试样的三轴排水蠕变试验数据，根据上节介绍的方法，首先确定参数 B、β、λ。

1）λ 的确定

根据蠕变曲线绘制 $\ln\varepsilon$-$\ln t$ 关系曲线，如图 2-55。

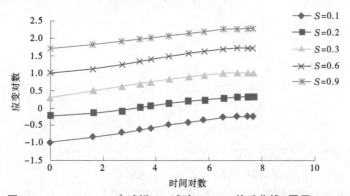

图 2-55　$\rho_d = 1.5$ g/cm³ 试样 CD 试验 $\ln\varepsilon$-$\ln t$ 关系曲线（围压 300 kPa）

对 $\ln\varepsilon$-$\ln t$ 曲线分别进行线性拟合，拟合方程及线性拟合后的斜率 λ 的值见表 2-14。

由图 2-55 及拟合情况来看，在 $\ln\varepsilon$-$\ln t$ 关系坐标系中，剪应变与时间呈良好的线性关系，从拟合直线的方程中看出，在低应力水平 $S = 0.1$ 时，直线斜率较大，其余应力水平下，斜率随应力水平的增大略有提高，5 条直线基本平行。关于较低剪应力水平下存在较大 λ 值解释是：λ 值受土固结状态影响较大，土样在受压开始阶段，颗粒重新排列以及剪切

阻力的黏滞性对土样的蠕变特性影响较大,随着时间的延长,土内部颗粒排列趋于稳定,λ 值将趋于稳定。

表 2-14　对 lnε-ln$t$ 曲线线性拟合方程及对应斜率 λ

拟合方程	斜率 λ_i
$y_1 = 0.103\ 3x - 0.986\ 2$	$\lambda_1 = 0.103\ 3$
$y_2 = 0.077\ 5x - 0.240\ 9$	$\lambda_2 = 0.077\ 5$
$y_3 = 0.083\ 2x + 0.368\ 9$	$\lambda_3 = 0.083\ 2$
$y_4 = 0.099\ 2x + 0.995\ 8$	$\lambda_4 = 0.098\ 2$
$y_5 = 0.105x + 1.718\ 6$	$\lambda_5 = 0.104\ 8$
平均值	$\lambda_P = 0.093\ 4$

2)B 与 β 的确定

各级偏应力下的应力水平分别是:第 1 级荷载 $S=0.1$;第 2 级荷载 $S=0.2$;第 3 级荷载 $S=0.3$;第 4 级荷载 $S=0.6$;第 5 级荷载 $S=0.9$。

取参考时间 $t_r = 1$ min 绘制 lnε_r-S 关系曲线,如图 2-56 所示,对 lnε_r-S 曲线进行线性拟合后的方程为 $y = 3.125\ 4x - 0.946\ 9$。根据拟合后的斜率与截距,可以得到:

$$B = 3.125\ 4, \beta = \exp(-0.946\ 9) = 0.387\ 9$$

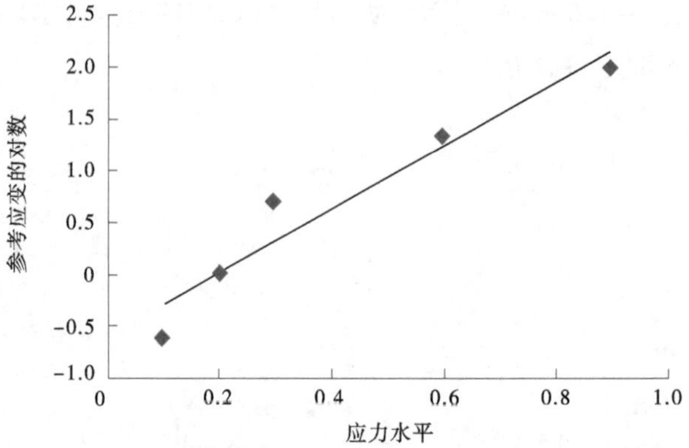

图 2-56　$\rho_d = 1.5$ g/cm^3 试样 CD 试验 lnε_r-S 关系曲线(围压 300 kPa)

则 Singh-Mitchell 蠕变方程的表达式为

$$\varepsilon = 0.387\ 9\exp(3.125\ 4S)t^{0.093\ 4} \tag{2-73}$$

蠕变模型计算曲线与试验曲线的比较,如图 2-57 所示。

由图 2-57 可以看出,在低应力水平下,两种曲线基本一致,拟合较好,误差较小,但随着应力水平的提高,误差变得越来越大,形态差异也随时间的增长而变大。此外,因为计算曲线的应变-时间关系采用的是幂函数,随着时间的增大,应变最终趋于无穷。

3. 修正 Singh-Mitchell 蠕变模型

前文中,在确定参数 λ 的时候,可以看出 5 级荷载下的 λ 值差异较大,而参数采用的是 5 级荷载下的平均值。作者认为 lnε-ln$t$ 的斜率与应力水平 S 是高度相关的,可以表示

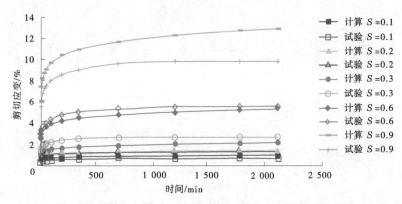

图 2-57　试验值与 Singh-Mitchell 蠕变模型计算值曲线对比（围压 300 kPa）

为与 S 有关的式子。所以，做出 λ-S 的线性图，因为 $S=0.1$ 时的 λ 取值与其他应力水平下的值相差较大，且第一级荷载受固结影响较小，故舍弃 $S=0.1$ 的情况，做出另外 4 级荷载下的 λ-S 关系曲线并拟合（见图 2-58）。

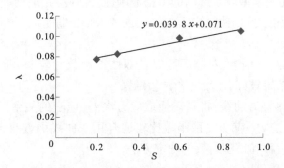

图 2-58　各级荷载下 λ 与应力水平 S 的关系曲线

拟合方程为 $y=0.0398x+0.071$，则修正后的 Singh-Mitchell 蠕变方程的表达式为

$$\varepsilon = 0.3925\exp(2.8111S)t^{0.0398S+0.071} \tag{2-74}$$

根据上式，得出修正后的 Singh-Mitchell 蠕变模型计算曲线与试验曲线的对比（见图 2-59），由图 2-59 可知，修正后的 Singh-Mitchell 蠕变模型更接近试验值，但形态差异仍然没有改变，究其原因，是因为此蠕变模型的应力-时间关系采用幂函数形式，在 t 无穷大时，应变也会无限的变大。

2.3.4.3　基于 Singh-Mitchell 蠕变模型的经验蠕变模型

1. 模型提出背景

从上文试验数据与蠕变模型的对比中，可以看出 Singh-Mitchell 蠕变模型和其修正模型对于试验数据的拟合都不太理想，Singh-Mitchell 计算值和试验值在应力水平不低于 20%、不高于 80% 的情况下误差较小，而在较高的偏应力水平下，误差值会随时间的增长越来越大，究其原因，是 Singh-Mitchell 模型的应变-时间关系采用的是幂函数形式，这种曲线是不衰减的，而变形值最后趋于一个稳定值。

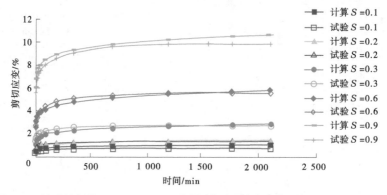

图 2-59　试验值与修正 Singh-Mitchell 蠕变模型计算值曲线对比(围压 300 kPa)

　　由前文介绍的一些经典的蠕变模型可以看出,蠕变模型是应力–应变关系与应变–时间关系采用不同的表达形式之后的组合。应力–应变关系可以由幂函数、双曲线函数、指数函数来表示,应变–时间关系可以由幂函数、双曲线函数、指数函数以及对数函数来表示,如 Singh-Mitchell 蠕变模型就是选用的由指数函数表达应力–应变关系,由幂函数表达应变–时间关系。而从前文的结果可以看出,Singh-Mitchell 蠕变模型并不适合本次试验,蠕变模型应重新选择。

　　通过对比指数函数、幂函数、对数函数以及双曲线函数对应变–时间关系的拟合,发现采用双曲线拟合的结果较好,比较适合试验结果。

　　根据蠕变曲线可得等时曲线,将其转换成应力水平–应变的关系,如图 2-60 所示,从图中曲线的形态可见,应力–应变关系函数比较适合用双曲线函数或幂函数表达。下面将详细介绍模型建立过程和模型参数的确定方法。

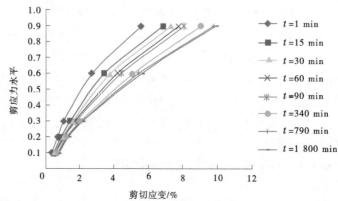

图 2-60　$\rho_d = 1.5 \ \text{g/cm}^3$ 试样 CD 试验蠕变等时曲线(围压 300 kPa)

　　2. 经验蠕变模型的建立及参数的确定方法

　　根据前文可知,本次试验的应变–时间关系和应力水平–应变关系都采用双曲线函数形式比较合理,基于 Singh-Mitchell 蠕变模型,本节建立的蠕变方程表达式为

$$\varepsilon = \varepsilon_0 + A_r \frac{S}{1 - N_r S} \frac{t}{T + t} \tag{2-75}$$

对 $\varepsilon_0 = 0$，式（2-75）可以改写成：

$$\varepsilon = A_r \frac{S}{1 - N_r S} \frac{t}{T + t} \tag{2-76}$$

当 $t \to \infty$ 时，

$$\varepsilon_\infty = A_r \frac{S}{1 - N_r S} \tag{2-77}$$

上述重塑饱和膨胀土的蠕变模型需要确定的参数有 3 个，分别是 A_r、N_r 和 T。依然选用围压 300 kPa 的 CD 试验的剪切蠕变结果，分别介绍这 3 个参数的确定方法。

1）T 的确定

由式（2-76）和式（2-77）可得

$$\varepsilon = \varepsilon_\infty \frac{t}{T + t} \tag{2-78}$$

将其换算成线性形式：

$$\frac{t}{\varepsilon} = \frac{1}{\varepsilon_\infty} t + \frac{T}{\varepsilon_\infty} \tag{2-79}$$

做出 $\rho_d = 1.5 \text{ g/cm}^3$ 试样 CD 试验蠕变得 $t/\varepsilon - t$ 的关系曲线并进行线性拟合，如图 2-61 所示，得到 5 级荷载下的拟合方程及对应的 ε_∞ 和 T 如表 2-15 所示。取 T 的平均值为 15.326 5。

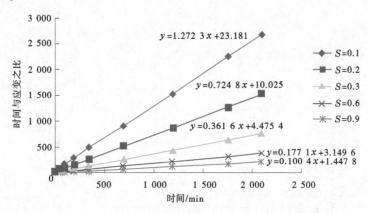

图 2-61　$\rho_d = 1.5 \text{ g/cm}^3$ 试样 CD 试验蠕变 $t/\varepsilon - t$ 的关系曲线（围压 300 kPa）

表 2-15　$\rho_d = 1.5 \text{ g/cm}^3$ 试样 CD 试验蠕变下的拟合方程及对应 ε_∞、T

拟合方程	ε_∞	T
$y_1 = 0.100\ 4x + 1.447\ 8$	$\varepsilon_{\infty 1} = 0.786\ 0$	$T_1 = 18.219\ 8$
$y_2 = 0.177\ 1x + 3.149\ 6$	$\varepsilon_{\infty 2} = 1.379\ 7$	$T_2 = 13.831\ 4$
$y_3 = 0.361\ 6x + 4.475\ 4$	$\varepsilon_{\infty 3} = 2.765\ 4$	$T_3 = 12.376\ 7$
$y_4 = 0.724\ 8x + 10.025$	$\varepsilon_{\infty 4} = 5.646\ 5$	$T_4 = 17.784\ 3$
$y_5 = 1.272\ 3x + 23.181$	$\varepsilon_{\infty 5} = 9.960\ 2$	$T_5 = 14.420\ 3$

2)参数 A_r 和 N_r 的确定

由式(2-77)可得

$$\frac{\varepsilon_\infty}{S} = N_r \varepsilon_\infty + A_r \tag{2-80}$$

根据上文的计算结果绘制 ε_∞/S-ε_∞ 关系曲线,如图 2-62 所示。对图中的 5 个点进行线性拟合,拟合方程为:$y=0.385\ 9x+7.295\ 6$。由拟合方程的斜率与截距得到另外两个参数的值:$A_r=7.295\ 6$,$N_r=0.385\ 9$。

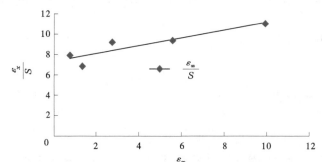

图 2-62　$\rho_d=1.5\ \text{g/cm}^3$ 试样 CD 试验 ε_∞/S-ε_∞ 关系曲线(围压 300 kPa)

至此,3 个参数都已确定,所建立的蠕变模型为

$$\varepsilon = 7.295\ 6 \cdot \frac{S}{1 - 0.385\ 9S} \frac{t}{t + 15.326\ 5} \tag{2-81}$$

试验曲线的模型验证如图 2-63 所示。

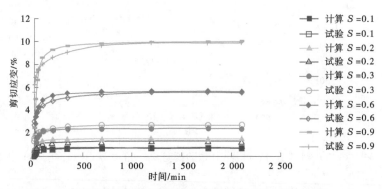

图 2-63　试验值与经验蠕变模型计算值曲线对比(围压 300 kPa)

取相同的时间,得出 300 kPa 围压下,所建立的经验蠕变模型计算曲线与试验曲线的对比见图 2-63。可以看出两种曲线基本趋势一致,对短期应变拟合稍有误差,对长期应变的拟合结果较好,较 Singh-Mitchell 蠕变模型更为适合本次试验。

2.3.4.4　经验蠕变模型的应用

1.其他试验条件下的经验蠕变模型

根据上文的计算方法,可以得到其他试验条件下的经验蠕变模型,各模型参数见表 2-16。

表 2-16　经验蠕变模型参数

试验条件	围压	A_r	N_r	T
$\rho_d = 1.5 \text{ g/cm}^3$ CD	100 kPa	6.832 2	0.359 2	12.876 1
$\rho_d = 1.5 \text{ g/cm}^3$ CD	300 kPa	7.295 6	0.385 9	15.326 5
$\rho_d = 1.5 \text{ g/cm}^3$ CU	100 kPa	6.713 3	0.351 2	12.731 9
$\rho_d = 1.5 \text{ g/cm}^3$ CU	300 kPa	7.124 1	0.381 6	13.221 3
$\rho_d = 1.6 \text{ g/cm}^3$ CD	100 kPa	5.631 7	0.301 2	8.495 1
$\rho_d = 1.6 \text{ g/cm}^3$ CD	300 kPa	6.021 4	0.331 4	9.155 6
$\rho_d = 1.6 \text{ g/cm}^3$ CU	100 kPa	5.557 6	0.298 8	7.221 3
$\rho_d = 1.6 \text{ g/cm}^3$ CU	300 kPa	5.986 8	0.310 8	7.679 8

2. 蠕变量预测值

根据前文所述的蠕变理论,饱和膨胀土的蠕变曲线呈衰减趋势,工程中最终关心的是在某级应力水平下蠕变变形的极限值,也称为蠕变量预测值 ε_{pr}。

根据表 2-16 所给的参数,不同条件下的 ε_{pr} 经验公式列于表 2-17,表中 S 为应力水平 ($0 < S < 1$；$S = 1$ 时,认为 $\varepsilon_{pr} = \infty$)。

表 2-17　蠕变量预测值

试样及试验条件	围压	ε_{pr}
$\rho_d = 1.5 \text{ g/cm}^3$ CD	100 kPa	$6.832\,2\dfrac{S}{1-0.359\,2S}$
$\rho_d = 1.5 \text{ g/cm}^3$ CD	300 kPa	$7.295\,6\dfrac{S}{1-0.385\,9S}$
$\rho_d = 1.5 \text{ g/cm}^3$ CU	100 kPa	$6.713\,3\dfrac{S}{1-0.351\,2S}$
$\rho_d = 1.5 \text{ g/cm}^3$ CU	300 kPa	$7.124\,1\dfrac{S}{1-0.381\,6S}$
$\rho_d = 1.6 \text{ g/cm}^3$ CD	100 kPa	$5.631\,7\dfrac{S}{1-0.301\,2S}$
$\rho_d = 1.6 \text{ g/cm}^3$ CD	300 kPa	$6.021\,4\dfrac{S}{1-0.331\,4S}$
$\rho_d = 1.6 \text{ g/cm}^3$ CU	100 kPa	$5.557\,6\dfrac{S}{1-0.298\,8S}$
$\rho_d = 1.6 \text{ g/cm}^3$ CU	300 kPa	$5.986\,8\dfrac{S}{1-0.310\,8S}$

例如,试样 $\rho_d = 1.5 \text{ g/cm}^3$,在排水条件下,围压为 100 kPa,应力水平 $S = 0.6$ 时,蠕变量预测值 $\varepsilon_{pr} = 6.832\,2S/(1-0.359\,2S) = 5.22\%$。

选用 $\rho_d = 1.5 \text{ g/cm}^3$ 试样 CD 试验的试验数据与经验公式得出的蠕变预测值比较,试验值选用的是各级应力水平下第 1 800 min 时的剪应变值,比较结果见表 2-18。可以看出,预测值与试验值基本相同。

表 2-18　$\rho_d = 1.5 \text{ g/cm}^3$ 试样 CD 试验试验值与蠕变预测值比较(围压 300 kPa)

应力水平	预测值/%	试验值/%
$S = 0.1$	0.76	0.78
$S = 0.2$	1.58	1.37
$S = 0.3$	2.48	2.74
$S = 0.6$	5.70	5.61
$S = 0.9$	10.06	9.90

2.4　本章小结

本章对膨胀土的膨胀变形、蠕变变形进行了试验研究,取得了如下成果:

(1)利用改装的三轴仪研究了膨胀土体积膨胀应变特性,结果表明:单向应力作用下,应力增大,体积膨胀应变减小,其吸水膨胀至稳定的时间也缩短。

三向应力作用下,竖向及径向的膨胀变形随吸水量的变化表现出各向异性。基于广义胡克定律,在假设膨胀符合各向同性、小变形及线弹性的基础上建立了能够反映膨胀土膨胀各向异性的膨胀模型,并对模型中涉及的膨胀泊松比进行了分析,指出不同方向应力的比值、应力差及干密度是影响膨胀泊松比的重要因素;运用建立的各向异性膨胀模型,对试验数据进行了分析,表明该模型在一定程度上能够反映不同方向应变与不同方向应力之间的关系。

(2)试样的轴向蠕变、体积蠕变、剪切蠕变都呈现相同的规律:曲线呈现非线性特性,在各级应力加载后,曲线有瞬时上升阶段,缓慢变形阶段,最后趋于稳定。就曲线形状来说,应变与时间曲线都呈衰减曲线,应变速率越来越小,应变随时间增长随后趋于一个稳定值。在低应力水平下,曲线由瞬时变形到稳定阶段所经历的时间很短,应变很快达到稳定;随着应力水平的增加,由瞬时变形到稳定变形的历时会相应增加。

从整体上看,蠕变量会随着含水量的增加而增加,含水量越大,试样的蠕变特征越明显;相同的围压和排水条件下,含水量越大,蠕变量越大。相对于排水条件和围压,含水量对蠕变的影响更大。

不同排水条件下,蠕变曲线都呈现衰减形态,应变速率随着时间的增长越来越小;排水条件下,曲线进入稳定的时间比不排水条件下的时间要长,这是因为在排水条件下,初期土体剪切蠕变是由于排水造成的体积应变引起的,在排水稳定后,土体的剪切蠕变才因土粒表面结合水膜蠕变和土颗粒重新排列引起较为缓慢的变形;相同含水量、围压、应力水平下排水剪切的蠕变量比不排水剪切的蠕变量要大。

在相同的含水量、排水条件、应力水平下,围压越大,瞬时应变越大,围压越小,蠕变特征越明显;在相同的含水量、排水条件、应力水平下,围压越大,蠕变量越大,且随着应力水平的提高,差别越来越明显。

通过对 Singh-Mitchell 蠕变模型的改进,提出了适合本次试验的经验蠕变模型,模型的应力-应变关系和应变-时间关系都采用双曲线函数拟合,经验证,模型与试验数据的拟合较好。

第 3 章 膨胀土强度特性

强度是决定膨胀土边坡、地基等工程稳定性的核心要素,而土体经过干湿循环之后会产生裂隙,从而改变水分运移的通道,导致土体强度有所降低。此外,土体在经过反复剪切之后的残余强度是边坡工程中经常采用的强度值。因此,本章主要探讨了干湿循环对土体强度的影响规律、经过反复剪切之后土体强度的发展规律以及黏粒含量对残余强度的影响。

3.1 干湿循环下膨胀土强度试验研究

3.1.1 引言

近年来,对于有关膨胀土路基、基坑和边坡失稳的报道有很多,不仅造成了巨大的经济损失,也对人身安全造成了巨大威胁。膨胀土富含亲水性黏土矿物,遇水强度大幅度下降。但由于其形成过程多样,组成、结构及特性也存在差异,膨胀土自身具有裂隙性,而裂隙分布又是随机的。因此,膨胀土的强度变化比一般黏性土更加复杂。

非饱和膨胀土的抗剪强度是土体抵抗剪切破坏的极限强度,主要由摩擦强度和胶结强度组成。膨胀土抗剪强度影响因素很多,有土体本身的物理力学性质因素,如土体结构、矿物组成、含水量、孔隙率等,土体自身受力的因素,如应力状态、应力水平、应力路径等,以及外界环境因素,如温度、水分、循环路径等。许多膨胀土地区,气候环境具有明显的干湿循环特性。在雨季降雨增多,地下水位明显升高;在干旱季节,降水量较少,地下水位降低。这会对膨胀土强度及其工程特性有很大影响。因此,本节尝试研究不同干湿循环过程下土体强度变化规律,并将裂隙发育与其联系起来,探讨裂隙发育指标与强度指标之间的关系。

3.1.2 试验方案

3.1.2.1 试验土样

试验用土采自南阳地区,与 1.2 节所用土相同,详细物性指标见 1.2 节。

3.1.2.2 试验方法

(1)配土、制样详见 2.2。

(2)干湿循环。循环分为两种方式,具体请见表 1-2。第一种循环方式下共有 4 组,每组 6 个试样,第二种循环方式共 1 组,6 个试样。干湿循环过程与第 1 章裂隙试验方法相同。按照第一种循环方式分别进行 1、2、3、4 次循环,将完成规定循环次数的试样取 4 个进行直剪试验。按照第二种循环方式进行 4 次循环,将进行 4 次循环后的试样取 4 个进行直剪试验。另外,按照相同方法使用相同土样制作 6 个试样,作为对比试样,不进行干湿循环,直接取 4 个试样进行直剪试验。

(3)直剪试验。

对于不同干湿循环后非饱和膨胀土抗剪强度,可以利用常规直剪仪或非饱和直剪仪来进行测定,非饱和直剪试验所得结果较常规直剪试验更加符合实际情况。而常规直剪仪操作简单,结果能被广大工程技术人员所接受,在实践中应用很广。本次研究主要考虑裂隙量化指标与强度指标的关系,非饱和直剪试验通过对试样施加气压来进行排水,从而完成干湿循环,其试验过程并不能有效地促进裂隙发育,采用非饱和直剪试验显然无法达到研究目的。因此,研究采用常规直剪仪来进行膨胀土强度试验。

试验所用仪器为南京土壤仪器厂有限公司生产的电动应变控制式直剪仪(见图 3-1)。仪器主要由剪切盒、垂直加压设备、剪切传动设备、测力计、位移量测设备等组成。首先,将剪切盒上下对齐,插入销钉固定,在下方剪切盒内按照顺序放入透水石和塑料片,试样上依次放置硬塑料片和透水石。其次,将剪切盒放置在传动设备上,然后放上加压板和框架,调节水平位移设备至零位。最后,添加砝码使之达到指定的垂直压力,拔去销钉,进行快剪试验,剪切速率为 0.8 mm/min。

图 3-1 直剪仪

(4)结果记录。当剪切开始后,前 1 min 每隔 5 s 进行读数,1~2 min 每隔 10 s 进行读数,2 min 后每隔 20 s 进行读数,出现峰值时单独记录其时间,当剪切位移为 4 mm 时,停止试验。

3.1.3 干湿循环下膨胀土强度特性研究

3.1.3.1 剪位移与剪应力的关系

由于直剪仪剪切速率固定,根据不同时间间隔,即可算出相应剪位移。进行修正后即可得出剪位移与剪应力的关系。图 3-2 为第二种循环方式下经历 4 次干湿循环后剪位移和剪应力关系曲线,图 3-3 为未经历干湿循环(即 0 次循环)土样剪位移和剪应力关系曲线,图 3-4 为第一种循环方式下不同循环次数下剪位移和剪应力关系曲线。

从图 3-2~图 3-4 可以看出,曲线变化规律具有相似性。试验开始时,剪应力迅速增加,当达到最大值后,随剪切位移的增大,剪应力不断减小,土样被破坏,最后剪应力趋于稳定。

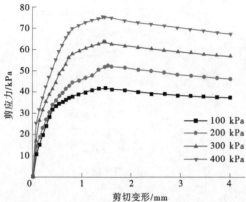

图 3-2　第二种循环方式下剪应力-剪位移关系

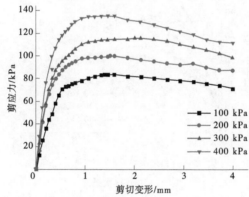

图 3-3　试样 0 次循环下剪应力-剪位移关系

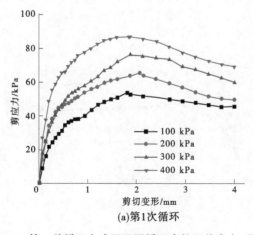

(a)第 1 次循环

图 3-4　第一种循环方式下不同循环次数下剪应力-剪位移关系

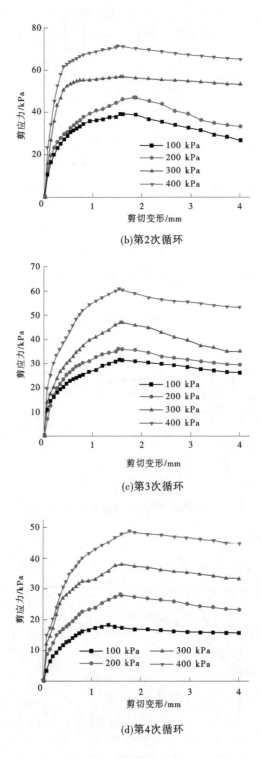

(b)第2次循环

(c)第3次循环

(d)第4次循环

续图 3-4

由以上研究得出的剪应力和剪位移关系,可以得出土样的峰值抗剪强度(见表 3-1)。

表 3-1　土样峰值抗剪强度

垂直压力/kPa	抗剪强度/kPa					
	第一种循环方式					第二种循环方式
	0 次	1 次	2 次	3 次	4 次	
100	83.72	54.05	39.49	31.85	18.38	41.96
200	100.10	65.70	47.32	36.04	28.21	52.60
300	116.48	76.62	57.33	47.32	38.22	63.70
400	135.40	87.54	71.53	60.95	48.92	75.71

由表 3-1 可以看出,与以往研究结果相似,对于同一循环过程,随垂直压力的增大,抗剪强度呈现出不断增大的趋势。垂直压力相同时,随循环次数的增大,抗剪强度不断减小。

3.1.3.2　抗剪强度与干湿循环的关系

根据表 3-1,对不同循环方式、次数以及不同垂直压力下的抗剪强度,利用库伦公式进行最小二值化拟合。

图 3-5 为第二种循环方式下垂直压力和抗剪强度的关系,图 3-6 为未经干湿循环的垂直压力与抗剪强度的关系,图 3-7 为第一种循环方式下不同循环次数下垂直压力和抗剪强度关系。

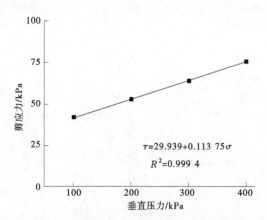

$$\tau = 29.939 + 0.113\,75\sigma$$
$$R^2 = 0.999\,4$$

图 3-5　第二种循环方式下垂直压力与抗剪强度的关系

通过图 3-5~图 3-7,可以得出土样在不同循环方式、不同循环次数下的黏聚力 c 和内摩擦角 φ(见表 3-2)。

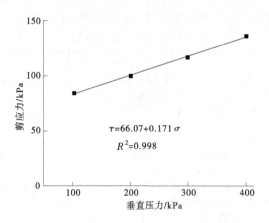

图 3-6　0 次循环下垂直压力与抗剪强度的关系

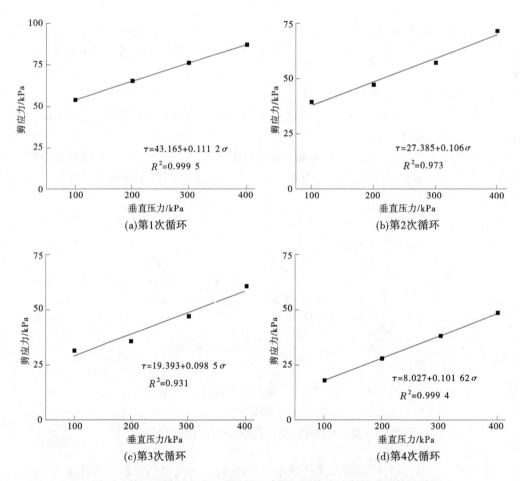

图 3-7　第一种循环方式下不同循环次数下垂直压力与抗剪强度的关系

表 3-2　土样抗剪强度指标

	第一种循环方式					第二种循环方式
循环次数	0 次	1 次	2 次	3 次	4 次	
黏聚力 c/kPa	66.070	43.165	27.385	19.393	8.027	29.939
内摩擦角 φ/(°)	9.70	6.34	6.05	5.63	5.80	6.49

由表 3-2 可以得出第一种循环方式下,黏聚力 c 和内摩擦角 φ 与循环次数的关系如图 3-8 和图 3-9 所示。

对黏聚力曲线进行线性拟合,对内摩擦角进行非线性拟合,拟合结果如下:

黏聚力拟合曲线:

$$c = 60.782 - 13.989N \qquad R^2 = 0.9470 \tag{3-1}$$

内摩擦角拟合曲线:

$$\varphi = 9.7 - N/(0.064 + 0.234N) \qquad R^2 = 0.9948 \tag{3-2}$$

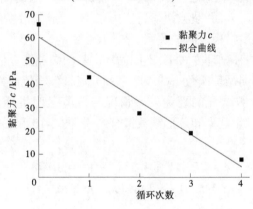

图 3-8　黏聚力与循环次数的关系

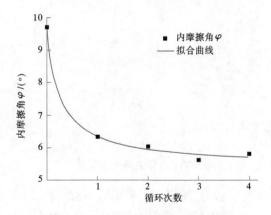

图 3-9　内摩擦角与循环次数的关系

由拟合结果发现,黏聚力与循环次数呈现出良好的线性反比关系,内摩擦角与循环次数可以用双曲线函数表示。从图 3-8 可以看出,对于第一种循环方式,黏聚力 c 随循环次数的增多而减小,第 1 次、第 2 次循环减幅比较大,其后逐渐降低。由图 3-9 可见,随循环次数的增大,内摩擦角开始急剧降低,第 1 次循环内摩擦角减幅最大,在第 1 次之后内摩擦角缓慢降低。

从以上研究可以发现,经历含水量反复变化后,土体抗剪强度指标均有不同程度的降低。这是由于干湿循环是一个含水量反复变化的过程,通过该过程使得土的内部结构产生了不可逆的累积损伤,如土体破碎松散、裂隙通道的开展等。当含水量升高时,由于晶层膨胀和粒间膨胀,导致土体体积膨胀,挤压裂隙并使得土体软化,强度降低;当含水量降低时,土体上下收缩程度不同而产生裂隙,破坏了土体结构性,同样造成强度降低。通过以上一系列变化削弱了土体黏聚力和内摩擦角。由此可见,黏聚力和内摩擦角的降低是土的微观结构发生变化的宏观反映。因此,在进行实际工程设计与施工时,必须充分考虑干湿循环对土体强度的影响,避免工程问题的发生。

3.1.3.3 裂隙发育程度对抗剪强度的影响

众所周知,裂隙对膨胀土的力学特性具有重要影响。一方面,裂隙的存在会破坏土体结构,导致土体松散;另一方面,裂隙面附近应力集中,会成为潜在的结构面。因此,研究裂隙发育指标与抗剪强度指标之间的关系,是很有必要的。

结合第 1 章,将第一种循环方式下,不同循环次数的裂隙发育情况与相应的抗剪强度相结合。这里分别取不同循环次数下的裂隙率和分形维数峰值作为相应次数下的裂隙发育指标。对不同循环次数试样的裂隙发育情况与抗剪强度指标进行拟合,式(3-3)和式(3-4)分别为黏聚力与裂隙率和分形维数拟合结果,图 3-10 和图 3-11 分别为黏聚力与裂隙率和分形维数关系图。

$$c = 57.411 - 4.55\delta \qquad R^2 = 0.978\ 2 \qquad (3-3)$$

$$c = 235.919 - 144.49\delta \qquad R^2 = 0.891\ 5 \qquad (3-4)$$

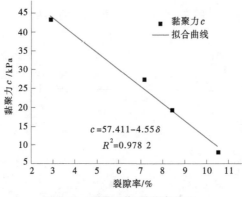

图 3-10　黏聚力与裂隙率关系

从图 3-10 和图 3-11 可以看出,随膨胀土裂隙的不断发育,即裂隙率和分形维数的不断增加,黏聚力不断减小。裂隙的两种度量指标与黏聚力之间均呈线性关系,可以用线性方程表示。图 3-12 和图 3-13 分别为内摩擦角与裂隙率和分形维数关系图。从图中发现

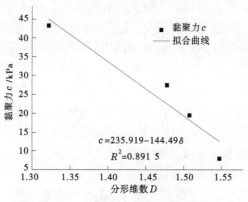

图 3-11　黏聚力与分形维数关系

内摩擦角与裂隙率和分形维数之间的关系很难用数学关系式来表达,但总体趋势是随着裂隙率和分形维数的增大,内摩擦角呈现出降低的趋势。这是由于裂隙的存在,破坏了土体结构性,且这种破坏随循环次数的增多而不断累积,使得土体具有不连续性,出现了若干软弱结构面,产生了比较复杂的力学效应,大大降低了土体强度。

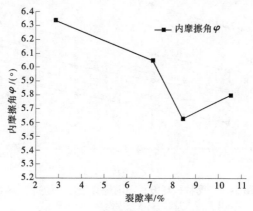

图 3-12　内摩擦角与裂隙率关系

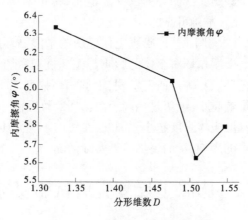

图 3-13　内摩擦角与分形维数关系

　　以上结果表明,裂隙发育对膨胀土强度具有很大的影响。在实际自然环境中,膨胀土体时刻经历着干湿循环,含水量不断变化,造成裂隙的不断张开和闭合。而裂隙对土体强度的影响,主要有以下几方面:首先,裂隙的产生、发育和贯通,使得土体结构性和完整性受到极大破坏。其次,裂隙附近土体完全断开,毫无强度可言,而土体内部微小裂隙的延伸和贯通也会削弱土体本身的强度。再次,裂隙的产生和发育为土体蒸发和雨水入渗提供了通道,土体蒸发又加剧了裂隙的产生和发育,而雨水入渗使得非饱和土体吸力下降,强度降低。最后,裂隙产生后,对土体的影响不会随着裂隙闭合而消失,裂隙本身就削弱了土颗粒间的联结力,给土体造成了不可逆破坏。

3.1.3.4　不同循环方式对抗剪强度的影响

　　根据表3-1,可以得出两种不同循环方式,在不同垂直压力、不同循环次数下对应的抗剪强度如图3-14所示。由图可见,经历4次干湿循环后,第二种循环方式试样抗剪强度比第一种循环方式要高,其值介于第一种循环方式第1次和第2次循环之间。

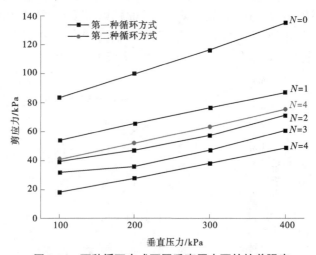

图3-14　两种循环方式不同垂直压力下的抗剪强度

　　由表3-2可以看出,第二种循环方式的试样经历4次干湿循环后的黏聚力和内摩擦角均比第一种循环方式下经历4次循环的试样的值要高,同样介于第1次和第2次循环之间,说明测得的数据是比较准确可靠的。

　　从以上研究发现,循环过程不同,即膨胀土体经历的干湿循环路径及幅度不同,对膨胀土强度的影响也不同。干湿循环对土体的影响与循环过程密切相关,循环过程因素包括循环路径、循环幅度、循环次数等。研究发现,干湿循环幅度越小,越不利于裂隙发育,进而对土体自身完整性影响越小,经历过相同干湿循环次数后,土体强度相对较大。而循环次数越多,裂隙发育越好,土体强度越小。因此,在考虑干湿循环对土体强度的影响时,需综合考虑循环过程因素的影响,从而更加接近实际情况。

3.2　膨胀土反复直剪试验研究

　　残余强度试验目的是研究土体的残余强度与其他物性指标之间的关系。残余强度是指以缓慢剪切速率经相当大的剪切位移,达到的最小的抗剪强度值。已有研究认为,当边坡出现滑动时,边坡的稳定性基本上是由岩土体的残余强度决定的。本节基于河北磁县膨胀土的直剪/残余剪切试验,对该地区的膨胀土的残余强度特性进行分析研究。

3.2.1 试验方法

本节残余剪切试验采用 Shear Trac Ⅱ(Geocomp)直剪/残余剪切试验系统,在慢速排水的条件下,对试样进行反复剪切,直至剪应力出现稳定值,以求土的残余剪切强度。Shear Trac Ⅱ直剪/残余剪切试验仪如图 3-15 所示。

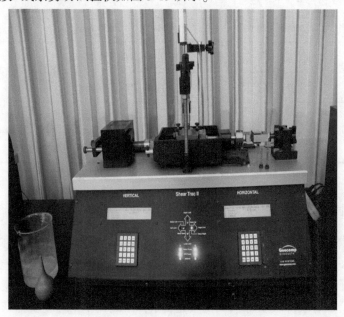

图 3-15 Shear Trac Ⅱ(Geocomp)直剪/残余剪切试验系统

在我国土工试验规范排水反复直接剪切试验中,一般对于粉质黏土,在保证最后两次测力计读数接近的条件下,需剪切 5~6 次,总剪切位移量达 40~50 mm;对于黏性土,需剪切 3~4 次,总剪切位移量达到 30~40 mm。本组试验分为两部分:第一部分试验为四组饱和原状样,对每组试样分别施加 100 kPa、200 kPa、300 kPa、400 kPa 的竖向应力,在 Shear Trac Ⅱ直剪/残余剪切试验仪上固结 24 h 后,再进行剪切试验。设定首次剪切速率为0.02 mm/min,剪切位移达到 6 mm 后以 0.4 mm/min 速率推回原位,然后重复上述两步骤,共 4 个来回,最终的剪切位移为 48 mm;第二部分试验为两组饱和和非饱和重塑样,同样先在仪器上固结 24 h,然后以 0.02 mm/min 的剪切速率,剪切位移达到 8 mm 后以0.4 mm/min 速率推回原位,然后重复上述两步骤,共 4 个来回,最终剪切位移为 64 mm。试验取第 1 次剪切的剪应力的峰值作为土体的峰值抗剪强度,取第 4 次剪切过程中稳定的剪应力最小值(没有稳定值的取剪位移为 4 mm 时所对应的剪应力)作为残余强度。具体试验方案如表 3-3 所示。

表 3-3 直剪/残余剪切试验方案

土样编号	黏粒含量/%	试验条件	固结时间/h	竖向应力/kPa	剪切速率/(mm/min)	剪切位移
y-1	15.1	原状饱和	24	100、200、300、400	0.02	6
y-2	20.6	原状饱和	24	100、200、300、400	0.02	6
y-3	33.5	原状饱和	24	100、200、300、400	0.02	6
y-4	45.9	原状饱和	24	100、200、300、400	0.02	6
c-1	30.7	重塑饱和	24	100、200、300、400	0.02	8
		重塑非饱和	24	100、200、300、400	0.02	8
c-2	39.9	重塑饱和	24	100、200、300、400	0.02	8
		重塑非饱和	24	100、200、300、400	0.02	8

3.2.2 原状膨胀土残余强度试验

试验土样取自南水北调中线工程河北磁县段,共分 3 次取样,每次取样位置不同。3 次共取 55 组×3 块,所取土样均为 20 cm×20 cm 的正方体,密封保存。选用其中 4 组土样,如图 3-16 所示,土样编号为 y-1、y-2、y-3、y-4。其中试样 y-1、y-2 主要为黄褐色土体,呈硬塑状态,部分裂隙被灰绿色黏土填充;试样 y-3、y-4 土样主要呈灰绿色夹少量黄褐色,原黄褐色黏土裂隙带土体因地下水的淋滤作用发生严重变质呈灰绿色,灰绿色土体节理裂隙非常发育,且节理面光滑平整。4 组土样均分布有少量的钙质结核和动植物残渣。

4 组试样的颗粒分析试验结果表明:试验用土颗粒均小于 0.25 mm,主要以 0.075~0.005 mm 粒组含量为主,属于黏性土。试样详细颗粒组分见表 3-4。

(a)试样y-1

(b)试样y-2

图 3-16 试验土样

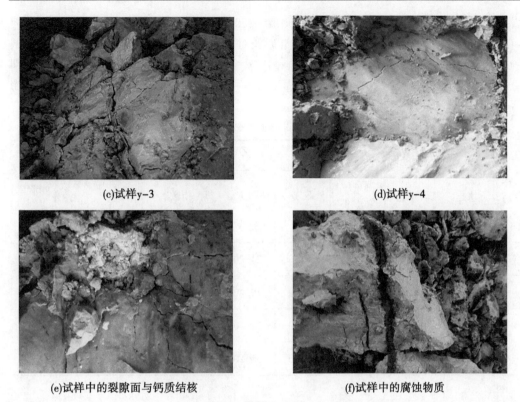

(c)试样y-3　　　　　　　　　　　　　　(d)试样y-4

(e)试样中的裂隙面与钙质结核　　　　　　　(f)试样中的腐蚀物质

续图 3-16

表 3-4　试样粒组含量分布　　　　　　　　　　　　%

土样编号	粒组含量			
	>0.25 mm	0.25~0.075 mm	0.075~0.005 mm	<0.005 mm
y-1	0	21.7	63.2	15.1
y-2	0	13.7	65.7	20.6
y-3	0	3.9	62.6	33.5
y-4	0	3.3	50.8	45.9

　　依据《土工试验规程》(SL 237—1999)对所取膨胀土试样进行室内常规试验,所得试样的基本物性指标如表 3-5 所示。

　　由试验结果可知,膨胀土的液塑限随黏粒含量的增加而增大。膨胀率与其黏粒含量成正相关,即随黏粒含量增大,膨胀率也逐渐增大,且随黏粒含量继续增大,膨胀率的增大幅度相对变缓。试样 y-2、y-4 的黏粒含量分别较试样 y-1、y-3 的黏粒含量大,而其自由膨胀率却相对偏小。这说明黏粒含量只在一定程度上反映土体的膨胀潜势。对于土体膨胀性的判别还应综合土体液限、塑性指数、自由膨胀率以及胀缩总率等其他指标。根据建设部《土的工程分类标准》(GB/T 50145—2007)和《建筑地基基础设计规范》(GB 50007—2011)中对土的工程分类标准以及对应的颗分试验和液塑限试验结果,本试验所用土样 y-1、y-2 为低液限黏土,土样 y-3、y-4 为高液限黏土。根据多指标综合判别分类膨胀土的方法,详见表 3-6,判定土样 y-1、y-2 为弱膨胀土,土样 y-3、y-4 为中膨胀土。

表 3-5　试样基本物性指标

土样编号	基本物性指标			液、塑限指标				压缩指标	自由膨胀率 δ_{ef}/%
	比重 G_s	含水量 W/%	湿密度 ρ/(g/cm³)	液限 W_L/%	塑限 W_P/%	塑性指数 I_P	液性指数 I_L	压缩系数 a_{1-2}/MPa⁻¹	
y-1	2.73	17.47	2.03	36.70	21.70	15.00	-0.29	0.14	38.00
y-2	2.73	17.50	2.04	37.50	19.40	18.10	-0.11	0.16	32.00
y-3	2.75	25.64	1.88	62.70	32.10	30.60	-0.21	0.18	82.00
y-4	2.74	23.35	1.99	69.20	36.10	33.10	-0.39	0.29	76.00

表 3-6　膨胀土判别指标

指标	膨胀潜势等级		
	弱膨胀土	中膨胀土	强膨胀土
液限/%	40~50	50~70	>70
塑性指数	18~25	25~35	>35
自由膨胀率/%	40~65	65~90	>90
<0.005 mm 颗粒含量/%	<35	35~50	>50
胀缩总率/%	0.7~2.0	2.0~4.0	>4.0

3.2.2.1　试样制备

本节试验均采用原状样。将土样按标明的上下方向放置,打开密封土样,将环刀刃口向下,环刀托放在环刀上,垂直下压,用力平稳。边压边用削土刀沿环刀外侧削土,直至环刀中充满土样且高出环刀 5~10 mm。用削土刀切开环刀周围的土壤,取出已装满土的环刀,削去环刀两端多余的土,并擦净环刀外壁,随即称取环刀和土的质量并记录数据,测其密度。环刀两端加盖玻璃片,以免水分蒸发。同时在采样处,用铝盒采样,测定其天然含水量。所用环刀直径为 63.5 mm,高为 25.4 mm(Shear Trac II 直剪/残余剪切试验仪专用环刀)。

3.2.2.2　试验结果分析

试样反复剪切,逐渐形成剪切面,剪切过程中剪切带部分土体被挤出,剪切后试样形状如图 3-17 所示。

(a)试验前

(b)剪切过程中

(c)剪切后

(d)剪切面

图 3-17　剪切前后试样状态

反复剪切试验结束后取出试样,分别测量试样剪切带和剪切带上下部分的土体含水量,表 3-7 为试样 y-4 在不同竖向荷载下反复剪切后的含水量测试结果,可以发现经反复剪切后,试样剪切带上部土体的含水量较饱和含水量有明显的降低;剪切带下部土体含水量略大于上部土体,但低于剪切带上土体的含水量;而剪切带上的土体含水量在原饱和含水量的基础上有不可忽视的增大。其他试样也同样出现剪切带上含水量增大的现象,这是因为反复剪切过程中剪切面上的吸附电位增加引起水分转移,同时土颗粒受反复剪切作用变小,剪切带附近的亲水性细土颗粒吸水使得剪切带含水量增大。

表 3-7　试样 y-4 反复剪切后不同部位的含水量　　　　　　　　　　　%

竖向压力	初始含水量	饱和含水量	剪切带上部	剪切带	剪切带下部
100 kPa	23.35	25.06	23.87	26.58	24.75
200 kPa	23.35	25.12	23.95	26.36	24.83
300 kPa	23.35	25.27	23.86	26.27	24.94
400 kPa	23.35	25.19	23.60	26.30	24.81

以试样在 400 kPa 竖向应力作用下的剪应力-位移曲线为例分析其规律,如图 3-18 所示。可发现第 2、3、4 次剪切过程中试样的抗剪强度较第 1 次剪切强度明显降低,且依次减小,其他 3 种竖向压力下的试验结果也有类似特征。这是因为第 1 次剪切过程需要破坏土体经长期地质环境作用形成的原始结构,克服土颗粒间的胶结和咬合作用,第 1 次剪切回合过后,试样已出现剪切错动面,随后每次剪切初期首先需克服剪切带上颗粒的逆向排列,以及颗粒间黏结引起的剪阻力;剪切后期,主要克服剪切面间的摩擦阻力。此时剪切带附近的土颗粒在转动和拨动的过程中,不断地发生破裂及重排列现象,剪切带的土颗粒粒径变小,多次剪切后剪切带逐渐趋于平整光滑,如图 3-17 所示。同时剪切面的吸附电位增加引起水分转移,剪切带附近的细颗粒吸水使得剪切带含水量增大。剪切带上的黏粒吸水产生膨胀,使颗粒间距离增大,使得剪切带处局部孔隙比较大,从而大大减小了土体的抗剪强度,因此每剪切一次土体的抗剪强度便会衰减掉一部分,最终将达到某一相对稳定值,即为土的残余强度。

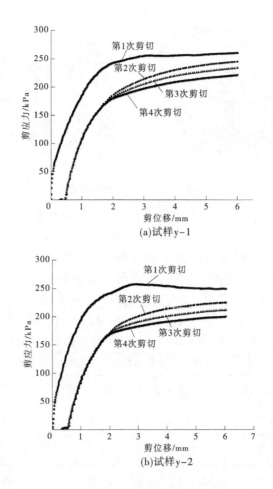

图 3-18 400 kPa 竖向应力下的剪应力-剪位移关系曲线

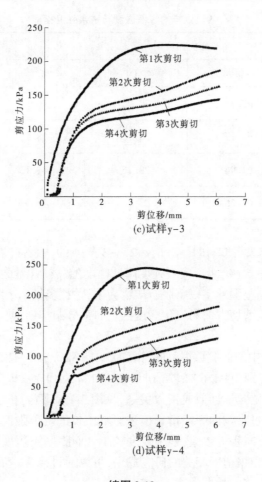

(c)试样 y-3

(d)试样 y-4

续图 3-18

　　由反复直剪试验测得土体的峰值强度与残余强度指标如表 3-8、表 3-9 和图 3-19~图 3-21 所示。

单位:kPa

表 3-8　试样的峰值强度 τ_f 与残余强度 τ_r

$P/$ kPa	y-1		y-2		y-3		y-4	
	τ_f	τ_r	τ_f	τ_r	τ_f	τ_r	τ_f	τ_r
100	108.90	80.08	105.97	82.31	102.89	62.38	106.53	58.68
200	155.44	123.83	150.76	116.43	143.82	83.63	150.51	73.98
300	201.99	167.58	195.56	150.55	184.75	104.89	194.49	89.29
400	248.53	211.34	240.35	184.67	225.69	126.14	238.47	104.59

表 3-9　试样的峰值强度与残余强度指标

试样编号	峰值强度		残余强度	
	c_f/kPa	φ_f/(°)	c_r/kPa	φ_r/(°)
y-1	62.35	24.96	36.33	23.63
y-2	61.17	24.13	48.19	18.84
y-3	61.96	22.26	41.12	12.00
y-4	62.55	23.74	43.38	9.30

由表 3-8 中试验结果可知,试样 y-1、y-2、y-3、y-4 的残余强度 τ_r 分别约为其峰值强度 τ_f 的 80%、70%、60%、50%,可以发现强度降低幅度随黏粒含量的增加而增大。这是因为该区域强膨胀土中黏土颗粒多以蒙脱石矿物为主,颗粒多呈细小鳞片状或扁平板状,在剪切过程中此类颗粒沿剪切方向易发生高度的定向重分布排列,剪切面趋于光滑,使得残余抗剪强度大幅度降低。

由表 3-8 和表 3-9 中的试验数据可知,试样 y-1、y-2、y-3、y-4 的残余强度 φ_r 值与峰值强度 φ_f 之比 φ_r/φ_f 分别为 94.67%、78.08%、53.91%、39.17%,即随着黏粒含量的增大,土体残余强度 φ_r 与黏粒含量近似成指数关系,见图 3-19。而 c_r/c_f 值则比较离散。综上可知,黏粒含量主要通过影响内摩擦角 φ 值来影响土体的抗剪强度。黏粒含量较大的中等或强膨胀土的强度衰减程度较大,残余强度较小。而膨胀土边坡的长期稳定性主要取决于土体的残余强度,根据前人相关的研究成果,可以通过掺入生石灰、水泥等来控制膨胀土的膨胀性来提高土体的长期强度。

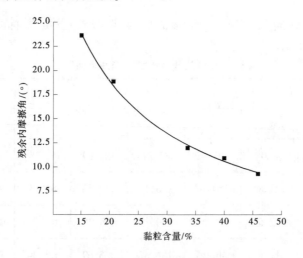

图 3-19　残余强度内摩擦角与黏粒含量的关系曲线

由图 3-20 中试验数据可发现,峰值强度 τ_f 与黏粒含量的关系变化趋势比较平缓;残余强度 τ_r 随黏粒含量增加逐渐减小,两者成指数关系。这是因为黏粒含量较大的膨胀土其吸水能力强,颗粒表层水膜较厚,颗粒间距增大,摩擦阻力减小,故其残余强度较小。

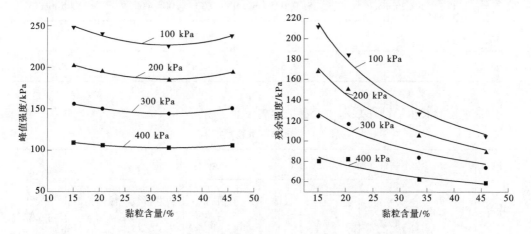

图 3-20　峰值强度 τ_f、残余强度 τ_r 与黏粒含量的关系曲线

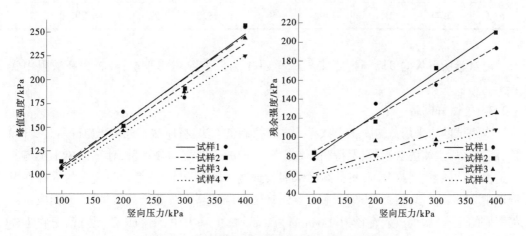

图 3-21　峰值强度、残余强度与竖向压力的关系

图 3-21 中,随竖向压力的增大,膨胀土峰值强度和残余强度均有一定提高。竖向压力越大,对土体的压密固结作用越显著。但随着黏粒含量的增大,膨胀土残余强度增大幅度有所减小。因此,膨胀土工程中,可以考虑适当地增大竖向荷载来提高土体稳定性,但对于黏粒含量较大的膨胀土的增强效果不是很明显。

3.2.3　重塑膨胀土残余强度试验

本组残余剪切试验选取两种具有不同膨胀性的黏性土,编号为 c-1 和 c-2。通过颗粒分析试验,得到两组试样的粒组含量分布如表 3-10 所示。

表 3-10　试样粒组含量分布　　　　　　　　　　　　　　%

土样编号	粒组含量			
	>0.25 mm	0.25~0.075 mm	0.075~0.005 mm	<0.005 mm
c-1	0	5.5	63.8	30.7
c-2	0	2.6	57.5	39.9

由常规试验获得的试样基本物性指标如表 3-11 所示。

表 3-11　试样基本物性指标

土样编号	基本物性指标			液、塑限指标				自由膨胀率 $\delta_{ef}/\%$
	比重 G_s	含水量 $W/\%$	湿密度 $\rho/$ (g/cm³)	液限 $W_L/$ %	塑限 $W_P/$ %	塑性指数 I_P	液性指数 I_L	
c-1	2.74	21.2	1.91	46.2	23.5	22.7	-0.10	48
c-2	2.74	21.8	1.92	50.6	28.2	22.4	-0.29	72

由试验所得数据可以判定膨胀土试样 c-1 为低液限弱膨胀土,c-2 为高液限中膨胀土。

3.2.3.1　试样制备

本组试验均采用重塑膨胀土试样。重塑样制备方法:将原状土样风干碾碎后过 2 mm 筛,测过筛后土体的含水量,保持和原状土样一样的干密度和含水量,计算出风干土与所需纯净水的质量。将相应质量的纯净水加入到过筛后的土中,搅拌均匀后密封保存在保湿器中 24 h。然后根据环刀容积和试验设计干密度计算出所需土的质量,称取相应质量配置好的土,一次性放入直径为 9 cm、高为 4 cm 的大环刀中,用静压法通过活塞将土样压至所需干密度的 4 cm 厚柱状大试样,并将其推出。在大试样上制取小环刀试样(直径为 6.35 cm,高为 2.54 cm),作为直剪残余剪切试验试样。取出带有试样的环刀,对需要进行饱和的试样放入饱和器中,再放到饱和缸中进行真空抽气饱和;对不需要饱和,或不立即进行试验的试样,上下加盖玻璃片存放在保湿器内备用。

3.2.3.2　试验结果分析

两组重塑样经过反复直剪试验获得的剪应力与剪位移的关系曲线分别如图 3-22~图 3-25 所示。

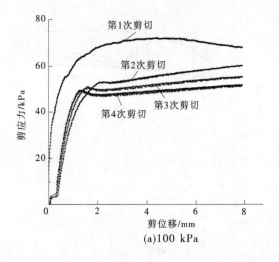

(a)100 kPa

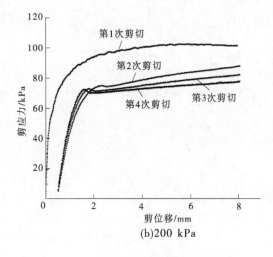

(b)200 kPa

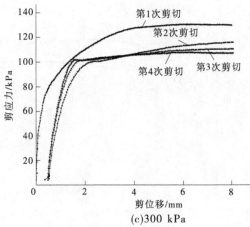

(c)300 kPa

图 3-22　试样 c-1 饱和重塑样的剪应力-剪位移关系曲线

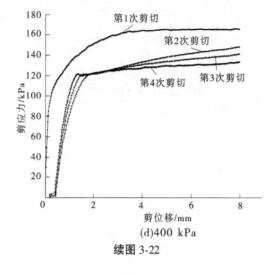

(d)400 kPa

续图 3-22

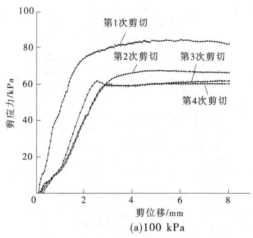

(a)100 kPa

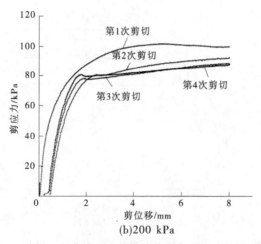

(b)200 kPa

图 3-23　试样 c-1 非饱和重塑样的剪应力-剪位移关系曲线

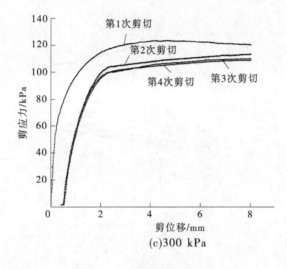

(c)300 kPa

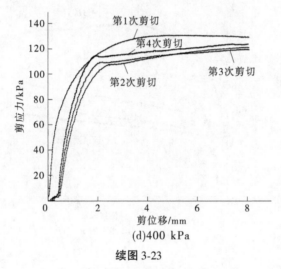

(d)400 kPa

续图 3-23

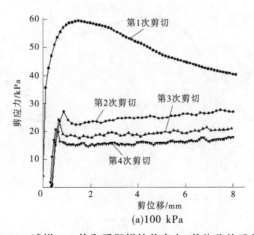

(a)100 kPa

图 3-24　试样 c-2 饱和重塑样的剪应力-剪位移关系曲线

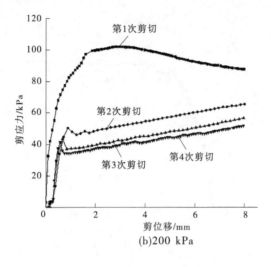

(b)200 kPa

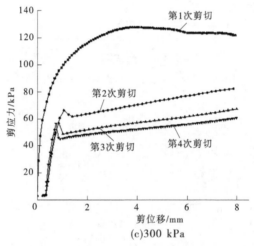

(c)300 kPa

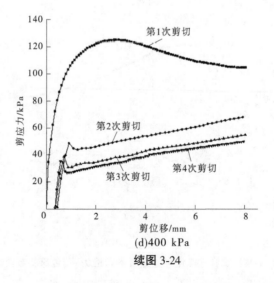

(d)400 kPa

续图 3-24

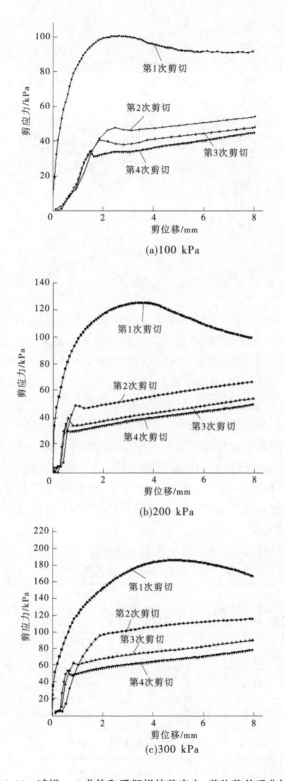

(a)100 kPa

(b)200 kPa

(c)300 kPa

图 3-25　试样 c-2 非饱和重塑样的剪应力–剪位移关系曲线

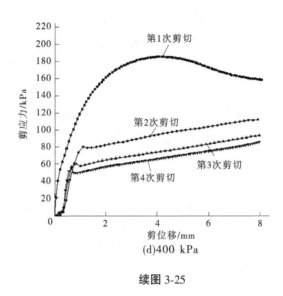

(d)400 kPa

续图 3-25

由图 3-22 和图 3-23 可知,试样 c-1 无论是饱和样还是非饱和样均无明显的峰值;在第 1 次剪切之后,第 2、3、4 次剪切过程中试样的抗剪强度比第 1 次剪切过程中抗剪强度小幅降低;而图 3-24 和图 3-25 显示试样 c-2 的饱和样和非饱和样在第 1 次剪切均出现明显的峰值,表现为应力软化型;且第 1 次剪切过后,第 2、3、4 次剪切过程中试样的抗剪强度较第 1 次剪切过程的抗剪强度均出现大幅度的下降。

由试样的应力-位移曲线可以发现,试样 c-1 在第一个剪切来回之后便形成了完整的剪切面,之后的 3 次剪切过程应力基本达到稳定的残余状态;而试样 c-2 第 3 次剪切较第 2 次剪切过程的抗剪强度仍有一定幅度的下降,甚至第 4 次剪切过程试样强度仍未达到稳定值。这是因为试样 c-2 黏土矿物成分含量较高,吸水性较好,使得剪切带上土颗粒吸水发生软化,未能形成平整的剪切面。随剪切次数的增加,细颗粒含量增多,剪切带土体的软化现象持续发展。

由试验测得的重塑样的抗剪强度及其强度指标见表 3-12、表 3-13。

表 3-12　试样的峰值强度与残余强度

$P/$ kPa	c-1				c-2			
	饱和		非饱和		饱和		非饱和	
	$\tau_f/$ kPa	$\tau_r/$ kPa	$\tau_f/$ kPa	$\tau_r/$ kPa	$\tau_f/$ kPa	$\tau_r/$ kPa	$\tau_f/$ kPa	$\tau_r/$ kPa
100	71.8	50.0	84.5	59.5	65.0	23.6	100.8	36.5
200	102.0	73.2	102.0	82.7	102.1	41.4	125.5	40.8
300	131.0	104.4	124.0	108.0	127.6	52.4	165.8	64.4
400	165.6	126.1	131.1	118.2	149.4	72.1	185.5	78.2

表 3-13　试样的峰值强度与残余强度指标

试样 编号	峰值强度		残余强度	
	c_f/kPa	φ_f/(°)	c_f/kPa	φ_f/(°)
c-1 饱和	40.10	17.24	23.55	14.54
c-1 非饱和	64.00	11.17	42.38	11.26
c-2 饱和	41.35	16.50	17.80	8.46
c-2 非饱和	70.80	15.40	19.40	7.90

　　由表 3-12 和表 3-13 中的试验数据可知,试样 c-2 无论是在饱和或非饱和状态下测得的残余强度均较试样 c-1 小;试样 c-1 和 c-2 的饱和试样的抗剪强度 c 值较非饱和试样均有所减小,而内摩擦角 φ 值却有所增大。这是因为饱和作用使得黏土颗粒间的孔隙被水分充填,颗粒间距增大,土颗粒间的引力和胶结作用减小,从而使得黏聚力减小。试样 c-2 的黏粒含量相对较多,黏土矿物多成扁平状,剪切过程中黏土颗粒极易沿剪切方向发生定向排列,所以试样 c-2 的残余强度均比试样 c-1 小。

3.3　黏粒含量对膨胀土反复剪强度影响研究

　　《土的工程分类标准》(GB/T 50145—2007)规定黏粒为粒径不大于 0.005 mm 的土粒。膨胀土中蒙脱石、伊利石等强亲水性黏土矿物的类型及含量,不仅决定着膨胀土的亲水性、塑性和膨胀性等,而且明显地影响膨胀土的抗剪强度特性。国内外相关研究结果表明,膨胀土工程性质和问题与其黏粒含量密切相关,黏粒含量多少直接影响膨胀土的抗剪强度。

3.3.1　黏粒含量对膨胀率的影响

　　膨润土主要矿物成分是蒙脱石,含量在 80%~85%,膨润土主要性质也是由蒙脱石所决定的。有关研究表明,膨胀土加入膨润土后,在一定程度上可以提高膨胀土的黏性和膨胀性,但不会与膨胀土发生化学反应。试验采用 5 组试验,分别以不同比例的膨润土掺入原膨胀土的方法调配土样,共配置出 5 种不同黏粒含量的土样。具体膨润土掺入量如表 3-14 所示。

　　从工程实际应用考虑,自由膨胀率是一个没有实际工程意义的指标,但是自由膨胀率在一定程度上还是说明了土粒在无荷载影响下的膨胀特性。自由膨胀率主要受黏粒和矿物成分的影响,黏粒含量越高,内部矿物亲水性越强,其自由膨胀率也就越大。严格按照土工试验方法标准对 1 号至 5 号土样分别进行颗分试验(密度计法)和自由膨胀率试验,测得其实际黏粒含量和自由膨胀率,试验结果见表 3-15。对试验数据做回归分析,拟合自由膨胀率与黏粒含量间的关系。由此可知,自由膨胀率与黏粒含量呈现出较好的线性关系,表现出较好的相关性问题(见图 3-26)。

表 3-14   配土方案

土样编号	1 号	2 号	3 号	4 号	5 号
掺入量/%	5	10	15	20	25

表 3-15   自由膨胀率试验数据

土样编号	1 号	2 号	3 号	4 号	5 号
黏粒含量/%	20.8	28.6	36.3	39.4	40.6
自由膨胀率/%	56	65	81	119.5	120

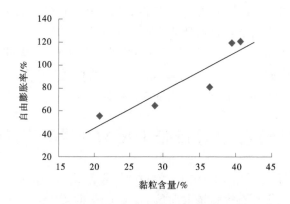

图 3-26   自由膨胀率与黏粒含量的关系曲线

由黏粒含量和自由膨胀率数据可知,随着黏粒含量的增加,自由膨胀率也在增大,膨胀土黏粒含量越高,比表面积越大,吸水能力越强,胀缩变形也就越大。因此,一定程度上,黏粒含量的多少可以表征土体的膨胀潜势。膨胀土样属于黏性土中的特殊土体,在得水失水的状态下会产生强烈的胀缩变形,这主要是由于膨胀土样黏粒中含有亲水矿物及大量的有利于水楔入的微裂隙结构的原因。膨胀土样这种富含亲水性黏土矿物的特性使得黏粒含量可以从宏观上来表示黏土矿物的多少,黏土矿物越多,膨胀土膨胀性也就越大,这些黏粒含量表征了黏土矿物成分类型及其含量,同时也决定着膨胀土的膨胀性、亲水性等。

3.3.2   制样与试验方案简介

3.3.2.1   制样

将原土样烘干碾碎并过 2 mm 筛,进行颗分试验测得其黏粒含量,已知原有黏粒含量和目标黏粒含量可计算出需要加入的膨润土质量,从而调配出 5 种不同黏粒含量的土样。对配置好的 5 种黏粒含量土样做颗分试验测得其实际黏粒含量,以此次测得的黏粒含量为准进行下一步试验。在配置 5 种不同黏粒含量土样的同时,应测得其自由膨胀率,绘制自由膨胀率与黏粒含量关系曲线,为进行黏粒含量对膨胀土抗剪强度影响的分析提供可靠的数据参考。

对调配好的不同黏粒含量土样进行含水量试验,测得其初始含水量。按目标含水量 18% 配置土样,并在密封塑料袋中闷料 24 h。按干密度 1.6 g/cm³ 计算称取土样,用静压法分 3 次压实制成 4 cm 厚土饼,在大土饼试样上制取直径为 6.35 cm、高为 2.54 cm 的小环刀试样,即可作为直剪残余剪切试验试样,5 组试验共制备 20 个直剪残余剪切试样放入饱和缸进行抽气饱和后待用。制样过程如图 3-27 所示。

图 3-27　制样过程

3.3.2.2　试验方案

有关研究表明,膨胀土加入膨润土后,在一定程度上可以提高膨胀土的黏性和膨胀性,但是不会与膨胀土发生化学反应。试验采用以一定比例的膨润土掺入原膨胀土的方法来配置 5 组不同黏粒的膨胀土土样,配置好后分别制成密度为 1.6 g/cm³、含水量为

18%的试样共 20 个,进行抽气饱和后在 50 kPa、100 kPa、200 kPa、400 kPa 垂直压力下进行反复直剪试验,记录试验过程中应力与位移的详细数据。

3.3.3　试样剪切带

　　众所周知,膨胀土是土颗粒高度分散的集合体,土颗粒间的相互黏结咬合是非常薄弱的,在剪应力作用下,土颗粒克服自身的咬合作用出现剪胀现象从而发生分离、转动并且进行重新排列,使土颗粒的排列方式更加趋向滑裂方向,然而在压应力的作用下,这些土颗粒又不断摩擦相互靠近,在这样的应力作用下,试样剪切面的土颗粒不间断地转动并不间断地靠近,最后形成高度定向排列的剪切带。膨胀土富含的蒙脱石、伊利石和高岭石等黏土矿物多呈扁平、细小板状和鳞片状结构形态,在剪切进行时,这些黏土矿物颗粒极易沿着剪切方向形成定向排列,这就是剪切面形成剪切带的主要原因。剪切过程中剪切带含水量增大且周围会有少量土体被带出。试样剪切后如图 3-28 所示。

图 3-28　试样剪切后图片

3.3.4　土样应力-位移曲线分析

3.3.4.1　5 种黏粒含量膨胀土土样应力-位移曲线

　　剪切试验中将备好的试样装入直剪残余剪切试验系统的剪切盒中,试样上下两面均依次为湿滤纸和透水石,剪切盒内部充满水并保证淹没试样剪切面,以防止试样水分发生较大变化。试样装好后加载固结 12 h,5 组试验,每组试验有 4 个试样,分别在 50 kPa、100 kPa、200 kPa、400 kPa 的垂直压力下固结,固结基本稳定后进行剪切,第 1 次剪切可提取峰值强度,第 4 次剪切可做出土样残余强度。

　　需要做出说明的是:《土工试验规程》(SL 237—1999)规定,对高塑性黏土反复剪切速率不宜超过 0.02 mm/min。但是,对本书所用土样进行试验发现,0.02 mm/min 的速率和 0.08 mm/min 的速率对土样反复剪强度的影响可以忽略不计,为保证试验精度并节约时间,选取第 1 次和第 4 次剪切速率为 0.02 mm/min,第 2 次和第 3 次剪切速率为 0.08 mm/min。试验中 1 号至 5 号土样剪应力位移曲线如图 3-29~图 3-33 所示。

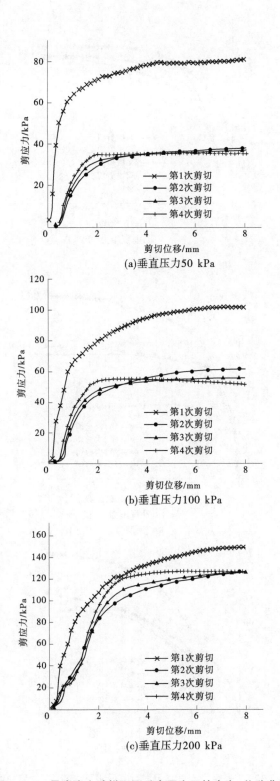

图 3-29　1 号膨胀土试样不同垂直压力下的应力-位移曲线

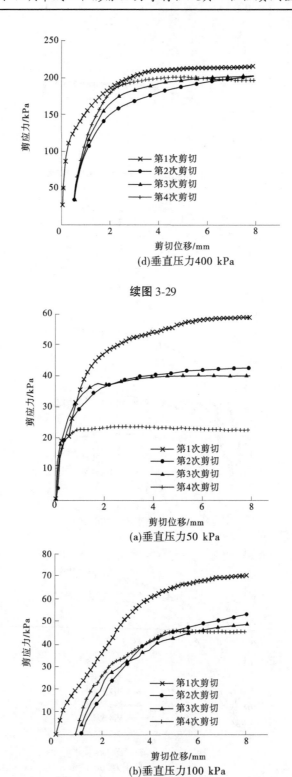

(d)垂直压力400 kPa

续图 3-29

(a)垂直压力50 kPa

(b)垂直压力100 kPa

图 3-30　2 号膨胀土试样不同垂直压力下的应力-位移曲线

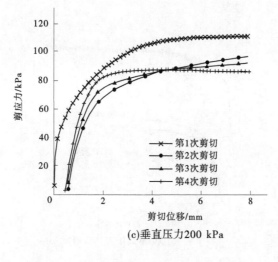

(c)垂直压力200 kPa

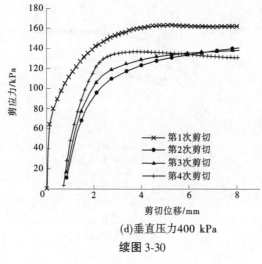

(d)垂直压力400 kPa

续图 3-30

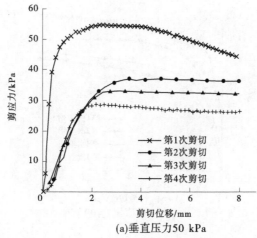

(a)垂直压力50 kPa

图 3-31　3 号膨胀土试样不同垂直压力下的应力-位移曲线

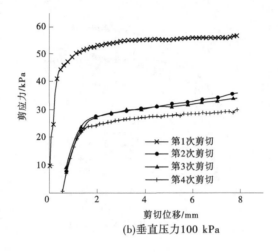

(b)垂直压力100 kPa

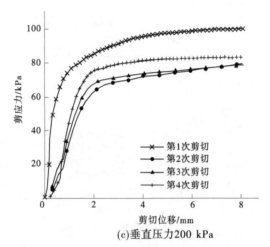

(c)垂直压力200 kPa

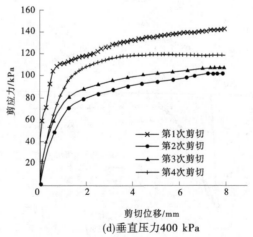

(d)垂直压力400 kPa

续图 3-31

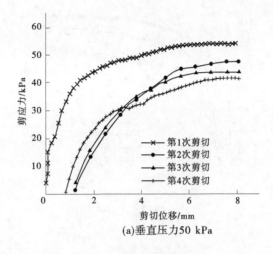

(a)垂直压力50 kPa

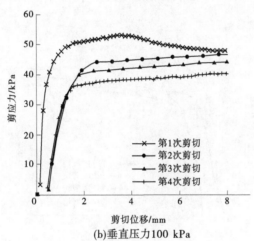

(b)垂直压力100 kPa

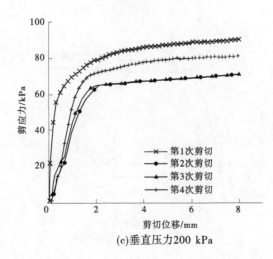

(c)垂直压力200 kPa

图 3-32   4 号膨胀土试样不同垂直压力下的应力-位移曲线

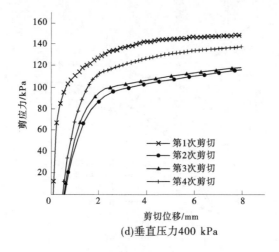

(d)垂直压力400 kPa

续图 3-32

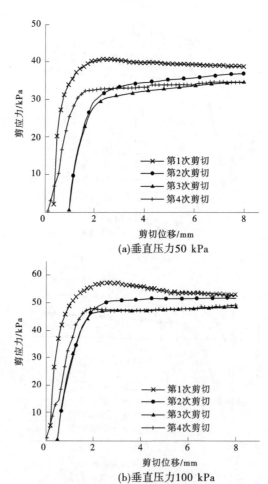

(a)垂直压力50 kPa

(b)垂直压力100 kPa

图 3-33 5 号膨胀土试样不同垂直压力下的应力-位移曲线

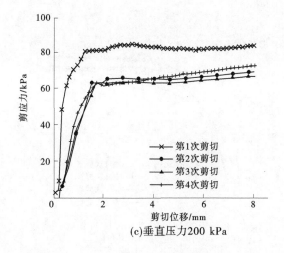

(c)垂直压力200 kPa

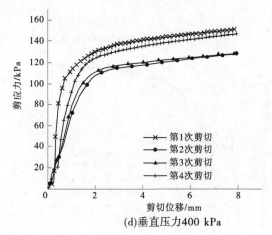

(d)垂直压力400 kPa

续图 3-33

　　在剪切初期,应力急剧增大,但随着剪切位移的进一步增加,应力渐渐趋于平稳上升状态,变化速率较均匀,峰值不明显,应力增大到某个值后趋于稳定曲线呈渐稳型,重塑膨胀土土样土颗粒经过重组后原有结构发生破坏,因而应力位移曲线不同于原状膨胀土土样,结构强度没有原状样强度高,同时重塑样应力位移曲线峰值不明显。试验用土样为符合工程实际要求而采用饱和膨胀土土样,由于试样含水量的增加,水分对土颗粒间的胶结物质起破坏作用,水分与颗粒间的水膜使得土颗粒间也更容易滑动,这是促使重塑样应力位移曲线峰值不明显、切应力位移变化较均匀的另一个主要因素。

3.3.4.2　400 kPa 垂直压力下膨胀土土样应力-位移曲线

　　通过反复直剪试验得到不同垂直压力下的应力-位移曲线,其中 400 kPa 垂直压力下5 种土样剪应力-位移曲线如图 3-34 所示。

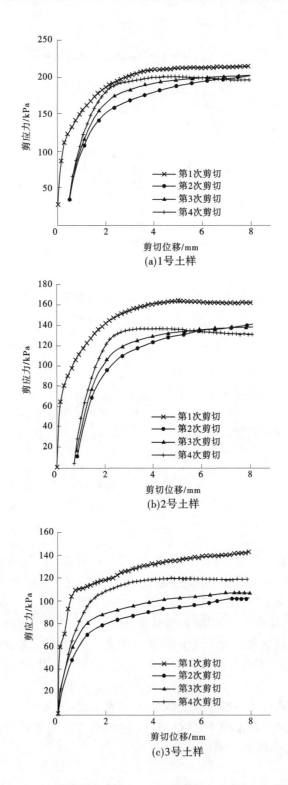

图 3-34　5 种膨胀土试样 400 kPa 垂直压力下应力-位移曲线

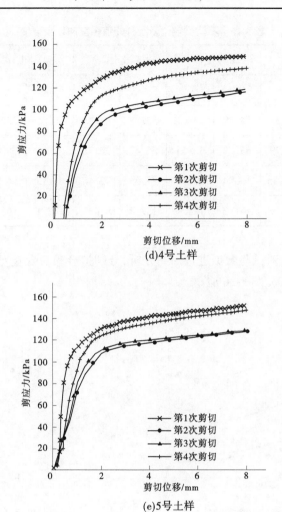

(d)4号土样

(e)5号土样

续图 3-34

　　根据典型的应力-位移曲线可知,随着剪切的进行,曲线起初急剧增大,之后剪应力随着位移的增大增至某个值后达到稳定,曲线变化较缓,变化速率较均匀,但峰值不明显。50 kPa、100 kPa、200 kPa 垂直压力下的应力-位移曲线变化规律与 400 kPa 相似。随着黏粒含量的增加,第 4 次剪应力-位移曲线逐渐超过第 3 次或第 2 次剪应力-位移曲线,这是因为随着黏粒含量的增加,土样黏粒之间的相互黏结力和胶着力增强,土样的自愈能力也随之增强的缘故,因此随着剪切时间的增加,土样的自愈能力发挥主要作用,使得第 4 次剪应力逐渐超过第 3 次或第 2 次剪应力,并且与第 1 次剪应力差值越来越小。

3.3.5　黏粒含量对膨胀土峰值强度和残余强度的影响

　　通过反复直剪试验,5 种土样峰值强度和残余强度如表 3-16 所示。

表 3-16　不同黏粒含量土样峰值强度和残余强度　　　　　单位:kPa

垂直压力/kPa	1 号土样		2 号土样		3 号土样		4 号土样		5 号土样	
	τ_f	τ_r	τ_f	τ_r	τ_f	τ_r	τ_f	τ_r	τ_f	τ_r
50	78.2	35.38	54.79	23.61	53.88	27.85	50.05	32.69	40.86	33
100	90.93	54.79	65.77	45.55	55.47	30.78	52	38.48	55.46	46.48
200	137.1	110.35	106.4	87.56	85.65	72.46	86.12	66.98	83.99	66.06
400	210	180.9	161.2	124.9	132.4	91.39	143.1	103.5	141.9	117.4

采用数学分析法对试验数据进行回归分析,分别拟合黏粒含量对峰值强度和残余强度数据,曲线如图 3-35、图 3-36 所示。

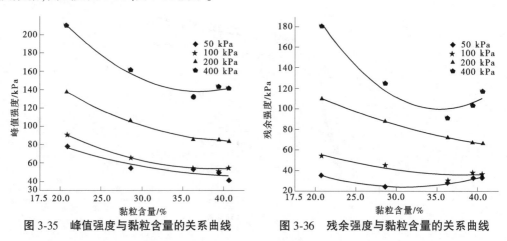

图 3-35　峰值强度与黏粒含量的关系曲线　　　图 3-36　残余强度与黏粒含量的关系曲线

随着黏粒含量的增加,土样的峰值强度和残余强度随之降低,呈现二次多项式的关系,当降低到一定程度后,峰值强度和残余强度变化曲线趋于平缓。总的来说,随着黏粒含量的增加,两者都呈现出减小的趋势。由于掺入膨润土的膨胀土其黏粒含量、物质组成和胀缩性等的不同,对于抗剪强度的敏感性也不尽相同。黏粒含量越多,对应的亲水性黏土矿物也就越多,土样亲水性越强表现的胀缩性就越大,而抗剪强度衰减的也就越快;反之则越慢。

图 3-35 峰值强度与黏粒含量关系图中,随着黏粒含量的升高,膨胀土峰值强度逐渐降低。垂直压力 50 kPa 下,峰值强度降低率为 47.75%;垂直压力 100 kPa 下,峰值强度降低率为 42.81%;垂直压力 200 kPa 下,峰值强度降低率为 38.74%;垂直压力 400 kPa 下,峰值强度降低率为 36.95%。低压下,膨胀土峰值强度随黏粒含量的增加降低率较大,而高压下,膨胀土残余强度随黏粒含量的增加降低率反而较小。100 kPa 下曲线拟合相关性系数为 0.988,而 200 kPa 下曲线拟合相关性系数为 0.992,由此可见,峰值强度和黏粒含量表现出很好的相关性。

图 3-36 为残余强度与黏粒含量关系图,随着黏粒含量的升高,膨胀土残余强度值逐渐降低。垂直压力 50 kPa 下,残余强度值降低率为 33.27%;垂直压力 100 kPa 下,残余强度值降低率为 43.82%;垂直压力 200 kPa 下,残余强度值降低率为 40.14%;垂直压力 400 kPa 下,残余强度值降低率为 49.48%。低压下,膨胀土残余强度随黏粒含量的增加降低率较小,而高压下,膨胀土残余强度随黏粒含量的增加降低率较大。400 kPa 下曲线相关性系数为 0.922,而 200 kPa 下曲线拟合相关系数更是高达 0.999,由此可见,残余强度和黏粒含量也表现出非常好的相关性。

3.3.6　黏粒含量对黏聚力和摩擦角的影响

3.3.6.1　黏粒含量对膨胀土峰值强度黏聚力和摩擦角的影响

5 组试样在 50 kPa、100 kPa、200 kPa、400 kPa 垂直压力下的抗剪强度图如图 3-37 所示,1~5 号土样在不同垂直压力下峰值曲线相关性系数分别为 0.997、0.993、0.987、0.987 和 1,其中 5 号土样相关性更是高达 1。试验结果表明,随着垂直压力的增大,膨胀土的抗剪强度有所升高,强度最大值与垂直压力呈现线性关系,垂直压力和峰值强度表现出很好的相关性。

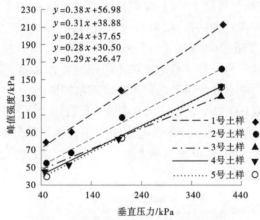

图 3-37　峰值强度与垂直压力的关系曲线

5 种黏粒含量膨胀土峰值强度下的黏聚力和内摩擦角如表 3-17 所示,拟合关系曲线如图 3-38、图 3-39 所示。

表 3-17　黏粒含量对黏聚力和摩擦角的影响

黏粒含量/%	黏聚力/kPa	摩擦角/(°)
20.8	56.98	21.0
28.6	38.88	17.2
36.3	37.65	13.4
39.4	30.50	15.6
40.6	26.47	16.1

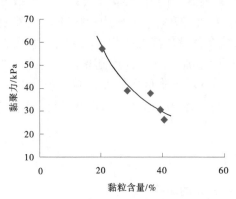

图 3-38　黏粒含量与黏聚力关系曲线

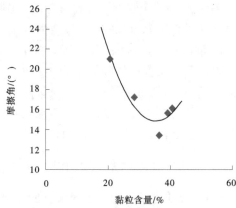

图 3-39　黏粒含量与摩擦角关系曲线

拟合公式为

$$c = 1\ 123.20C^{-0.99} \quad （黏粒含量在 20.8\% \sim 40.6\% 时适用）$$

$$\varphi = 0.03C^2 - 2.13C + 52.64 \quad （黏粒含量在 20.8\% \sim 40.6\% 时适用）$$

黏粒含量对黏聚力的影响表现为指数关系，随着黏粒含量的增加，黏聚力逐渐减小，当黏粒含量增大到一定程度后趋于平缓；摩擦角随着黏粒含量的增加显示出先下降后上升的趋势，呈现出二次多项式的关系，根据拟合公式可知，当黏粒含量小于 35.44%（3 号土样黏粒含量附近）时，摩擦角随着黏粒含量的增加而降低，当黏粒含量大于 35.44% 时，摩擦角呈上升的趋势，这证明黏粒含量对摩擦角的影响较为复杂，存在临界值。

3.3.6.2　黏粒含量对膨胀土残余强度黏聚力和摩擦角的影响

5 组试样在 50 kPa、100 kPa、200 kPa、400 kPa 垂直压力下的残余强度如图 3-40 所示，1~5 号土样在不同垂直压力下残余强度值曲线相关性系数分别为 0.99、0.954、0.9、0.99 和 0.99。试验结果表明，随着垂直压力的增大，膨胀土的抗剪强度有所升高，残余强度值与垂直压力呈现线性关系。

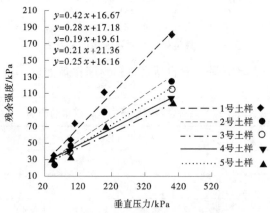

图 3-40　残余强度与垂直压力的关系曲线

5 种黏粒含量膨胀土经过反复直剪试验后残余强度下黏聚力和摩擦角如表 3-18 所示，拟合曲线如图 3-41、图 3-42 所示。

表 3-18　黏粒含量对黏聚力和摩擦角的影响

黏粒含量/%	黏聚力/kPa	摩擦角/(°)
20.8	16.67	22.8
28.6	17.18	15.8
36.3	19.61	10.9
39.4	21.36	11.8
40.6	21.43	13.4

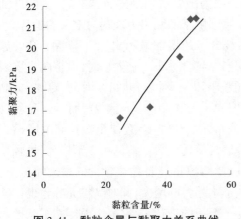

图 3-41　黏粒含量与黏聚力关系曲线

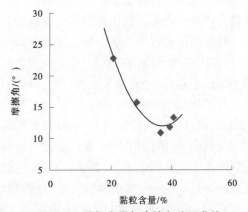

图 3-42　黏粒含量与摩擦角关系曲线

拟合公式为

$$c = 4.84 C^{0.40}\quad（黏粒含量在 20.8\% \sim 40.6\% 时适用）$$
$$\varphi = 0.04 C^2 - 3.14 C + 69.99\quad（黏粒含量在 20.8\% \sim 40.6\% 时适用）$$

随着黏粒含量的增加,残余强度逐渐降低,但黏聚力却随之增大,呈现出比较明显的指数关系,这是由于黏粒增加,黏土自愈能力增强的缘故,这与应力-位移曲线随黏粒含量的变化特征相互验证。摩擦角的变化与其在峰值强度下的变化趋势基本相同,呈现出二次多项式的关系,具有一个较为明显的临界值,临界值在 36.3% 左右。

3.3.7　机制分析

随着黏粒含量的增加,土样的峰值强度和残余强度随之降低,呈现二次多项式的关系,当降低到一定程度后,峰值强度和残余强度变化曲线趋于平缓。总的来说,随着黏粒含量的增加,两者都呈现出减小的趋势。产生这种现象的原因主要在于:一方面,膨胀土中大量的黏粒与水发生作用,黏粒含量中的亲水矿物吸水体积发生膨胀,一部分的团粒形成次一级土颗粒,促使了土样峰值强度的降低,与水作用的黏粒越多,生成的次一级土颗粒也就越多,表现为强度越低;另一方面,土样吸水后,内部空隙增大,颗粒间排列更加紊乱,土骨架变得疏松致使强度降低;同时,黏粒的大量存在使得黏粒强度效应增加,非黏粒的强度效应减小,进一步促使了土样峰值强度的降低。膨胀土富含亲水性的蒙脱石、伊利石、高岭石等黏土矿物,这些矿物呈细小的板状和鳞片状等扁粒状态,在剪应力作用下,这些颗粒发生高度定向排列,黏粒含量越多,随着剪切次数的增加,这种排列就会更加定向化,残余强度就越小。

峰值强度下,黏粒含量对黏聚力的影响表现为指数关系,随着黏粒含量的增加,黏聚力逐渐减小,当黏粒含量增大到一定程度后趋于平缓,产生此种现象的原因在于:一方面,膨胀土中黏土矿物增加,这些强吸水性的矿物在土颗粒表面形成结合水膜,使颗粒间连接消弱,在剪切过程中水膜对剪切破坏起到的是润滑作用,因而降低了黏聚力;另一方面,土样吸水后土体被软化,胶结作用被弱化,表现为峰值强度黏聚力逐渐降低,随着黏粒的进一步增加而趋于平缓。残余强度值下,随着黏粒含量的增加,残余强度逐渐降低,但黏聚力却随之增大,呈现出比较明显的指数关系,这是因为随着剪切的进行,黏粒含量的增加使得土样自愈能力得到很大提高的缘故,因此残余强度下的黏聚力表现为增大的趋势。

峰值强度和残余强度下的摩擦角均随着黏粒含量的增加显示出先下降后上升的趋势,呈现出二次多项式的关系,存在一个临界值,当黏粒含量小于临界值时,摩擦角主要表现为减小的趋势,这是因为在剪切进行初期粗颗粒阻碍土颗粒间的相互滑动、错移,提高了土样的强度,摩擦角相对较大,此时对剪切强度起主要作用的是粗颗粒,而一旦黏粒含量增加,粗颗粒间被黏粒填充,粗颗粒较均匀地分布在黏粒周围,致使粗颗粒间的摩擦力和相互间嵌、锁的作用减小,此时黏粒包裹住粗颗粒,剪切也主要在黏粒周围错动,粗颗粒起到的作用就被弱化了,并且黏粒有润滑作用,因此摩擦角随着黏粒含量的增大而减小;当黏粒含量增大到一定临界值之后,摩擦角呈现了小趋势的增大,此时黏粒充分包裹住了粗颗粒,大量黏粒具有的黏性在一定程度上阻碍了剪切的进行,一定范围内影响了摩擦角的大小,但这种影响比较微小。

3.4　本章小结

(1)干湿循环对膨胀土抗剪强度指标具有较大影响,垂直压力相同时,经历的循环次数越多,抗剪强度越低。总体来看,膨胀土的抗剪强度指标在循环过后均有不同程度的降低,其中黏聚力变化比较明显,内摩擦角呈现波动变化。这是因为膨胀土强度指标与裂隙发育指标有着密切联系。随着裂隙率和分形维数的不断增大,抗剪强度指标总体上均呈现出下降趋势。黏聚力与裂隙发育指标(裂隙率、分形维数)有着很好的线性关系,而内摩擦角与裂隙发育指标虽然无法用数学表达式表示,但总体上也是随着裂隙发育而降低的。

此外,不同循环方式对抗剪强度有很大的影响。干湿循环对土体的影响与循环过程参数密切相关。循环过程参数包括:循环路径、循环幅度、循环次数等。干湿循环幅度越大,越有利于裂隙发育,进而对土体结构性和完整性破坏程度越高,土体强度越小。而随着循环次数的增多,裂隙不断发育,对土体产生的累积损伤越大,使得土体强度降低。

(2)弱膨胀土重塑试样无明显的峰值,残余强度较峰值下降幅度不大;而重塑的中膨胀土试样出现明显的峰值,表现为应力软化型,且第1次剪切之后,第2、3、4次剪切过程中试样的抗剪强度较第1次剪切过程的抗剪强度均出现大幅度的下降。

（3）随着黏粒含量的增加，膨胀土峰值强度和残余强度呈现出减小的趋势，当黏粒含量增加到一定程度后，峰值强度和残余强度趋于平缓，但由于峰值强度到残余强度的降低幅度不同，体现在残余强度与峰值强度的比值在逐渐增大，说明随着黏粒含量的增加，黏土的自愈能力也随之增强。

残余强度下黏粒含量对黏聚力的影响呈指数关系，但随着黏粒的增加，残余强度黏聚力下降，黏粒含量对摩擦角的影响均呈现出二次多项式的关系，即随着黏粒含量的增加，摩擦角逐渐减小，而当黏粒含量增大到某个临界值后，摩擦角呈现出增加的趋势；残余强度下黏粒含量与黏聚力呈指数关系，但随着黏粒增加，残余强度值黏聚力是上升的，同时，摩擦角与黏粒含量呈二次多项式关系。

第4章 膨胀土非饱和特性

随着现代土力学的发展,人们已经认识到膨胀土的非饱和性质对工程的影响,越来越多地利用非饱和土力学的理论和方法开展膨胀土非饱和性质研究。膨胀土的胀缩性、裂隙性和超固结特性,实质上均与土体内部孔隙变化及水、气比有关,而膨胀土的水分变化由孔隙气、水相互作用所控制,因此研究膨胀土的非饱和土性质有重要的理论意义。

本章利用非饱和土固结仪、压力板仪、非饱和直剪仪和非饱和三轴仪开展了非饱和膨胀土压缩试验、土水特征曲线试验、抗剪强度试验,并基于 Fredlund 强度公式,建立了以总应力和含水量为独立变量的简易非饱和膨胀土抗剪强度公式。

4.1 非饱和膨胀土压缩试验

4.1.1 仪器简介

本试验采用改进的非饱和土固结仪器(见图 4-1),原仪器是由中国人民解放军后勤工程学院和溧阳市永昌工程实验仪器有限公司联合研制的 FDJ-Z0 型非饱和土固结仪。改进后的固结仪器,可以控制孔隙空气压力 u_a 和孔隙水压力 u_w。固结盒是在一个封闭的空气压力室内,其内部结构见图 4-2。

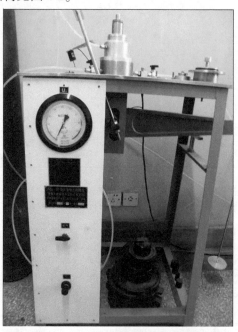

图 4-1 FDJ-Z0 型非饱和土固结仪

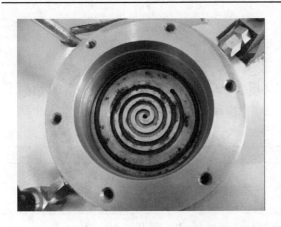

图 4-2　固结仪底座的螺旋槽和高进气值陶土板

如图 4-2 所示,土样放在一个具有高进气值的陶土板上,土样顶部放置有一个多孔透水石。压力室内的空气可以直接加到试样顶部的透水石上,从而可以通过调节压力室内的气压力来控制孔隙气压力。孔隙水压力 u_w 是由试样底部的高进气值的陶土板来控制的。水流可以通过陶土板,以确保土样里的水和陶土板下面的水是连续的。然而,随着时间的推移,孔隙中气部分可能通过水流扩散到高进气值的陶土板下面形成气泡。因此,试验仪器底部设计的有冲水的装置,试验过程中要定期充水,把陶土板下的气体排出,以便减少误差和加快试验过程。

通过砝码施加总应力的时候需要注意的是:试验过程中需要用加载小砝码来抵消室内气压力对加载冒向上的力。

通过改装,在排水管处连接了一个有刻度的高精度细玻璃量管(见图 4-3)。通过量测管中水的体积变化来判断土样中进出水的情况。

4.1.2　制样方法

按照《土工试验规程》(SL 237—1999)配置一定含水率土样,放置在保湿器中静置24 h,以确保水分在试样中分布均匀。然后利用压样器,采用千斤顶静力压实的方法制作干密度分别为 1.4 g/cm³、1.5 g/cm³、1.6 g/cm³、1.7 g/cm³ 的膨胀土重塑样。试样的直径与高度分别为 61.8 mm 和 20 mm。试样经抽气饱和后,放入保湿器中备用。需要注意的是制作

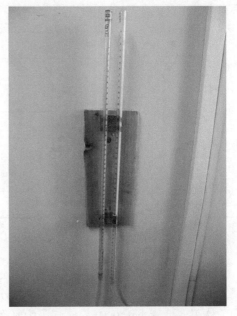

图 4-3　高精度的细玻璃量管

密度稍大的土样时,一般控制初始含水率在最优含水率附近。

4.1.3　试验方案和步骤

4.1.3.1　试验方案

本试验计划研究不同干密度的非饱和膨胀土,在不同基质吸力情况下的土的压缩系数 a_v 和压缩模量 E_s。本试验分为 4 组,每组 4 个试样,试验控制基质吸力分别为:0 kPa、50 kPa、100 kPa、200 kPa。具体方案见表4-1。

表 4-1　非饱和土压缩试验方案

干密度/(g/cm³)	基质吸力/kPa	每级竖向荷载/kPa
1.4	0	25−50−100−200−400
	50	25−50−100−200−400
	100	25−50−100−200−400
	200	25−50−100−200−400
1.5	0	25−50−100−200−400
	50	25−50−100−200−400
	100	25−50−100−200−400
	200	25−50−100−200−400
1.6	0	25−50−100−200−400
	50	25−50−100−200−400
	100	25−50−100−200−400
	200	25−50−100−200−400
1.7	0	25−50−100−200−400
	50	25−50−100−200−400
	100	25−50−100−200−400
	200	25−50−100−200−400

4.1.3.2　试验步骤

首先反压饱和陶土板,将试样放入非饱和土固结仪中,调整压力杆平衡,位移、压力均调零。施加气压力到预定的值,让吸力充分平衡稳定(一般历时 12 h),平衡的标准为 2 h 内的体积变形量小于 0.01 mm³。吸力平衡稳定后,开始施加第一级荷载 25 kPa,到压缩稳定后再施加下一级荷载。每级荷载压缩的稳定标准为:试样施加每级压力后轴向变形每小时小于 0.01 mm。按此步骤逐级加压直至试验结束。本次试验共经历了 5 级荷载,分别为 25 kPa、50 kPa、100 kPa、200 kPa、400 kPa。

4.1.4　试验结果

4.1.4.1　土样在各级压力下作用稳定后的竖向位移

不同干密度下土样,在不同基质吸力条件下,施加不同竖向压力下稳定后的竖向位移如表 4-2~表 4-5 所示,表中的数据为在各个压力下试样的高度变化值(0.01 mm)。

表 4-2　干密度为 1.4 g/cm³ 的土样在各个压力下的高度变化值

基质吸力	压力/kPa				
	25	50	100	200	400
0	83	120	209	316	385
50	71	101	181	270	345
100	59	81	121	196	268
200	50	74	109	140	168

表 4-3　干密度为 1.5 g/cm³ 的土样在各个压力下的高度变化值

基质吸力	压力/kPa				
	25	50	100	200	400
0	65	97	186	274	347
50	53	64	154	230	317
100	49	67	104	167	238
200	43	68	88	110	127

表 4-4　干密度为 1.6 g/cm³ 的土样在各个压力下的高度变化值

基质吸力	压力/kPa				
	25	50	100	200	400
0	59	98	133	193	256
50	34	77	110	156	215
100	29	52	86	124	178
200	20	43	73	93	125

表 4-5　干密度为 1.7 g/cm³ 的土样在各个压力下的高度变化值

基质吸力	压力/kPa				
	25	50	100	200	400
0	40	65	85	133	170
50	31	48	75	114	149
100	24	31	48	84	120
200	7	14	31	49	72

4.1.4.2　土样在各级压力作用下稳定后的孔隙比

不同干密度土样,在不同基质吸力条件下,施加不同竖向压力下稳定后的孔隙比列于表 4-6~表 4-9。表中的数据是根据土样的干密度、颗粒比重、初始孔隙比和施加压力稳定后的竖向位移,通过公式 $e_i = e_0 - \dfrac{1 + e_0}{h_0} \Delta h_i$ 计算所得。

表 4-6　干密度为 1.4 g/cm³ 的土样在各级压力下的孔隙比

基质吸力	压力/kPa					
	0	25	50	100	200	400
0	0.950	0.869	0.833	0.746	0.642	0.575
50	0.960	0.890	0.861	0.783	0.695	0.622
100	0.940	0.883	0.860	0.822	0.750	0.680
200	0.950	0.901	0.878	0.844	0.813	0.786

表 4-7　干密度为 1.5 g/cm³ 的土样在各级压力下的孔隙比

基质吸力	压力/kPa					
	0	25	50	100	200	400
0	0.823 0	0.763 7	0.734 6	0.655 3	0.573 2	0.506 7
50	0.824 0	0.775 7	0.765 6	0.683 5	0.614 2	0.534 9
100	0.820 0	0.775 4	0.759 0	0.725 4	0.668 0	0.603 4
200	0.825 0	0.785 8	0.762 9	0.744 7	0.724 6	0.709 1

表 4-8　干密度为 1.6 g/cm³ 的土样在各级压力下的孔隙比

基质吸力	压力/kPa					
	0	25	50	100	200	400
0	0.703 0	0.652 8	0.619 5	0.589 7	0.538 7	0.485 0
50	0.704 0	0.675 0	0.638 4	0.610 3	0.571 1	0.520 8
100	0.706 0	0.681 3	0.661 6	0.632 6	0.600 2	0.554 1
200	0.708 0	0.690 9	0.671 3	0.645 6	0.628 6	0.601 3

表 4-9　干密度为 1.7 g/cm³ 的土样在各级压力下的孔隙比

基质吸力	压力/kPa					
	0	25	50	100	200	400
0	0.603 0	0.570 9	0.550 9	0.534 9	0.496 4	0.466 7
50	0.600 0	0.575 2	0.561 6	0.540 0	0.508 8	0.480 8
100	0.596 0	0.576 8	0.571 3	0.557 7	0.532 2	0.503 4
200	0.599 0	0.593 4	0.587 8	0.574 2	0.559 8	0.541 4

4.1.4.3　竖向压力与竖向变形的关系

根据 4.1.4.1 试验数据,竖向压力与竖向变形的关系曲线如图 4-4 所示。

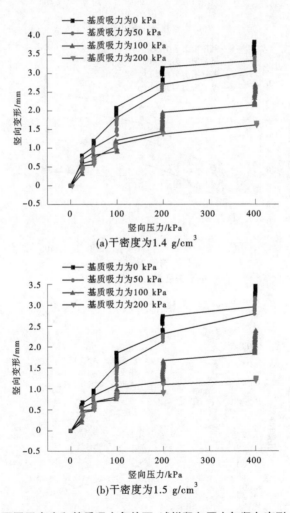

(a)干密度为 1.4 g/cm³

(b)干密度为 1.5 g/cm³

图 4-4　不同干密度和基质吸力条件下,试样竖向压力与竖向变形之间的关系

4.1.4.4　e–p 曲线

根据 4.1.4.2 所得试验数据,试样的 e–p 曲线如图 4-5 所示。

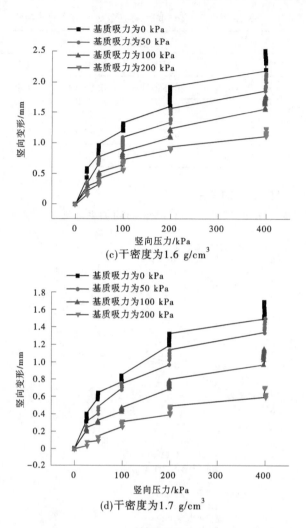

(c)干密度为1.6 g/cm³

(d)干密度为1.7 g/cm³

续图 4-4

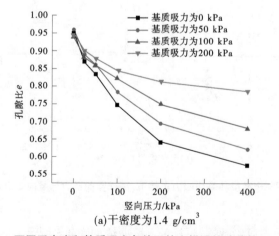

(a)干密度为1.4 g/cm³

图 4-5 不同干密度和基质吸力条件下的土样压缩试验的 $e-p$ 曲线

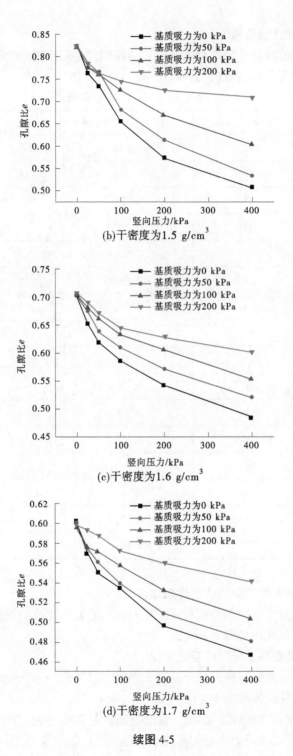

(b)干密度为1.5 g/cm³

(c)干密度为1.6 g/cm³

(d)干密度为1.7 g/cm³

续图 4-5

从图 4-4、图 4-5 中可以看出,随着基质吸力的增加,竖向荷载所引起的竖向变形越来越小,压缩试验的 e-p 曲线的斜率也变得越来越小。说明基质吸力的增加,对抵抗土体的变形有着很明显的作用。

4.1.4.5 压缩系数和压缩模量

为了更加直观地分析基质吸力对抵抗变形的作用,根据压缩试验的结果可以得出不同条件下的压缩系数和压缩模量(见表 4-10)。

表 4-10 非饱和土压缩试验的压缩指标

干密度/(g/cm³)	基质吸力/kPa	压缩系数 a_v/MPa⁻¹	压缩模量 E_s/MPa
1.4	0	1.040	1.875
	50	0.880	2.210
	100	0.720	2.701
	200	0.310	6.290
1.5	0	0.821	2.220
	50	0.693	2.630
	100	0.514	3.540
	200	0.201	9.080
1.6	0	0.510	3.339
	50	0.392	4.392
	100	0.320	5.320
	200	0.170	10.047
1.7	0	0.385	4.160
	50	0.312	5.128
	100	0.255	6.259
	200	0.144	11.100

4.1.4.6 压缩系数随着基质吸力的变化规律

为了更加直观地观察到压缩系数与基质吸力之间的关系,不同干密度情况下,压缩系数随着基质吸力的变化规律如图 4-6 所示。

4.1.4.7 压缩模量随着基质吸力的变化规律

为了更加直观地观察到压缩模量与基质吸力之间的关系,不同干密度情况下,压缩模量随着基质吸力的变化规律如图 4-7 所示。

图 4-6 和图 4-7 显示了压缩系数和压缩模量随着基质吸力变化的规律,从中可以明显发现:压缩系数随着基质吸力的增加而减小,且呈线性关系,而压缩模量随着基质吸力的增加而增加。

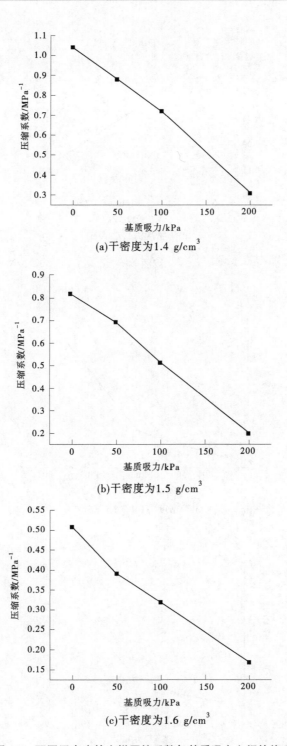

(a)干密度为1.4 g/cm³

(b)干密度为1.5 g/cm³

(c)干密度为1.6 g/cm³

图 4-6　不同干密度的土样压缩系数与基质吸力之间的关系

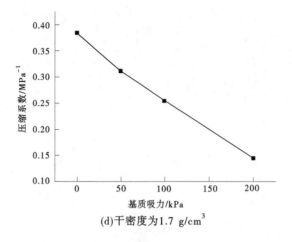

(d)干密度为1.7 g/cm³

续图 4-6

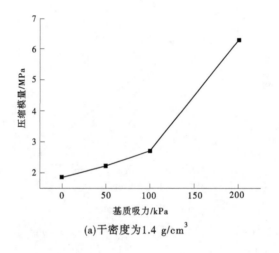

(a)干密度为1.4 g/cm³

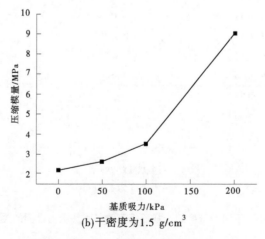

(b)干密度为1.5 g/cm³

图 4-7　不同干密度的土样压缩模量与基质吸力之间的关系

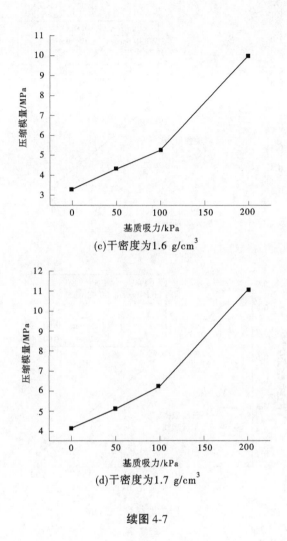

(c)干密度为1.6 g/cm³

(d)干密度为1.7 g/cm³

续图 4-7

4.1.5　试验结果分析

利用 origin8.0 软件数据分析的功能,将试验数据进行了拟合,具体分析拟合结果如下。

4.1.5.1　压缩系数与基质吸力之间的拟合

图 4-8 显示了压缩系数随着基质吸力变化的规律,由图 4-8 可见,压缩系数随着基质吸力的增加而减小,且具有线性关系,拟合的曲线与参数如图 4-8 所示。

4.1.5.2　压缩模量与基质吸力之间的拟合

图 4-9 显示了压缩模量随着基质吸力变化的规律,由图 4-9 可见,压缩模量随着基质吸力的增大而增加,拟合的曲线与参数如图 4-9 所示。

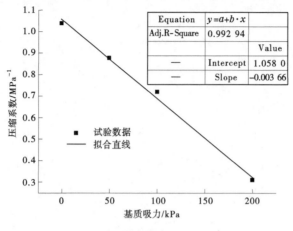

（a）干密度为 1.4 g/cm³

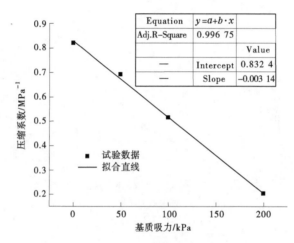

（b）干密度为 1.5 g/cm³

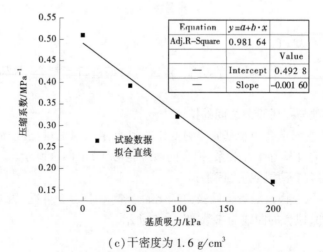

（c）干密度为 1.6 g/cm³

图 4-8　不同干密度的土样压缩系数与基质吸力之间的拟合直线

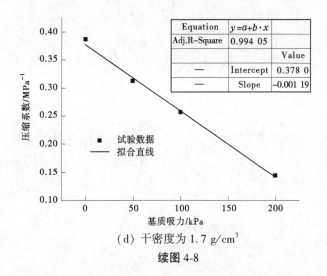

（d）干密度为 1.7 g/cm³

续图 4-8

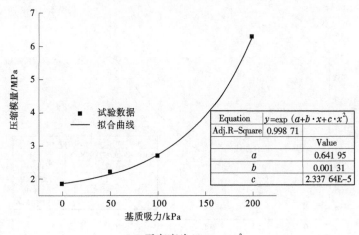

（a）干密度为 1.4 g/cm³

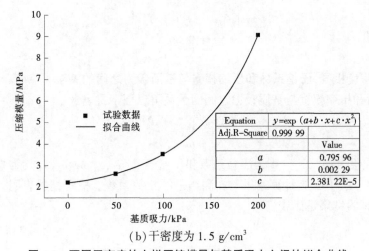

（b）干密度为 1.5 g/cm³

图 4-9　不同干密度的土样压缩模量与基质吸力之间的拟合曲线

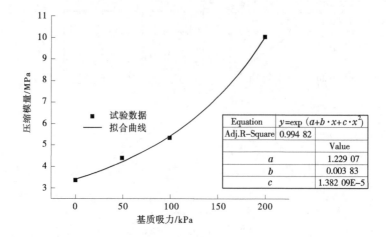

(c)干密度为 1.6 g/cm³

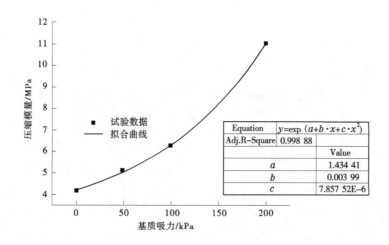

(d)干密度为 1.7 g/cm³

续图 4-9

4.1.5.3　干密度相同,压缩系数和压缩模量与基质吸力之间的关系

压缩系数和压缩模量与基质吸力之间的关系可以用下式表达:

$$a_v = a_1 \cdot S + a_2 \tag{4-1}$$

$$E_s = \exp(b_1 + b_2 \cdot S + b_3 \cdot S^2) \tag{4-2}$$

式中:S 为基质吸力;a_v、E_s 分别为压缩系数和压缩模量;a_1、a_2、b_1、b_2、b_3 均为拟合参数,其值列于表 4-11。表中 R 为计算结果与实测结果的相关系数。拟合结果表明,用式(4-1)、式(4-2)拟合试验结果是比较好的。

表 4-11　拟合参数

干密度/ (g/cm³)	与压缩系数有关的拟合参数			与压缩模量有关的拟合参数			
	a_1	a_2	R	b_1	b_2	b_3	R
1.4	1.058 0	−0.003 66	0.992 94	0.641 95	0.001 31	2.337 64E-5	0.998 71
1.5	0.832 4	−0.003 14	0.996 75	0.795 96	0.002 29	2.318 2E-5	0.999 99
1.6	0.492 8	−0.001 60	0.981 64	1.229 07	0.003 83	1.382 09E-5	0.994 82
1.7	0.378 0	−0.001 19	0.994 05	1.434 41	0.003 99	7.857 52E-6	0.998 88

4.1.5.4　干密度与拟合参数的关系

进一步考虑干密度对压缩系数和压缩模量的影响,以表 4-11 中的拟合参数为已知数值,对其进行拟合分析,仅考虑干密度对拟合参数的影响。为便于分析,分析时先考虑单因素影响,考虑干密度影响进行多项式拟合分析。拟合公式如式(4-3)~式(4-7)所示,拟合参数值见表 4-12。

$$a_1 = k_1 + k_2 \cdot \rho_d + k_3 \cdot \rho_d^2 \tag{4-3}$$

$$a_2 = j_1 + j_2 \cdot \rho_d + j_3 \cdot \rho_d^2 \tag{4-4}$$

$$b_1 = n_1 + n_2 \cdot \rho_d + n_3 \cdot \rho_d^2 \tag{4-5}$$

$$b_2 = m_1 + m_2 \cdot \rho_d + m_3 \cdot \rho_d^2 \tag{4-6}$$

$$b_3 = l_1 + l_2 \cdot \rho_d + l_3 \cdot \rho_d^2 \tag{4-7}$$

表 4-12　利用多项式拟合的参数值

	与 a_1 有关	与 a_2 有关	与 b_1 有关	与 b_2 有关	与 b_3 有关
多项式拟合的 第一个参数	$k_1 = 10.998$	$j_1 = -0.022$	$n_1 = -0.263\ 94$	$m_1 = -0.060\ 9$	$l_1 = -2.409\ 6$
多项式拟合的 第二个参数	$k_2 = -10.966$	$j_2 = 0.017\ 4$	$n_2 = -1.167\ 59$	$m_2 = 0.073\ 1$	$l_2 = 3.911\ 78$
多项式拟合的 第三个参数	$k_3 = 2.77$	$j_3 = -0.002$	$n_3 = 1.283\ 25$	$m_3 = -0.020\ 5$	$l_3 = -1.442\ 2$
相关系数 R	0.941 02	0.836 44	0.905 65	0.885 84	0.862 7

将式(4-3)~式(4-7)代入式(4-1)、式(4-2),可以求出任意干密度、任意基质吸力情况下的压缩系数和压缩模量的公式:

$$a_v = (k_1 + k_2 \cdot \rho_d + k_3 \cdot \rho_d^2) \cdot S + j_1 + j_2 \cdot \rho_d + j_3 \cdot \rho_d^2 \tag{4-8}$$

$$E_S = \exp[\, n_1 + n_2 \cdot \rho_d + n_3 \cdot \rho_d^2 + (m_1 + m_2 \cdot \rho_d + m_3 \cdot \rho_d^2) \cdot S +$$
$$(l_1 + l_2 \cdot \rho_d + l_3 \cdot \rho_d^2) \cdot S^2 \,] \tag{4-9}$$

将参数值代入得

$$a_v = (10.998 - 10.986 \cdot \rho_d + 2.77 \cdot \rho_d^2) \cdot S - 0.022 + 0.017\,4 \cdot \rho_d - 0.002 \cdot \rho_d^2$$
$$(4\text{-}10)$$

$$E_S = \exp\big[-0.263\,94 - 1.167\,59 \cdot \rho_d + 1.283\,25\rho_d^2 +$$
$$(-0.060\,9 + 0.073\,1 \cdot \rho_d - 0.020\,5 \cdot \rho_d^2)S +$$
$$(-2.409\,6 + 3.911\,78 \cdot \rho_d - 1.442\,2 \cdot \rho_d^2) \cdot S^2 \big] \qquad (4\text{-}11)$$

通过式(4-10)和式(4-11),仅需要试验得出干密度和基质吸力,即可求出任意干密度和基质吸力情况下的压缩系数和压缩模量。

4.2 非饱和膨胀土土水特征曲线试验

4.2.1 非饱和土的土水特征曲线

土–水特征曲线(SWCC)描述了基质吸力与土的饱和度(或含水率)之间的关系。它对非饱和土的抗剪强度、变形和渗透行为都有影响,是解释非饱和土工程现象的一项基本的本构关系。土水特征曲线是非饱和土力学研究中的一项重要内容,与非饱和土的强度、渗透性、压缩性和土体颗粒分布等工程性质有着密切的联系。土水特征曲线受到诸多因素的影响,如土体类型、矿物成分、土体结构、击实功、初始含水量、初始孔隙比、干密度、应力历史和土体所处的应力状态等。

压力板试验常使用轴平移技术间接测量吸力,这种方法不能够对土样施加垂直应力,因此不能用来研究应力历史或状态(如:超固结状态下的)对土水特征曲线的影响。不管怎样,应该仔细考虑从压力板测试生成的土水特征曲线的适用范围。其他因素如土样的结构(和聚集力)、初始含水量 w_0、孔隙比 e、土的矿物种类和压实的方法,同样也对土水特征曲线有着很重要的影响。在这些影响因素中,应力历史和初始含水率往往对土的结构影响最大,它们对土水特征曲线的影响依次占主导地位。

在实验室里,通常测量非饱和的土水特征曲线的时候,是在没有围压的条件下进行的。然而,在工程实际中,土是处于围压状态下的,所以研究不同围压对土水特征曲线的影响是非常重要的。

4.2.2 试验设备和土样制备

4.2.2.1 试验设备

本试验是一套简便易用的非饱和土试验装置,用于应力相关的土水特征曲线及其滞后现象的研究,是研究一定压力下土壤与水分之间物理关系的基本工具。应力相关的土水特征曲线是指在一定应力状态下非饱和土的基质吸力(土体内部的孔隙气压力和孔隙水压力的差值)与含水量或饱和度之间的曲线关系。应力相关的土水特征曲线是非饱和土的一个重要基本性质,表征土体在一定应力状态、不同吸力下的持水能力。

对于任何土,本仪器均可获得不同应力状态下完整的脱湿和吸湿土水特征曲线。该仪器的压力板配有两个不同规格的压力表和调节器,在低压范围提高控制精度。本仪器系统的设计可控制基质吸力高达 1 500 kPa,但具体的基质吸力控制范围取决于陶土板的进气值。相较于传统的土水特征曲线压力板仪,除了可以测量土样在不同基质吸力下的水体积变化外,本仪器还能给土样施加一维荷载(即 K_0 状态),并可以精确测量土样的总体积变化。用本仪器测得的应力相关的土水特征曲线比传统的土水特征曲线更精确,更接近现场土的性质。图 4-10 即为压力板仪。

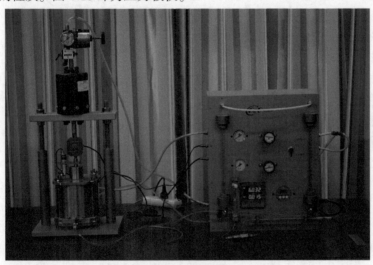

图 4-10　压力板仪

压力板仪的主要性能为:通过一个试样可获得完整的脱湿、吸湿土特征曲线;不锈钢密封试样室,可以施加一维竖向压力,即 K_0 状态;可以通过高精度的内部压力盒持续监控所施加的竖向应力;可以精确测量土样的总体变化及含水量;双精度压力表和调节器用于精确气压控制。

压实土样可通过重新配置土样到试验所需的干密度和含水量来制备。具体步骤如下:

(1)将土样在 45 ℃烘箱中烘至少 48 h。

(2)用橡胶锤将烘干的土样碾散。

(3)称取所需质量的干土,m_s,以达到所需的干密度,γ_d。

(4)将干土与所需量的无气水充分地混合搅拌。为减少大土块的形成,无气水采用喷雾器逐步添加。搅拌过程中形成的大土块用碾槌碾散。

(5)让拌匀的土过 10 号筛(2 mm)。

(6)重复步骤(4)和步骤(5),直到筛上残留很少量的土。

(7)将拌匀过筛后的土样密封于塑料袋内,存放至少 24 h,使得水分平衡分布。

(8)称量模具的质量,记为 m。

(9)采用静力或动力压实方法在模具内压实土样。为使试样的密度均匀,建议分 3 层压实土样。压实过程中每层土的表面需刮花,从而使得相邻层土之间的接触更好。

（10）制备好的压实土样在试验前应合理存放，以减少水分流失。

原装土试样或压实土样在应力相关的土水特征曲线试验的脱湿过程开始前，均需先饱和。试样的饱和过程建议如下：

（1）准备两块透水石，放入一个装有无气水的干燥器内浸泡至少 30 min。可以给干燥器内施加一个小真空值以加速其饱和过程。

（2）在试样上下端表面各放一片滤纸。

（3）在土样两端的滤纸外再各放一块饱和好的透水石，然后用架子夹紧，但注意不要对试样产生额外应力。

（4）将夹好的试样放入干燥器内的无气水中。

（5）给干燥器内施加一个小真空值至少 48 h。

（6）当观测到没有明显气泡时，可认为试样的饱和过程完成。

（7）当饱和过程完成后，撤掉真空。

（8）称量饱和试样和模具的总质量。

（9）确定试样的饱和重力含水量，通过公式计算。

4.2.2.2　土样制备

本次试验所用的土是取自禹州地区的膨胀土，试验所用的土过 2 mm 筛，土的特性指标列于表 2-9（同固结、直剪试验所用土属性相同）。

在试验之前，按照《土工试验规程》（SL 237—1999）进行配置预定的含水量，放置在保湿器中进行水分充分均匀一般需要 24 h，然后利用特制的环刀制样器，采用千斤顶静力压实的方法制作干密度为 1.7 g/cm^3 的膨胀土重塑样。试样经抽气饱和后，放入保湿器中备用。图 4-11 为制备的试样。

图 4-11　制备的土样

4.2.3　试验方案

通过试验，研究非饱和膨胀土在 3 个不同竖向荷载情况下的土水特征曲线的变化规律，共对 3 个试样进行试验。具体见表 4-13。

表 4-13　土水特征曲线的试验方案

干密度 ρ_d /(g/cm³)	有效竖向压力/kPa	气压力的施加方式
1.7	100	每级气压力增量为 25 kPa
	200	
	300	

具体的试验过程如下：首先反压饱和陶土板，然后按照非饱和固结仪器装样的程序将土样装入压力室内，施加第一级气压力值进行平衡，每级气压力平衡一般需要 2~3 d。平衡后从具有刻度的排水管中读出水量的变化值。就这样重复上述的过程，得出不同气压力(基质吸力)条件下的质量变化，直到试验结束，测定土样的含水量。

根据最后一级气压力时土样的含水量和不同气压力(基质吸力)条件下的质量变化，可以反推出不同基质吸力情况下的含水率。把试验数据点拟合就可以得出土水特征曲线。

试验过程中一定要注意气压力一定要得到充分平衡，另外平衡后的质量称量也一定要精确，还有试验结束后的土样含水量测量也要精确。

4.2.4　试验结果

由于时间的关系，截止到目前仅做了两个不同干密度在无有效竖向压力的土水特征曲线。具体数据见表 4-14 和图 4-12~图 4-14。

表 4-14　土水特征曲线的试验数据

竖向压力:100 kPa		竖向压力:200 kPa		竖向压力:300 kPa	
基质吸力	含水量	基质吸力	含水量	基质吸力	含水量
0	0.269 39	0	0.299 84	0	0.295 34
25	0.240 37	25	0.259 12	25	0.256 63
50	0.201 32	50	0.182 67	50	0.211 76
75	0.193 94	75	0.177 69	75	0.199 29
100	0.189 84	100	0.175 19	100	0.197 63
125	0.186 56	125	0.168 55	125	0.197 63
150	0.183 28	150	0.166 05	100	0.197 63
175	0.181 64	175	0.164 39	75	0.197 63
200	0.180 82	200	0.163 56	50	0.198 46
175	0.180 82	175	0.163 56	25	0.202 62
150	0.180 82	150	0.163 56	0	0.210 93

续表 4-14

竖向压力：100 kPa		竖向压力：200 kPa		竖向压力：300 kPa	
基质吸力	含水量	基质吸力	含水量	基质吸力	含水量
125	0.181 64	125	0.163 56		
100	0.183 28	100	0.165 22		
75	0.185 74	75	0.168 55		
50	0.189 02	50	0.171 04		
25	0.197 22	25	0.172 70		
0	0.207 06	0	0.180 18		

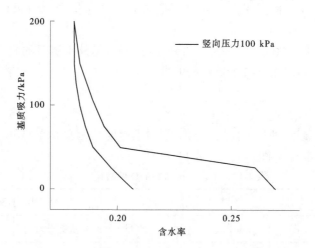

图 4-12　竖向压力为 100 kPa 土样的土水特征曲线

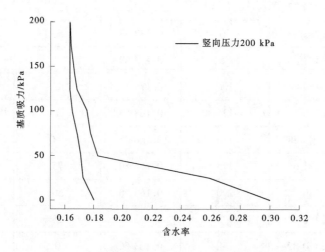

图 4-13　竖向压力为 200 kPa 土样的土水特征曲线

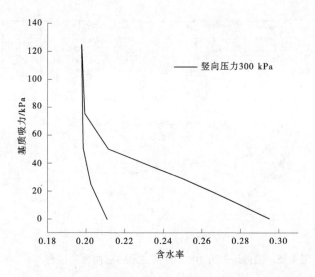

图 4-14　竖向压力为 300 kPa 土样的土水特征曲线

从图 4-12~图 4-14 中的土水特征曲线可以发现,对于脱湿路径,在基质吸力小于 50 kPa 的范围内,随着吸力的增大,含水率减小的速度较快;当基质吸力大于 50 kPa 之后,含水率随着基质吸力增大而减小的速度逐渐减小。随着竖向压力的增大,在基质吸力达到 200 kPa 时,试样所达到的最小含水率也在逐渐减小。而对于吸湿路径,随着施加于试样的基质吸力逐渐减小,试样中的含水率逐渐增大,但是含水率增大的速率远小于相同基质吸力条件下脱湿路径中含水率减小的速率。随着竖向压力的增大,吸湿路径中相同基质吸力条件下试样的吸湿速率也在逐渐减小。在基质吸力减小到 0 的时候,试样中吸收的水分要小于在脱湿路径中失去的水分。脱湿路径起点的含水率与吸湿路径终点的含水率的差值称为残余含气量。由试验可得,随着竖向压力的增大,试样的残余含气量也在逐渐减小。

4.2.5　试验数据分析

为了将试验取得的成果应用到工程实践中去,将试验数据进行 Feng&Fredlund 模型拟合,得出了一般性公式。Feng&Fredlund 模型的形式为

$$\theta = \frac{\theta_{\text{sat}} + \theta_{\text{irr}}(P_{\text{c}}/b)^{d}}{1 + (P_{\text{c}}/b)^{d}} \tag{4-12}$$

式中:θ 为含水量;θ_{sat} 为饱和含水量;θ_{irr} 为残余含水量;P_{c} 为基质吸力;b 和 d 为模型参数,可通过对试验数据的拟合来确定。b 的大小与岩土介质的进气值(air-entry)有关;d 为曲线反弯点的斜率。

具体拟合结果如图 4-15~图 4-17 所示。

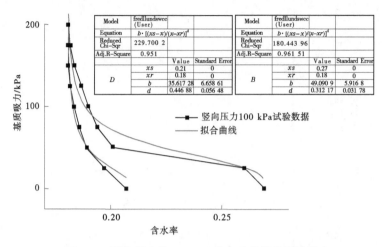

图 4-15　竖向压力为 100 kPa 的土水特征曲线的拟合

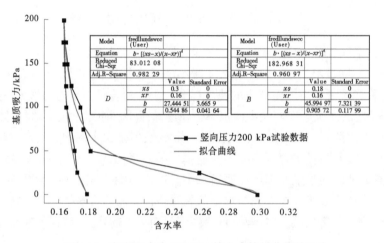

图 4-16　竖向压力为 200 kPa 的土水特征曲线的拟合

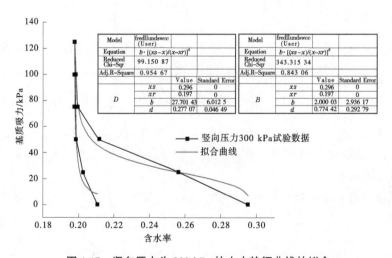

图 4-17　竖向压力为 300 kPa 的土水特征曲线的拟合

4.3 非饱和膨胀土直剪试验

4.3.1 非饱和土直剪试验的优点

非饱和土的试验周期长、费用高,主要是由于非饱和土体渗透系数非常小,而且高进气值的陶土板的渗透系数也非常低(虽然它透水不透气)。另外,非饱和土三轴试验中,试样尺寸较大(直径 39.1 mm,高 80 mm;直径 50 mm,高 100 mm;直径 70 mm,高 140 mm等),基质吸力平衡的过程需要非常长的时间,而非饱和土直剪试验由于土样尺寸小(一般为直径 61.8 mm,高度为 20 mm),试验时间大大缩短。

由于上述原因,将轴平移技术运用到非饱和土直剪试验中,用非饱和直剪仪器对重塑的饱和与非饱和的膨胀土进行了单级的直剪试验和多级的直剪试验。得出了非饱和土在多种条件下的抗剪强度指标,并验证了一些关于非饱和土的典型结论,同时也得出了关于基质吸力的非线性的强度破坏包络面。通过试验数据拟合出简单实用的抗剪强度公式。

4.3.2 仪器简介

4.3.2.1 仪器简介

试验采用由中国人民解放军后勤工程学院和溧阳市永昌工程实验仪器有限公司联合研制生产的 FDJ-20 型非饱和土应变控制式直剪仪进行直剪试验(见图 4-18)。

图 4-18 FDJ-20 型非饱和土直剪仪

该仪器对传统的直剪仪进行了改进,可以控制孔隙空气压力 u_a 和孔隙水压力 u_w。直接剪切框是在一个封闭的空气压力室内,其内部结构如图 4-19 所示。

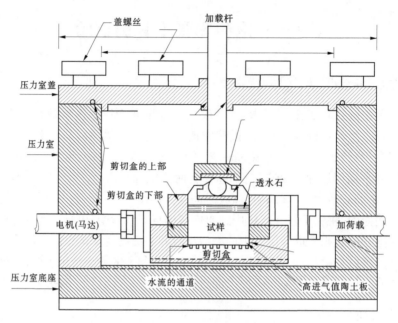

图 4-19 改进的直剪仪器示意

如图 4-19 所示,土样放在一个具有高进气值的陶土板上,顶部放置一个多孔透水石。土样的孔隙气压力 u_a 可以通过调节压力室内气压力来控制。在压力室内的空气压力可以直接加到试样的顶部的透水石上。孔隙水压力 u_w 是由试样底部的高进气值的陶土板来控制的。水流可以通过陶土板,以确保土样里的水和陶土板下面的水是连续的。然而,随着试验的进行,土体孔隙中的气体可能通过水流扩散到高进气值的陶土板下面,形成气泡。因此,试验仪器底部设计有充水的装置,要定期充一次水,把陶土板下的气体排出,以便加快试验过程。

通过砝码对土样施加总应力时需要注意的是,需要额外加载小砝码来平衡室内气压力对加载冒向上的力。

剪切盒的底部,连接到电动机上,通过齿轮箱,应用计算机可以向土样加载横向剪应力进行剪切。剪切盒的上部连接的有荷载传感器,以测量加载的横向剪应力。

通过改装,在排水管处添加了一个高精度、有刻度的细玻璃量管。通过量测水体积的变化可以判断土样中进出水的情况。土样的垂直位移和水平位移可以采用线性电压测量位移传感器来测量。

4.3.2.2　试样制备

在试验之前,按照《土工试验规程》(SL 237—1999)配置含水率为 25% 的土样,放置在保湿器中静置 24 h 以促进水分分布均匀,然后利用特制环刀制样器,采用千斤顶静力压实的方法制作不同干密度条件下的膨胀土重塑样。试样的直径与高度分别为 61.8 mm 和 20 mm。试样经抽气饱和后,放入保湿器中备用。

试验过程中,为了确保孔隙水压力的消散,对非饱和土在排水条件下进行慢剪。根据规定:慢剪速度要小于 0.02 mm/min。

4.3.3　试验方案

试验的方案包括:尝试性直剪试验,以确定在排水剪切条件下的剪切位移速度;饱和土排水的直剪试验;非饱和土排水的直剪试验。具体试验方案见后文。

4.3.3.1　确定剪切速率的试验方案

剪切变形速率的选择,是试验中的一个重要问题,直接影响着试验所需时间和试验结果。对于不固结不排水剪切试验,因为不测孔隙水压力,在通常的速率范围内对强度影响不大。在固结不排水剪切试验中,在试样底部测定孔隙水压力,在剪切过程中,试样剪切区的孔隙水压力是通过试样或滤纸条逐渐传递到试样底部,需要一定时间,若剪应变速率较快,试样底部的孔隙水压力将产生明显的滞后,测得数值偏低。所以,要根据土体的渗透系数,选择合适的剪应变速率。固结排水试验的剪应变速率对试验结果的影响表现在:剪应变速率较快,孔隙水压力得不到完全消散,就不能得到真实的有效强度指标,所以一定要选择缓慢的剪应变速率。

非饱和土的强度试验一般是在常应变速率下进行的,在试验之前必须选择合适的应变速率。在不排水剪切中,选用的应变速率必须能保证整个试样内的孔隙压力均等。在排水剪切中,选用的应变速率必须能保证孔隙水压力的消散。

考虑到剪切速率对试验结果的影响,在不同剪切速率下进行尝试性的试验,对饱和土试样进行了几个单级直剪试验。试验在改进的直剪仪器上,保持恒定净法向应力,在 4 个不同的剪切速率下进行,以研究剪切速率对抗剪强度的影响。具体的试验方案见表4-15。

表 4-15　确定试验剪切速率的尝试性试验方案

土的状态	土样编号	剪切速率/(mm/min)
饱和状态 干密度为 1.6 g/cm³ 有效竖向压力为 200 kPa	S1	0.8
	S2	0.15
	S3	0.02
	S4	0.007 5

4.3.3.2　饱和土的单级剪切和多级剪切试验方案

采用尝试性试验确定的剪切速度,对饱和土样进行单级和多级直剪试验。饱和土的单级直剪试验是为了确定抗剪强度指标中的黏聚力和内摩擦角。每组 3 个样,竖向压力分别为 100 kPa、200 kPa、300 kPa,目的是获得试验的抗剪强度参数,并评价单级直剪试验对非饱和膨胀土的适用性。

饱和土的多级直剪试验是为了确定合适的多级破坏标准。选定破坏的标准也是用于分析非饱和土的多级直剪试验结果。具体的试验过程为:先施加第一级竖向荷载,进行剪切,当剪切变形达到 1.5 mm 时停止剪切,把剪力卸到零;然后再加第二级竖向荷载,进行剪切,再剪至 1.5 mm 停止剪切,再把剪力卸到零;如此反复施加多级竖向荷载进行剪切,直到最后一级完成。具体试样方案见表4-16。

表 4-16   饱和土的多级直剪试验方案

荷载级数	压力值/kPa	总的剪切变形/mm
第一级	100	1.5
第二级	200	3.0
第三级	300	4.5
第四级	400	6.0

4.3.3.3　非饱和土的单级剪切和多级剪切试验方案

试验的主要目的是获得非饱和土的抗剪强度指标参数,以及研究其随基质吸力变化的规律。

1. 非饱和土的单级剪切试验方案

关于非饱和土的单级剪切试验,根据干密度的不同分为 4 组,每组试验控制基质吸力分别为 0 kPa、50 kPa、100 kPa、200 kPa;每种基质吸力下的竖向应力分别为 100 kPa、200 kPa、300 kPa。具体试验方案见表 4-17。

表 4-17   非饱和膨胀土单级直剪方案

干密度 ρ_d /(g/cm³)	孔隙气压力/kPa	孔隙水压力/kPa	有效竖向压力/kPa
1.40、1.50、1.60、1.70	0	0	100
		0	200
		0	300
	50	0	100
		0	200
		0	300
	100	0	100
		0	200
		0	300
	200	0	100
		0	200
		0	300

为了减少制样对试验结果的影响,相同干密度下一次性制样 20 个,抽气饱和后放入保湿器中。每次从中取出试样放入非饱和土直剪仪中施加预定的气压力,直到吸力平衡稳定(一般历时 12 h),再施加竖向荷载(平衡 12 h),保持气压力和竖向力不变进行剪切。剪切由确定剪切速率的尝试性试验得出的速率 0.012 mm/min,为了保证剪切强度出现峰

值,设定的剪切终止变形为 6 mm,试验过程中一般需要剪切 9~10 h。

　　2. 非饱和土的多级剪切试验方案

　　对于非饱和土的多级剪切试验,每个试样都进行三到七次的剪切阶段。试验过程在保持一个恒定的净正应力($\sigma - u_a$)约为 100 kPa 和在不同基质吸力($u_a - u_w$)下进行剪切,具体方案见表 4-18。其中试验过程中基质吸力的范围为 0~400 kPa。得出了剪应力与基质吸力的破坏包络面和非饱和土的抗剪强度参数 ϕ^b。

表 4-18　非饱和膨胀土的多级直剪试验

阶段号	土样 1 的应力状态		土样 2 的应力状态		土样 3 的应力状态	
	($\sigma - u_a$)	($u_a - u_w$)	($\sigma - u_a$)	($u_a - u_w$)	($\sigma - u_a$)	($u_a - u_w$)
1	100	40	100	110	100	30
2	100	110	100	200	100	110
3	100	200	100	310	100	200
4			100	380	100	280
5					100	330
6					100	390
7					100	430

　　利用改进的非饱和土直剪仪(如图 4-18 所示)对非饱和试样进行了单级和多级直剪试验。试验过程如下:首先利用反压饱和高进气值的陶土板,然后把土样安装到剪切盒内,让水通过上部的粗糙多孔的透水石。随后先后施加预定的孔隙气压力 u_a(需要注意的是施加气压力的时候,一定要用小砝码平衡气压力对加载冒向上的力)和净竖向压力($\sigma - u_a$)。

　　在施加气压力 u_a 和有效竖向压力($\sigma - u_a$)之后,要使土样中的吸力充分平衡。在平衡的过程中,测量试样的垂直位移和体积的变化。达到平衡的标准是:排水管 2 h 内变化小于 0.01 mm,平衡一般需要 22~24 h。达到平衡后,以一定的剪切速率对试样进行剪切。剪切过程中,会观察到土中的水被挤压出来。

　　试验过程中陶土板下积累的气泡,一定要间隔一段时间(8~10 h)冲洗一次,以便减少试验误差和加快试验过程。在剪切过程中,一定要保证剪应力出现峰值,达到设定剪切终止位移。对于多级剪切试验,让剪力归零,然后加载下一阶段基质吸力,再平衡,重复上述的过程,直到试验结束的最后一级剪切。

4.3.4　确定剪切速率的试验结果

　　试验对 4 个干密度为 1.6 g/cm³ 且均在竖向压力为 200 kPa 条件下的试样,以不同剪切速度进行了试验,其剪切变形与剪应力之间的关系如图 4-20 所示。

　　试验结果表明,试验控制剪切速率为 0.012 mm/min 时,超孔隙水压力能够及时消散,剪应力的峰值基本保持恒定。因此,在整个直剪试验方案中,选择 0.012 mm/min 为

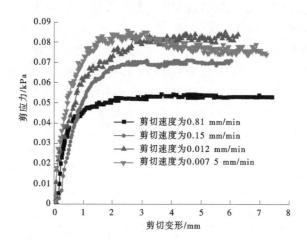

图 4-20　不同剪切速度下试样剪切变形与剪应力之间的关系

标准剪切速率,这样剪切一个土样需要 10~12 h。

4.3.5　饱和土的单级直剪和多级直剪试验结果

4.3.5.1　饱和土的单级直剪试验结果

饱和土单级直剪试验是为了确定抗剪强度指标中黏聚力 c' 和内摩擦角 φ'。试验进行了有效竖向压力分别为 100 kPa、200 kPa、300 kPa 的直剪试验。剪切速度为 0.012 mm/min。

图 4-21 列出了干密度为 1.6 g/mm³ 的饱和土在不同竖向压力下的剪切变形与剪应力关系曲线。图 4-22 为有效竖向压力与抗剪强度关系,由图 4-22 可知饱和土的黏聚力为 11 kPa,内摩擦角为 18.27°。

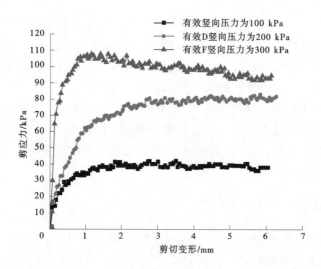

图 4-21　干密度为 1.6 g/mm³ 的饱和土剪切变形与剪应力之间的关系

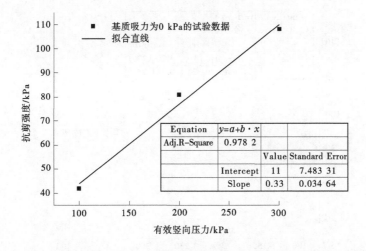

图 4-22 干密度为 1.6 g/mm³ 的饱和土有效竖向压力与抗剪强度之间的关系

4.3.5.2 饱和土的多级直剪试验结果

对干密度为 1.6 g/cm³ 的饱和土样进行了四级直剪试验,对于试样尺寸为直径 61.8 mm、高度为 20 mm,选定 1.5 mm 的剪切位移为每级的破坏标准。具体试验结果见图 4-23、图 4-24。

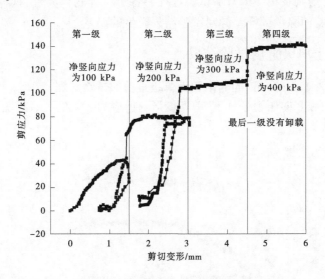

图 4-23 饱和膨胀土多级剪切试验

由图 4-23 可以发现,第一、第二级剪切后剪应力卸到零,而最后一级没有卸荷直接加下一级压力而进行了剪切。对于多级直剪试验来说,将每级剪应变为 1.5 mm 过程中的剪应力的峰值选为破坏时的剪应力。饱和试样破坏时的剪应力与相应的净正应力之间的关系见图 4-24。

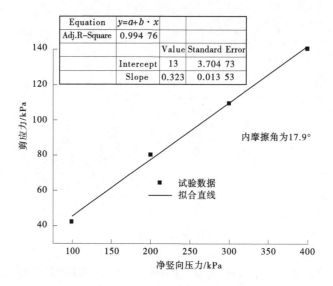

图 4-24　饱和膨胀土的直剪试验破坏强度包络线

　　从图 4-24 可以得出内摩擦角为 17.9°,黏聚力为 13 kPa。虽然与饱和土的单级剪切得出的内摩擦角为 18.27°和黏聚力为 11 kPa 存在误差,但是在一定范围内还是准确且可以接受的。如果考虑到在单级的直剪试验过程中各个试样的差异性,这样误差也是合理的,而多级直剪试验消除了试样差异对试验结果产生的误差。

4.3.6　非饱和土单级直剪试验结果

4.3.6.1　干密度为 1.4 g/mm³ 的非饱和土单级直剪的试验数据

　　不同基质吸力和竖向压力条件下,剪切变形与剪应力之间的关系见图 4-25。

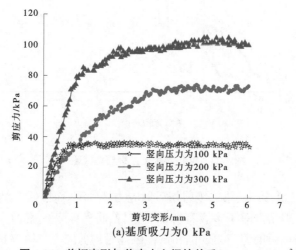

(a)基质吸力为 0 kPa

图 4-25　剪切变形与剪应力之间的关系($\rho_{d} = 1.4$ g/cm³)

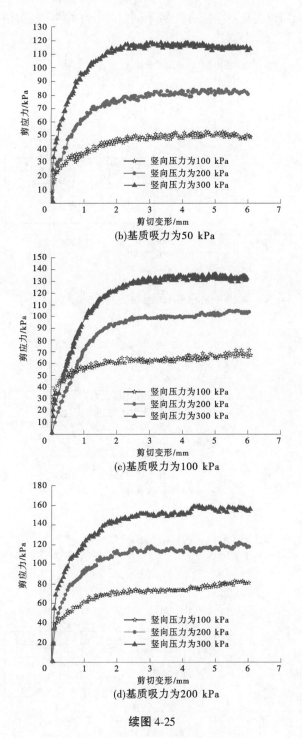

(b)基质吸力为50 kPa

(c)基质吸力为100 kPa

(d)基质吸力为200 kPa

续图 4-25

　　从图 4-25 中可以看出,随着竖向压力和基质吸力的不断增加,土样的剪力也越来越大。不同基质吸力条件下,不同竖向压力对应的破坏强度取值按照剪切变形在 4 mm 内出现峰值取峰值,如果没有峰值则取剪切变形为 4 mm 所对应的剪力为破坏强度。由图 4-25 所示的剪切变形与剪力的关系,可以得出不同基质吸力、不同竖向压力条件下的剪切强度(见图4-26)。

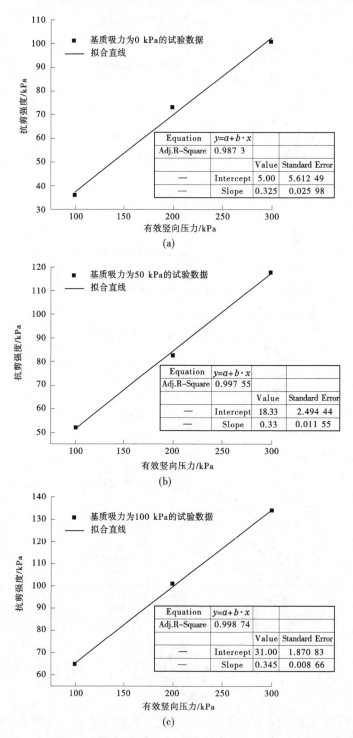

图 4-26　不同基质吸力条件下有效竖向压力与抗剪强度之间的关系

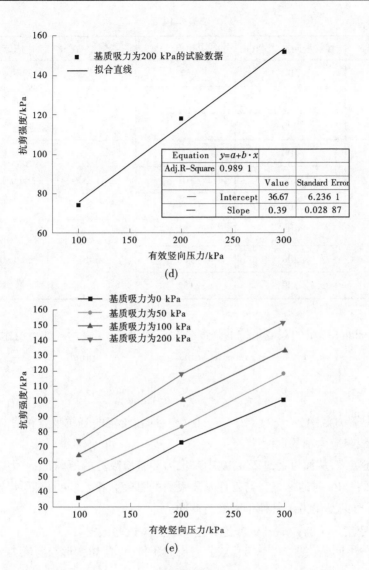

续图 4-26

根据图 4-25 和图 4-26 的拟合结果,不同基质吸力的强度指标见表 4-19。

表 4-19　干密度为 1.4 g/mm³ 的非饱和膨胀土单级直剪试验强度指标

基质吸力/kPa	有效竖向压力/kPa	剪切峰值/kPa	黏聚力/kPa	内摩擦角/(°)
0	100	36	5.00	arctan0.325 = 18.01
	200	73		
	300	101		

0

续表 4-19

基质吸力/kPa	有效竖向压力/kPa	剪切峰值/kPa	黏聚力/kPa	内摩擦角/(°)
50	100	52	18.33	arctan0.33 = 18.27
	200	83		
	300	118		
100	100	65	31.00	arctan0.345 = 19.04
	200	101		
	300	134		
200	100	74	36.67	arctan0.39 = 21.31
	200	118		
	300	152		

目前，Fredlund 提出的双变量抗剪强度公式应用较多，其表达式如下所示：

$$\tau_f = c' + (\sigma - u_a)\tan\varphi' + (u_a - u_w)\tan\varphi^b \tag{4-13}$$

或

$$\tau_f = c + (\sigma - u_a)\tan\varphi' \tag{4-14}$$

式中：c 为总黏聚力截距，$c = c' + (u_a - u_w)\tan\varphi^b$，即在给定的基质吸力和法向应力为零的情况下，强度线与应力轴的截距。

根据上述定义，从而可通过表 4-19 中黏聚力和基质吸力的值确定 φ^b 为 14.6°。由于基质吸力为 200 kPa 时的黏聚力与其他基质吸力的黏聚力相差较明显，所以确定 φ^b 时未考虑 200 kPa 时的黏聚力。其他干密度与此同。

4.3.6.2　干密度为 1.5 g/mm³ 的非饱和土单级直剪试验数据

图 4-27 为不同基质吸力、不同有效竖向压力条件下，剪切变形与剪应力之间的关系。

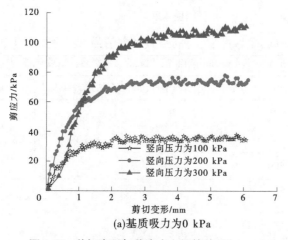

(a)基质吸力为0 kPa

图 4-27　剪切变形与剪应力之间的关系（$\rho_d = 1.5$ g/cm³）

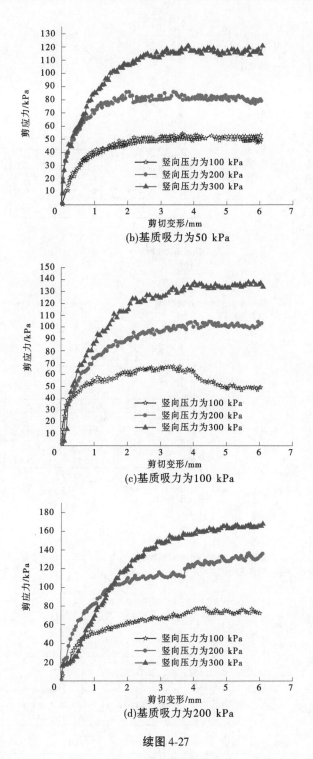

(b)基质吸力为50 kPa

(c)基质吸力为100 kPa

(d)基质吸力为200 kPa

续图 4-27

　　从图 4-27 中可以看出,随着竖向压力和基质吸力的不断增加,土样的剪力也越来越大。不同基质吸力条件下,有效竖向压力与抗剪强度之间的关系如图 4-28 所示。

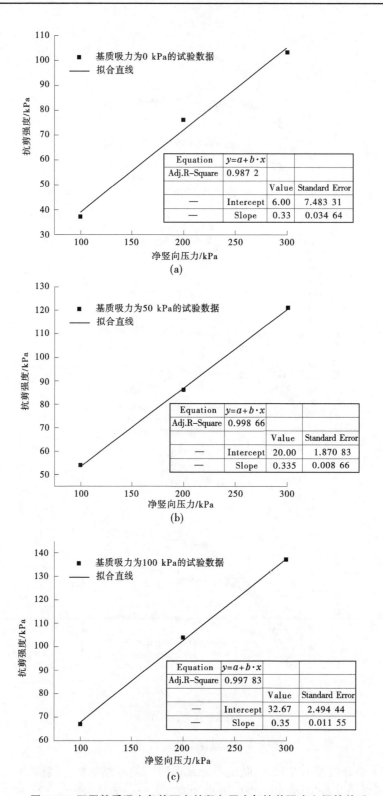

图 4-28　不同基质吸力条件下有效竖向压力与抗剪强度之间的关系

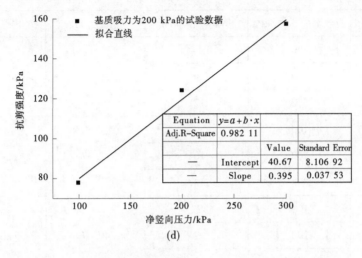

(d)

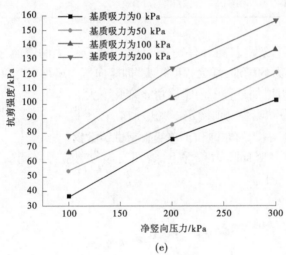

(e)

续图 4-28

根据图 4-27 和图 4-28 所示结果,不同基质吸力情况下的强度指标见表 4-20。

表 4-20　干密度为 1.5 g/mm³ 的非饱和膨胀土单级直剪试验强度指标

基质吸力/kPa	有效竖向压力/kPa	剪切峰值/kPa	黏聚力/kPa	内摩擦角/(°)
0	100	37	6.00	arctan0.33 = 18.27
	200	76		
	300	103		

续表 4-20

基质吸力/kPa	有效竖向压力/kPa	剪切峰值/kPa	黏聚力/kPa	内摩擦角/(°)
50	100	54	20.00	arctan0.335 = 18.53
	200	86		
	300	121		
100	100	67	32.67	arctan0.35 = 19.30
	200	104		
	300	137		
200	100	78	40.67	arctan0.395 = 21.56
	200	124		
	300	157		

从表 4-20 和图 4-28 可以发现,随着有效竖向压力和基质吸力的增加,抗剪强度增大。黏聚力 c 值随有效竖向压力的增加,增大幅度很大,即竖向压力增加对黏聚力的提高有着很明显的作用;而竖向压力增加过程中内摩擦角 φ 变化不大。

通过表 4-20 中黏聚力和吸力的值确定 φ^b 也为 14.6°。

4.3.6.3 干密度为 1.6 g/mm³ 的非饱和土单级直剪试验数据

在不同基质吸力和有效竖向压力条件下,剪切变形与剪应力之间的关系如图 4-29 所示。

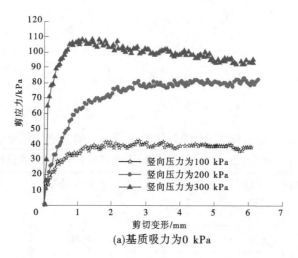

(a)基质吸力为0 kPa

图 4-29 剪切变形与剪应力之间的关系($\rho_d = 1.6$ g/cm³)

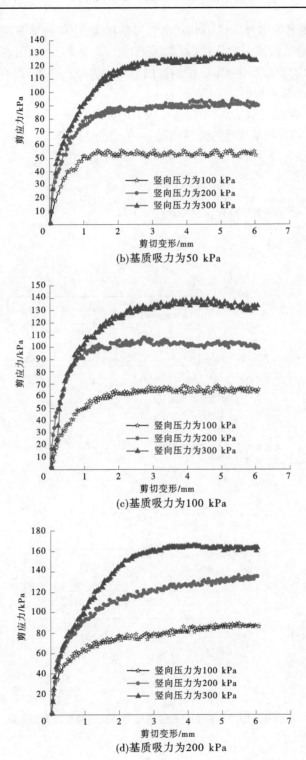

(b)基质吸力为50 kPa

(c)基质吸力为100 kPa

(d)基质吸力为200 kPa

续图 4-29

由图 4-29 可知,随着有效竖向压力和基质吸力的增加,土样抗剪强度越大。不同基质吸力和有效竖向压力的破坏强度取值时,如果剪切变形在 4 mm 内出现峰值则取峰值时,如果没有峰值则取剪切变形为 4 mm 所对应的剪切力为破坏强度,则有效竖向压力与抗剪强度之间的关系见图 4-30。

根据图 4-29 和图 4-30 所示结果,不同基质吸力的强度指标见表 4-21。

通过表 4-21 中黏聚力和基质吸力的值确定 φ^b 的值为 13.5°。

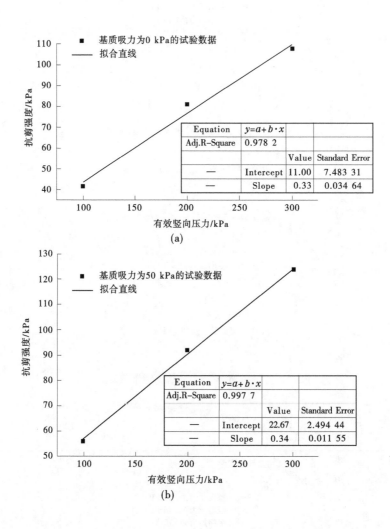

图 4-30　不同基质吸力条件下有效竖向压力与抗剪强度之间的关系

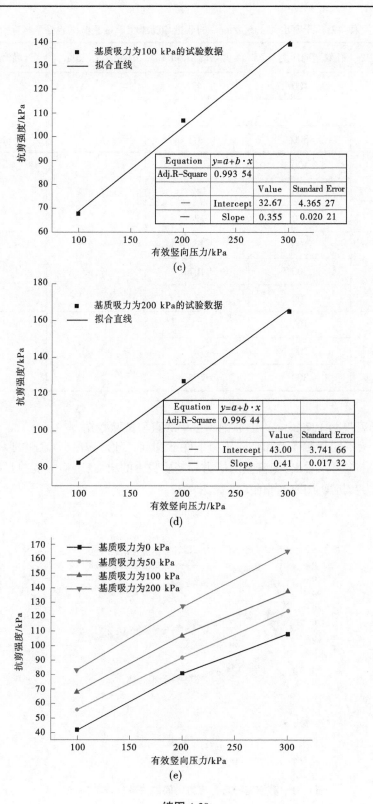

续图 4-30

表 4-21　干密度为 1.6 g/mm³ 的非饱和膨胀土单级直剪试验强度指标

基质吸力/kPa	有效竖向压力/kPa	剪切峰值/kPa	黏聚力/kPa	内摩擦角/(°)
0	100	42	11.00	18.27
	200	81		
	300	108		
50	100	56	22.67	18.79
	200	92		
	300	124		
100	100	68	32.67	19.55
	200	107		
	300	139		
200	100	83	43.00	22.30
	200	127		
	300	165		

4.3.6.4　干密度为 1.7 g/mm³ 的非饱和土单级直剪试验数据

图 4-31 为不同基质吸力和竖向压力条件下,剪切变形与剪应力之间的关系。

从图 4-31 中可以看出,随着竖向压力和基质吸力的增加,土样的抗剪强度不断增加。有效竖向压力与抗剪强度之间的关系见图 4-32。

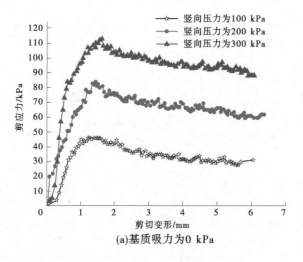

图 4-31　剪切变形与剪应力之间的关系($\rho_d = 1.7$ g/cm³)

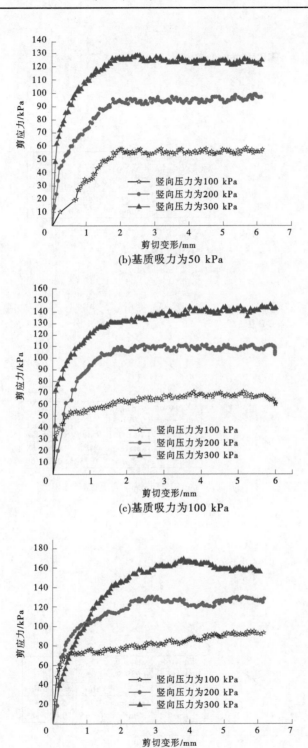

(b)基质吸力为50 kPa

(c)基质吸力为100 kPa

(d)基质吸力为200 kPa

续图 4-31

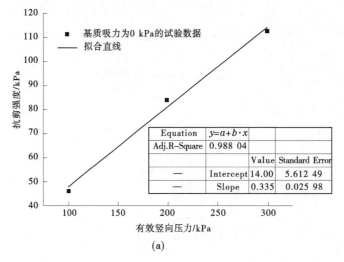

(a)

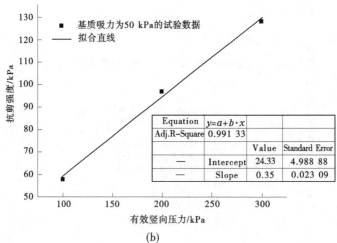

(b)

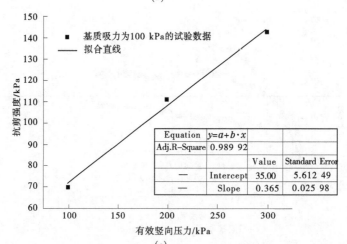

(c)

图 4-32　不同基质吸力条件下有效竖向压力与抗剪强度之间的关系

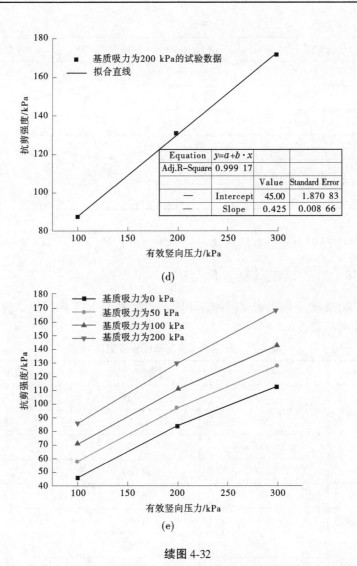

(d)

(e)

续图 4-32

根据图 4-31 和图 4-32 所示结果,不同基质吸力条件下的强度指标见表 4-22。

表 4-22　干密度为 1.7 g/mm³ 的非饱和膨胀土单级直剪试验强度指标

基质吸力/kPa	有效竖向压力/kPa	剪切峰值/kPa	黏聚力/kPa	内摩擦角/(°)
0	100	46	14.00	18.53
	200	84		
	300	113		
50	100	58	24.33	19.30
	200	97		
	300	128		

续表 4-22

基质吸力/kPa	有效竖向压力/kPa	剪切峰值/kPa	黏聚力/kPa	内摩擦角/(°)
100	100	70	35.00	20.00
	200	111		
	300	143		
200	100	87	45.00	23.06
	200	131		
	300	172		

通过表 4-22 中黏聚力和吸力的值确定 φ^b 的值为 11.9°。

4.3.7 非饱和土直剪试验数据分析与拟合

根据前述试验结果,4 种干密度试样在不同基质吸力、不同竖向压力条件下的剪切强度以及抗剪强度指标如表 4-23 所示。

表 4-23 非饱和土直剪试验强度指标

干密度/(g/cm³)	基质吸力/kPa	黏聚力/kPa	内摩擦角/(°)
1.4	0	5.00	18.01
	50	18.33	18.27
	100	31.00	19.04
	200	36.67	21.31
1.5	0	6.00	18.27
	50	20.00	18.53
	100	32.67	19.30
	200	40.67	21.56
1.6	0	11.00	18.27
	50	22.67	18.79
	100	32.67	19.55
	200	43.00	22.30
1.7	0	14.00	18.53
	50	24.33	19.30
	100	35.00	20.00
	200	45.00	23.06

4.3.7.1　基质吸力对强度参数的影响

黏聚力、内摩擦角与基质吸力之间的关系可以用下式表达：

$$c = a_1 + a_2 \cdot S + a_3 \cdot S^2 \tag{4-15}$$

$$\varphi = \exp(b_1 + b_2 \cdot S + b_3 \cdot S^2) \tag{4-16}$$

式中：S 为基质吸力；c、φ 分别为黏聚力和内摩擦角；a_1、a_2、b_1、b_2、b_3 均为拟合的参数。

不同干密度情况下的拟合曲线如图 4-33、图 4-34 所示，参数值见表 4-24。

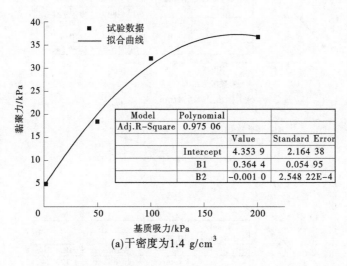

(a)干密度为1.4 g/cm³

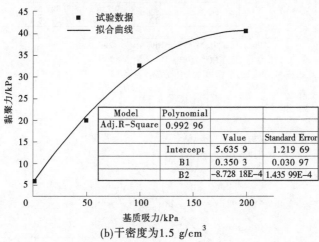

(b)干密度为1.5 g/cm³

图 4-33　不同干密度情况下黏聚力与基质吸力之间的关系

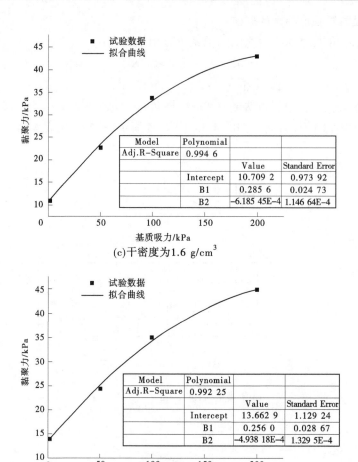

(c)干密度为1.6 g/cm³

(d)干密度为1.7 g/cm³

续图 4-33

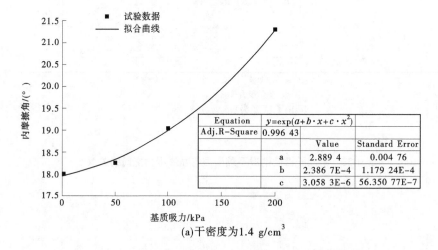

(a)干密度为1.4 g/cm³

图 4-34　不同干密度情况下内摩擦角与基质吸力之间的关系

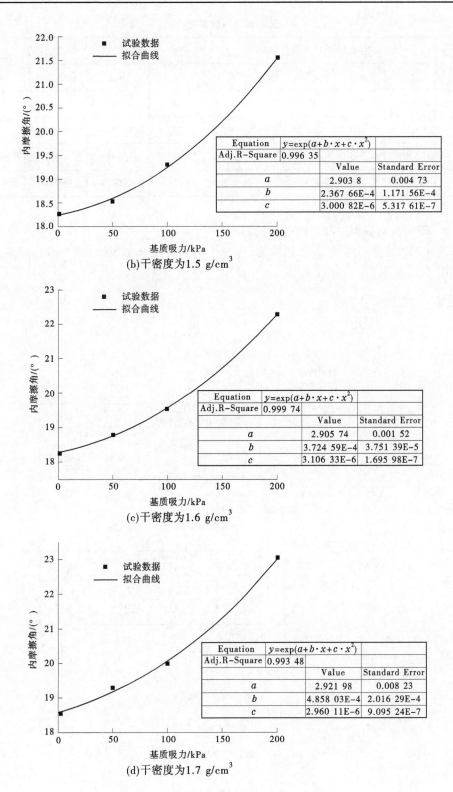

(b)干密度为1.5 g/cm³

(c)干密度为1.6 g/cm³

(d)干密度为1.7 g/cm³

续图 4-34

表 4-24　拟合参数

干密度/ (g/cm^3)	与黏聚力有关的拟合参数				与内摩擦角有关的拟合参数			
	a_1	a_2	a_3	R	b_1	b_2	b_3	R
1.4	4.353 9	0.364 4	0.001 0	0.975 1	2.889 4	2.3867E-4	3.0583E-6	0.996 4
1.5	5.635 9	0.350 3	-8.7282E-4	0.993 0	2.903 8	2.3676E-4	3.0008E-6	0.996 4
1.6	10.709 2	0.285 6	-6.1855E-4	0.994 6	2.905 7	3.7245E-4	3.1063E-6	0.999 7
1.7	13.662 9	0.256 0	-4.9382E-4	0.992 3	2.921 9	4.8580E-4	2.9601E-6	0.993 5

4.3.7.2　干密度对黏聚力和内摩擦角的影响

以表 4-24 中的拟合参数为已知数值,考虑干密度对拟合参数的影响,拟合的曲线和参数如图 4-35 所示。

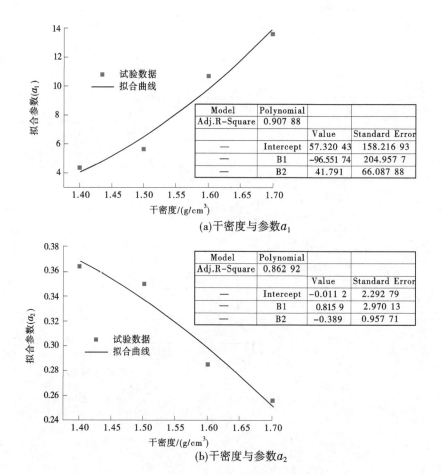

(a)干密度与参数 a_1

(b)干密度与参数 a_2

图 4-35　干密度与拟合参数之间的关系

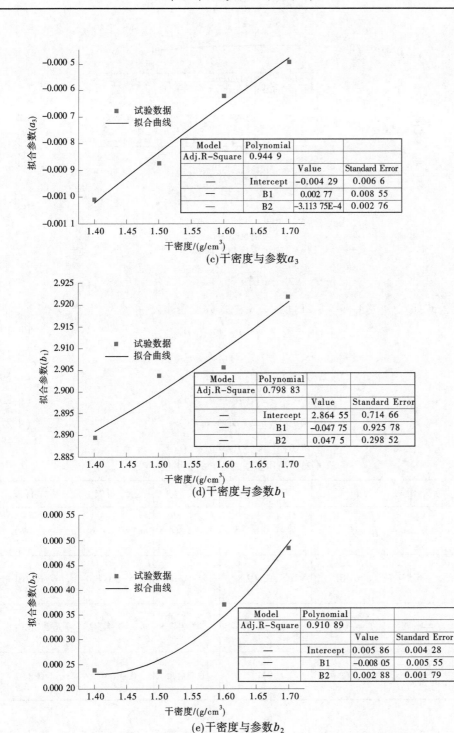

(c)干密度与参数a_3

(d)干密度与参数b_1

(e)干密度与参数b_2

续图 4-35

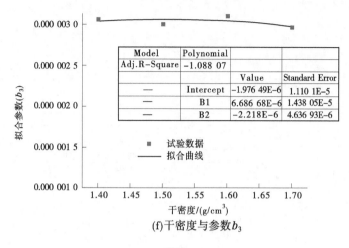

(f)干密度与参数b_3

续图 4-35

拟合公式如式(4-17)~式(4-21)所示,式中系数见表4-25。

$$a_1 = i_1 + i_2 \cdot \rho_d + i_3 \cdot \rho_d^2 \tag{4-17}$$

$$a_2 = j_1 + j_2 \cdot \rho_d + j_3 \cdot \rho_d^2 \tag{4-18}$$

$$a_3 = k_1 + k_2 \cdot \rho_d + k_3 \cdot \rho_d^2 \tag{4-19}$$

$$b_1 = l_1 + l_2 \cdot \rho_d + l_3 \cdot \rho_d^2 \tag{4-20}$$

$$b_2 = m_1 + m_2 \cdot \rho_d + m_3 \cdot \rho_d^2 \tag{4-21}$$

$$b_3 = n_1 + n_2 \cdot \rho_d + n_3 \cdot \rho_d^2$$

表 4-25　利用多项式拟合的参数值

	与 a_1 有关	与 a_2 有关	与 a_3 有关	与 b_1 有关	与 b_2 有关	与 b_3 有关
第1个参数	$i_1 = 57.3204$	$j_1 = -0.0112$	$k_1 = -0.0043$	$l_1 = 2.8645$	$m_1 = 0.0058$	$n_1 = 1.97649\text{E-}6$
第2个参数	$i_2 = -96.5517$	$j_2 = 0.8160$	$k_2 = 0.0028$	$l_2 = -0.0477$	$m_2 = -0.0080$	$n_2 = 6.68668\text{E-}6$
第3个参数	$i_3 = 41.791$	$j_3 = -0.389$	$k_3 = -3.11375\text{E-}4$	$l_3 = 0.0475$	$m_3 = 0.0029$	$n_3 = 2.218\text{E-}6$
拟合相关系数 R	0.9079	0.8629	0.9449	0.7988	0.9109	−1.08807

将式(4-17)~式(4-21)代入式(4-15)和式(4-16)中,则可以求出任意干密度、任意基质吸力情况下的黏聚力和内摩擦角:

$$
\begin{aligned}
c = &i_1 + i_2 \cdot \rho_d + i_3 \cdot \rho_d^2 + (j_1 + j_2 \cdot \rho_d + j_3 \cdot \rho_d^2) \cdot S + \\
&(k_1 + k_2 \cdot \rho_d + k_3 \cdot \rho_d^2) \cdot S^2
\end{aligned}
\tag{4-22}
$$

$$\varphi = \exp\left[\, l_1 + l_2 \cdot \rho_d + l_3 \cdot \rho_d^2 + (m_1 + m_2 \cdot \rho_d + m_3 \cdot \rho_d^2) \cdot S + b_3 \cdot S^2\,\right] \quad (4\text{-}23)$$

将参数值代入得

$$c = 57.320\,4 - 96.551\,7 \cdot \rho_d + 41.791 \cdot \rho_d^2 + (-0.011\,2 + 0.815\,98 \cdot \rho_d -$$
$$0.389 \cdot \rho_d^2) \cdot S + \left[\,-0.004\,3 + 0.002\,8 \cdot \rho_d - (3.113\,75\text{E}-4) \cdot \rho_d^2\,\right] \cdot S^2$$

$$(4\text{-}24)$$

$$\varphi = \exp\left[\,2.864\,5 - 0.047\,7 \cdot \rho_d + 0.047\,5 \cdot \rho_d^2 +\right.$$
$$\left.(0.005\,8 - 0.008\,0 \cdot \rho_d + 0.002\,9 \cdot \rho_d^2) \cdot S + (3.0\text{E}-6) \cdot S^2\,\right]$$

$$(4\text{-}25)$$

4.4　非饱和土三轴抗剪强度试验

4.4.1　试验装置

本次试验采用 GDS 非饱和土三轴试验仪,如图 4-36 所示。

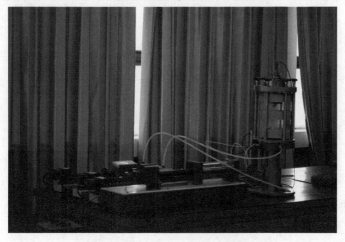

图 4-36　GDS 非饱和土三轴试验仪

4.4.2　试验方案

非饱和膨胀土的三轴剪切试验分成 4 组(控制基质吸力分别为 0 kPa、50 kPa、100 kPa、200 kPa),共制备 12 个压实样进行三轴试验。试验包括吸力平衡、等吸力固结和剪切破坏 3 个阶段。首先对制备好的试样进行抽气饱和及反压饱和,随后在保持试样中孔隙水压力为零的条件下,施加气压改变土中的吸力,使其达到设定的值;再保持吸力不变,缓慢施加围压至试验预定的固结压力;最后,施加轴向压力对试样进行剪切,剪切速率设定为 0.008 mm/min。针对试样在剪切过程中不同的破坏形式,采用不同的破坏标准,本次试验是应变硬化的试样,取轴向应变为 15% 时对应的应力为破坏值。

本次试验所用的土是取自禹州地区的膨胀土,试验所用的土的特性指标与以上试验所用土样一致,见表 2-9 及表 2-10。试验方案见表 4-26。

表 4-26 非饱和膨胀土三轴剪切试验方案

气压 u_a /kPa	围压 σ_3 /kPa	净围压 $\sigma_3 - u_a$ / kPa	孔隙水压 u_w /kPa	应变 ε_a /%
0	100	100	0	18
	200	200	0	18
	300	300	0	18
50	150	100	0	18
	250	200	0	18
	350	300	0	18
100	200	100	0	18
	300	200	0	18
	400	300	0	18
200	300	100	0	18
	400	200	0	18
	500	300	0	18

4.4.3 制样过程

按照《土工试验规程》(SL 237—1999)配置一定含水率土样,放置在保湿器中静置 24 h,然后利用特制的制样器,采用压实方法制备三轴试样,三轴试样的直径和高度分别为 70 mm 和 140 mm。将土样在设定的含水量下采用千斤顶静力压实的方法分 3 层压实,干密度为 1.5 g/cm³ 和 1.7 g/cm³,试样经抽气饱和后放入保湿器中备用。

4.4.4 试验步骤

进入 RTC 软件和非饱和试验模块 S5 Unsaturated,设定土样参数、初始值、试验阶段。

第 1 步,进入试验的饱和阶段,设定围压和反压进行饱和。

第 2 步,根据设定的试验方案,设定目标围压、反压和气压力值,让试样在此状态下进行吸力平衡。平衡的标准为 2 h 内的体积变形量小于 0.01 mm³。

第 3 步,进入等吸力固结阶段,保持基质吸力不变,缓慢施加围压至试验预定的固结压力。

第 4 步,按照预先设定的剪切速率,施加轴向压力对试样进行剪切,剪切过程中若应力差出现峰值则取为破坏点,否则当试样轴向达到 18%时,试验结束。

4.4.5 试验结果

试验结果表明,非饱和膨胀土的抗剪强度不仅取决于所承受的围压,而且还与基质的吸力大小密切相关,且随基质吸力的增大其抗剪强度增强。非饱和膨胀土的吸力对黏聚力影响也十分明显,随着吸力增大,非饱和膨胀土的黏聚力呈非线性增大,且增幅明显,而对有效内摩擦角则几乎没有影响。试验结果见表 4-27。

表 4-27　非饱和膨胀土的抗剪强度参数

气压 u_a /kPa	净围压 $\sigma_3 - u_a$ / kPa	大主应力 σ_1 /kPa	$\sigma'_1 = \sigma_1 - u_a$ / kPa	黏聚力 c/kPa	摩擦角 φ'/(°)
0	100	215.7	215.7	17.9	14.5
	200	384.1	384.1		
	300	548.6	548.6		
50	100	282.3	232.3	29.7	13.9
	200	441.7	391.7		
	300	606.5	556.5		
100	100	366.2	266.2	38.6	13.5
	200	528.8	428.8		
	300	683.6	583.6		
200	100	501.7	301.7	56.4	12.6
	200	642.9	442.9		
	300	804.4	604.4		

试样在不同基质吸力情况下的应力应变曲线及库伦强度曲线见图 4-37~图 4-40。

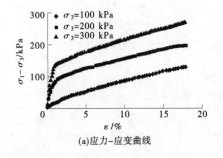

(a)应力-应变曲线

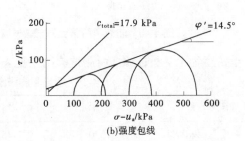

(b)强度包线

图 4-37　非饱和膨胀土样三轴试验结果(基质吸力 u_s =0 kPa)

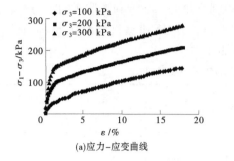
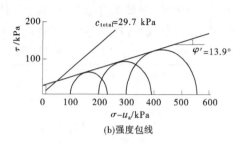

(a)应力−应变曲线   (b)强度包线

图 4-38　非饱和膨胀土样三轴试验结果(基质吸力 $u_s = 50$ kPa)

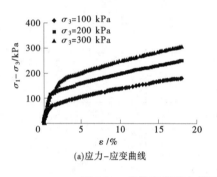
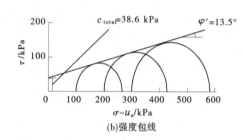

(a)应力−应变曲线   (b)强度包线

图 4-39　非饱和膨胀土样三轴试验结果(基质吸力 $u_s = 100$ kPa)

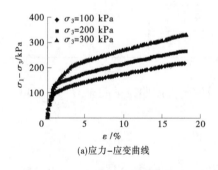
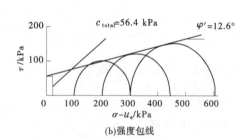

(a)应力−应变曲线   (b)强度包线

图 4-40　非饱和膨胀土样三轴试验结果(基质吸力 $u_s = 200$ kPa)

干密度为 1.7 g/m³ 时,所测试验结果见表 4-28。

表 4-28　非饱和膨胀土的抗剪强度参数

气压 u_a /kPa	0	50	100	200
黏聚力 c/kPa	15.0	45.5	86.8	110.6
摩擦角 φ'/(°)	19.8	20.8	20.0	20.2

　　表 4-28 中黏聚力与基质吸力之间的关系如图 4-41 所示,通过拟合数据可得 φ^b 的值为 35.7°。由于基质吸力为 200 kPa 时的黏聚力与其他基质吸力的黏聚力相差较明显,所以确定 φ^b 时未考虑 200 kPa 时的黏聚力。

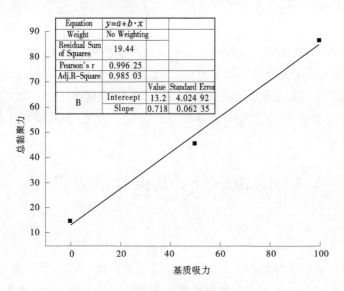

图 4-41　总黏聚力与基质吸力之间的关系

　　参数 c'、φ^b、φ' 确定之后,可将式(4-12)代入式(4-13),从而可得以含水量为基本变量的非饱和土抗剪强度公式,即

$$\tau_f = c' + (\sigma - u_a)\tan\varphi' + f(u_a - u_w)\tan\varphi^b \tag{4-26}$$

4.5　本章小结

　　本章通过开展非饱和土力学试验,验证了经典的非饱和土强度理论,并基于非饱和土的土水特征曲线和强度试验建立以含水量为基本变量的强度公式,由于吸力的量测较复杂,所以该公式避免出现吸力。所得结论包括以下几点:

　　(1)通过非饱和直剪仪开展控制吸力条件下的直剪试验研究,获得抗剪强度与含水量之间的关系;通过非饱和土三轴仪完整地测试非饱和膨胀土的抗剪强度,和非饱和直剪仪所得试验结果进行了对比。

　　(2)分析对比非饱和直剪仪与非饱和土三轴仪得到的试验结果,基于 Fredlund 强度公式,建立以总应力和含水量为独立变量的简易非饱和膨胀土抗剪强度公式。

第 5 章　膨胀土动力特性

　　我国近年来地震灾害频发,地震引起的边坡失稳案例也越来越多。由于膨胀土工程性质较差,极易造成渠坡失稳破坏等问题,这对渠道的安全运行有很大的威胁。因此,研究膨胀土的动力特性具有重要的实际工程意义。本章利用共振柱仪、动三轴仪研究了动剪切模量、阻尼比、动强度的发展规律,以及应力水平、超固结性和振动相位差的影响规律。

5.1　饱和膨胀土共振柱试验研究

5.1.1　引言

　　共振柱试验技术用于在室内测定土体在小应变范围内的动力学参数:动剪切模量和阻尼比。共振柱试验以波在土体中的传播理论作为其理论基础,将扭转或轴向振动力施加在一个圆柱形试样上,通过改变驱动频率,测出试样的共振频率,再结合试样端部的限制条件、试样的几何尺寸等要素,计算得出试样的动剪切模量和阻尼比。

5.1.2　共振柱试验原理

　　共振柱试验的工作原理可简化成图 5-1 所示的模型,图中圆柱形土试样的底端固定,试样的顶端附加一个集中质量块(该附加质量块包括产生稳态激振力的激振器、量测振动速度或加速度的传感器),并通过该质量块对试样施加垂直轴向振动或水平扭转振动,当土柱的顶端受到施加的周期荷载而处于受迫振动时,这种振动将由柱体顶端,以波动形式沿柱体向下传播,使整个柱体处于振动状态。

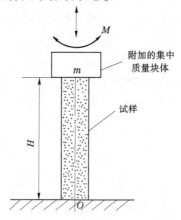

图 5-1　共振柱试验原理示意

　　设试样的质量极惯性矩为 I ,试样顶上附加块体的质量极惯性矩为 I_0 ,试样的高度为 H ,施加在试样顶上的稳态激振扭矩为 $M\sin\omega t$, M 为扭矩的幅值, ω 是激振的圆频率, t 为时间。求解圆柱发生扭转振动的波动方程,当扭矩不大时圆柱试样可以看作弹性体,得出圆柱顶端振动时的扭转角 θ_t 对静力扭转角 θ_s 的放大倍数为

$$\frac{\theta_t}{\theta_s} = \frac{\dfrac{v_s}{\omega H}\sin\left(\dfrac{\omega H}{v_s}\right)}{\cos\dfrac{\omega H}{v_s} - \dfrac{I_0}{I}\dfrac{\omega H}{v_s}\sin\dfrac{\omega H}{v_s}} \tag{5-1}$$

式中: θ_s 为静力扭矩 M 施加于圆柱顶端时的扭转角; v_s 为横向位移在土柱中的传播速度,即剪切波速。

　　由式(5-1)可见,若激振频率使右方分母为零,则该圆柱将发生共振。因此,圆柱共振时的圆频率 ω_n 应满足式(5-2),即

$$\frac{\omega_n H}{v_s}\tan\left(\frac{\omega_n H}{v_s}\right) = \frac{I}{I_0} \tag{5-2}$$

令

$$\beta = \frac{\omega_n H}{v_s} \tag{5-3}$$

则有

$$\frac{I}{I_0} = \beta\tan\beta \tag{5-4}$$

此即为扭转振动时的频率方程:

$$I = \frac{1}{8}md^2 \tag{5-5}$$

式中: m 为试样的质量; d 为试样的直径。

　　由此只要知道试样的质量极惯性矩 I 与附加块体的质量极惯性矩 I_0 的任意比值,即可算出 β ,再利用式(5-3)得

$$v_s = \frac{\omega_n H}{\beta} = \frac{2\pi f_n H}{\beta} \tag{5-6}$$

式中: f_n 为通过共振柱试验测得的试样的共振频率。

　　因此,土的动剪切模量 G 为

$$G = \rho v_s^2 = \rho\left(\frac{2\pi f_n H}{\beta}\right)^2 \tag{5-7}$$

式中: ρ 为试样的质量密度。

　　共振柱用于测定试样的阻尼比,有两种测定方法,一种是自由振动法,另一种是稳态振动法。本次共振柱试验中,阻尼比的测定采用的是自由振动法,即:给土样施加一个正弦激振波,然后停止激振,测量自由振动的结果。根据试验得到的自由振动衰减曲线,利用连续循环振幅比值的对数可以计算出自由振动衰减曲线对数减量 δ 值,计算公式为

$$\delta = \frac{1}{n}\ln\left(\frac{A_1}{A_{n+1}}\right) \tag{5-8}$$

式中：A_1 为第 1 个自由振动周期的振幅；A_{n+1} 为第 $(n+1)$ 个自由振动周期的振幅；n 为记录时间内两个峰值之间的循环次数。

根据式(5-8)得到的对数减量 δ 值，按下式可以确定阻尼比 λ：

$$\lambda = \sqrt{\frac{\delta^2}{4\pi^2 + \delta^2}} \tag{5-9}$$

5.1.3　试验仪器及制样

5.1.3.1　试样制备

试验用土采自南水北调中线禹州段，基本物性指标见 2.3.2.1 节。将风干后的土碾碎,过 2 mm 的筛孔,然后根据试验设定的含水量来配置所需的土样,将土料拌匀后装入塑料袋,然后放置在保湿器中静置 24 h,使含水量均匀,取出土料再次测其含水量,保证每次测定的含水量与要求的差值小于 1%。

共振柱试验所用的试样为圆柱体,直径和高度分别为 50 mm 和 100 mm,是利用特制的制样器,采用压实方法制备。将土样在设定的含水量和干密度下采用千斤顶静力压实的方法分 3 层压实,每层所用的土料质量相等。在分层压实时,需要将层面刮毛,以防各层土之间形成薄弱面,对试验结果造成影响,最后一层土压实后稍等 1~2 min,然后开始脱模,此时可以形成圆柱状试样。

所有试样的饱和方式根据《土工试验规程》(SL 237—1999)"三轴压缩试验"中的规定采用抽气饱和,时间不少于 24 h,试样经抽气饱和后放入保湿器中备用。

5.1.3.2　试验设备

本次共振柱试验设备采用 GDS 共振柱仪(RCA),它是英国 GDS 公司研制生产的高精度共振柱系统,GDS 共振柱仪采用扭转共振和扭转阻尼比,逐渐增大激振力和自由振动,来研究试样的动剪切模量和阻尼比,在实心或空心的圆柱形试样的底部施加一个振动激励,或者通过电磁驱动系统产生一个纵向或扭转激励,频率可以通过测量自由端的运动、波速和材料的阻尼来进行确定,剪切模量可以通过试样的密度和获得的速度计算得到。

共振试验通过电磁驱动系统对试样产生一个正弦扭矩。驱动系统由一个四臂转子和支撑柱构成,四臂转子每个臂的底部均有一个永久性的磁铁,支撑柱用于固定四对线圈。图 5-2 是 GDS 共振柱试验系统的工作原理。当进行阻尼比试验的时候,在自由振动衰减期间,由于磁铁在线圈中的运动通常会产生"反"电动势,这样会产生较大的设备阻尼误差。因此,该共振柱试验系统设计成尽量减少设备阻尼,在自由振动衰减期间,系统软件可以通过控制硬件使线圈产生一个"断路",这样就可以避免"反"电动势的产生。

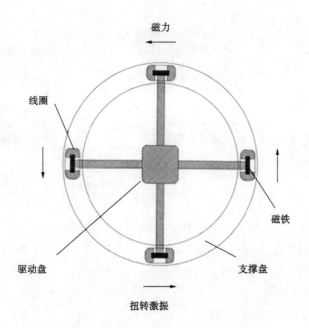

图 5-2　GDS 共振柱试验系统的工作原理

　　GDS 共振柱试验系统包括：一个用于围压控制的控制器，一个用于设置反压和测量体积变化的控制器，一个八通道高速数据采集仪和控制卡，一套用于产生和记录激振力和加速度的装置。图 5-3 是 GDS 共振柱试验系统的整体构成图，图 5-4 是 GDS 共振柱试验系统的基本构架。

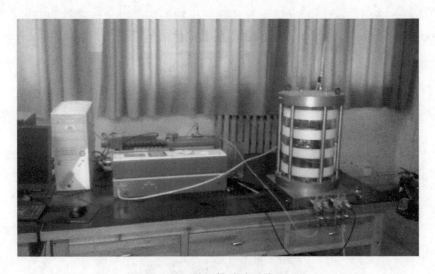

图 5-3　GDS 共振柱试验系统(RCA)

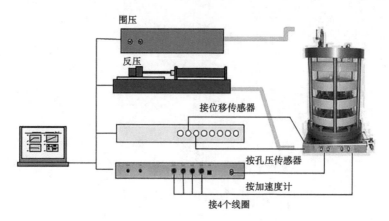

围压

反压

接位移传感器

按孔压传感器

按加速度计

接4个线圈

图 5-4 GDS 共振柱试验系统基本构架

GDS 共振柱试验系统主要技术参数：

(1)压力室承受压力：1.7 MPa。

(2)采用气动围压加载。

(3)内置固定的、平衡式加速度计。

(4)LVDT 位移传感器量程：±12.5 mm，精度为满量程的 0.2%。

(5)孔压传感器量程：1 MPa，精度为全量程的 0.15%。

(6)控制系统：施加正弦波、随机波或自定义波形。

(7)软件：计算小应变下试样的动剪切模量。

(8)根据衰减曲线计算出阻尼比。

共振柱试验步骤：

(1)装样。将驱动盘连接到试样，并调整支撑柱的高度以允许磁铁能安置在共振线圈的中央，将数据线连接正确。图 5-5 是 GDS 共振柱试验系统的共振线圈。

图 5-5 GDS 共振柱试验系统的共振线圈

（2）试样饱和与固结。试样的饱和、固结试验使用 GDS LAB 软件进行,固结时间为 24 h。

（3）共振试验和阻尼试验。GDS RCA 软件是用来控制和采集来自共振柱的数据。通过 RCA 软件给线圈施加一个正弦电压以产生作用于试样的扭矩。由于磁场的作用,驱动盘会产生摆动运动。通过调整施加电压的频率和幅值,可以找到试样的共振频率。在得到共振频率后,通过 RCA 软件进行阻尼试验。

（4）试验结束。将所有荷载卸去,拆除试样,清洗各有关部位。

5.1.4　试验结果与分析

5.1.4.1　动剪切模量

1. 围压对动剪切模量的影响

根据土的应力−应变关系,土体在动荷载作用下产生单位剪应变 γ 所需的剪应力 τ,即 $G = \tau / \gamma$,称为动剪切模量,其能够反映出土体抵抗剪切变形的能力。

在不同围压下,饱和膨胀土的动剪切模量 G_d 与动剪应变 γ_d 的关系曲线如图 5-6 所示。从图 5-6 中可以看出,动剪切模量 G_d 随动剪应变 γ_d 的增大而减小,当动剪应变 γ_d 小于 10^{-4} 时,减小的幅度缓慢,而当动剪应变 γ_d 超过 10^{-4} 后,减小的幅度加快。

当动剪应变 γ_d 相同时,固结围压越大,动剪切模量 G_d 越大,且每增加相同的固结围压会使动剪切模量 G_d 产生相近的增长量。其原因是随着围压的增大,土颗粒间的孔隙变小,土体被压密,土颗粒接触点增加,增强了土体抵抗剪切变形的能力,使得动荷载应力波在土体中的传播速度增大,从而增大了土体动剪切模量 G_d。

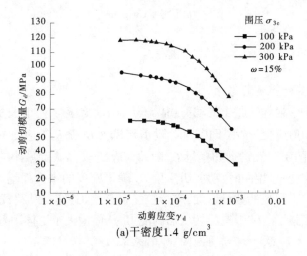

(a)干密度1.4 g/cm³

图 5-6　不同围压下动剪切模量 G_d 与动剪应变 γ_d 的关系

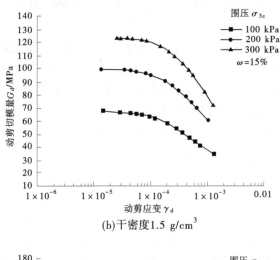

(b)干密度1.5 g/cm^3

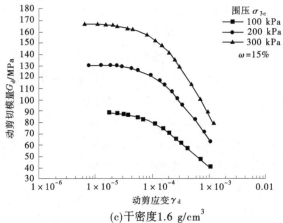

(c)干密度1.6 g/cm^3

续图 5-6

2.干密度对动剪切模量的影响

在不同干密度下,饱和膨胀土的动剪切模量 G_d 与动剪应变 γ_d 的关系曲线如图 5-7 所示。可以看出,当动剪应变 γ_d 小于 10^{-4} 时,动剪切模量 G_d 随动剪应变 γ_d 的增大而减小;当动剪应变 γ_d 超过 10^{-4} 后,动剪切模量 G_d 随动剪应变 γ_d 增大而减小的速度更快。在相同围压下,当动剪应变 γ_d 相同时,动剪切模量 G_d 随干密度的增大而增大,这是因为干密度的增大,使土体中土颗粒的数量增加,土颗粒接触点增加,使得动荷载应力波在土体中的传播速度增大,增强了土体抵抗剪切变形的能力,从而增大了土体动剪切模量 G_d。

3.动剪切模量比 G/G_{dmax} 与动剪应变 γ_d 的关系曲线

试验得到的饱和膨胀土最大动剪切模量 G_{dmax} 结果见表 5-1。从表 5-1 中可以看出,随试样干密度和围压的增大,最大动剪切模量 G_{dmax} 逐渐增大。

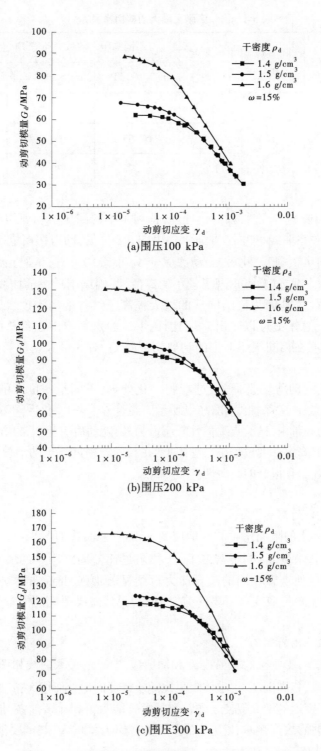

(a)围压100 kPa

(b)围压200 kPa

(c)围压300 kPa

图 5-7　不同干密度下动剪切模量 G_d 与动剪应变 γ_d 的关系

表 5-1　饱和膨胀土最大动剪切模量 G_{dmax}

含水量 ω/%	固结比 K_c	频率 f/Hz	干密度 ρ_d/(g/cm³)	不同围压下的最大动剪切模量 G_{dmax}/MPa		
				$\sigma_{3c}=100$ kPa	$\sigma_{3c}=200$ kPa	$\sigma_{3c}=300$ kPa
15.0	1.0	1	1.4	62.18	95.72	118.94
			1.5	67.69	100.06	124.51
			1.6	88.72	130.77	166.61

通过对动剪切模量 G_d 进行归一化处理,得到了不同围压下动剪切模量比 G_d/G_{dmax} 与动剪应变 γ_d 的关系曲线,如图 5-8 所示。由图 5-8 可见,动剪切模量比随动剪应变的增大而降低。经过 G_{dmax} 归一化后,当动剪应变 γ_d 小于 10^{-4} 时,试验点几乎重合;当动剪应变 γ_d 超过 10^{-4} 后,试验点出现了较小的离散性,固结围压大的曲线的衰减要缓于固结围压小的曲线,这是因为固结围压的增大提高了试样的密实度,抵抗剪切变形的能力得到了加强。总体上可以看出,不同围压下试验点都集中在很窄的条带内,试验点离散性较小,说明在相同围压下土的动剪切模量 G_d 对其最大动剪切模量 G_{dmax} 有很好的归一性。

对饱和膨胀土的动剪切模量 G_d 进行归一化处理,不同干密度下的动剪切模量比 G_d/G_{dmax} 与动剪应变 γ_d 关系曲线如图 5-9 所示。经过 G_{dmax} 归一化后,不同干密度下试验点都集中在较小的条带内,试验点离散性较小。另外,随动剪应变 γ_d 的增大,如果干密度越小,则 G_d/G_{dmax} 下降的梯度也越小。总体上,在相同干密度下土的动剪切模量 G_d 对其最大动剪切模量 G_{dmax} 有很好的归一性。

5.1.4.2　阻尼比

1. 围压对阻尼比的影响

在不同围压下,土的阻尼比 λ 和动剪应变 γ_d 的关系曲线如图 5-10 所示。从图 5-10 中可以看出,相同含水量、相同干密度下,土体阻尼比随固结围压的增大而增大,其原因是:围压的增大促使土颗粒间的咬合能力得到显著加强,抵抗外部剪切变形的能力得到了增强,故产生单位应变而需要的剪应力增大,其需要消耗的能量增加,所以阻尼比变大。

2. 干密度对阻尼比的影响

在不同干密度下,膨胀土的阻尼比 λ 和动剪应变 γ_d 的关系曲线如图 5-11 所示。可以看出,相同含水量、相同围压下,土体阻尼比随干密度的增大而增大,其原因与围压的影响原因类似,即:干密度的增大促使土颗粒间的咬合能力得到显著加强,抵抗外部剪切变形的能力得到了增强,故产生单位应变而需要的剪应力就增大,其需要消耗的能量就增加,所以阻尼比变大。

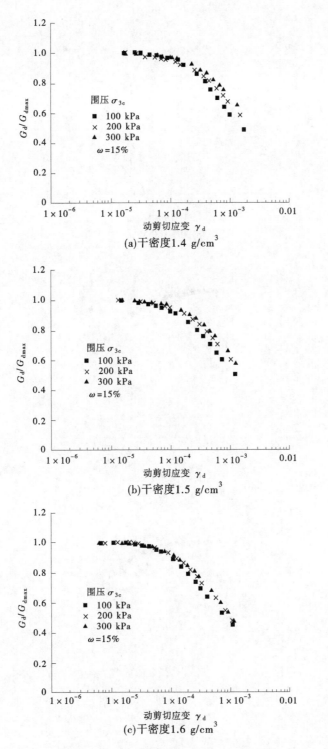

图 5-8　不同围压下动剪切模量比 $G_{\mathrm{d}}/G_{\mathrm{dmax}}$ 与动剪应变 γ_{d} 的关系

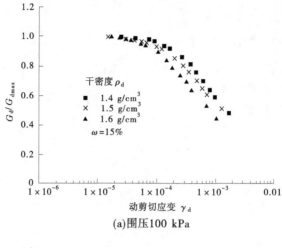

(a)围压100 kPa

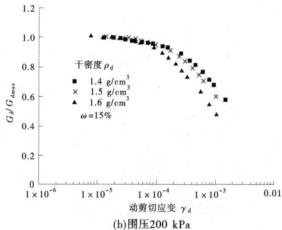

(b)围压200 kPa

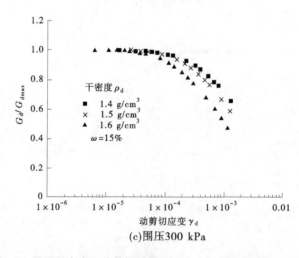

(c)围压300 kPa

图 5-9　不同干密度下动剪切模量比 G_d/G_{dmax} 与动剪应变 γ_d 的关系

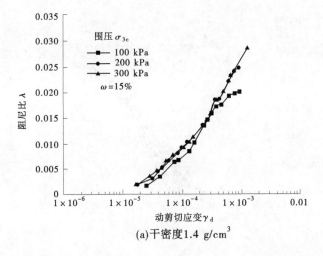

(a)干密度1.4 g/cm³

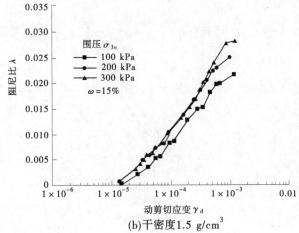

(b)干密度1.5 g/cm³

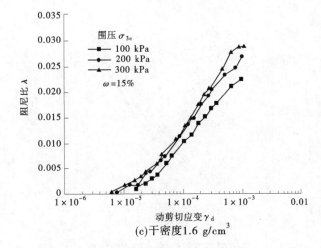

(c)干密度1.6 g/cm³

图 5-10　不同围压下阻尼比 λ 与动剪应变 γ_d 的关系

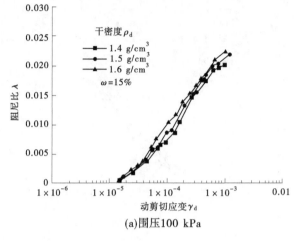

(a)围压100 kPa

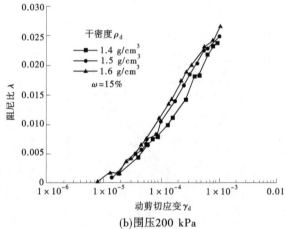

(b)围压200 kPa

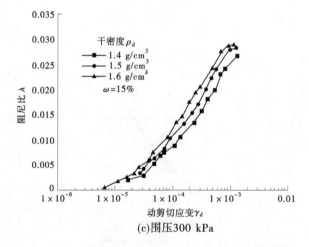

(c)围压300 kPa

图 5-11　不同围压下阻尼比 λ 与动剪应变 γ_d 的关系

5.2　动三轴试验

5.2.1　试验设备与试验方法

5.2.1.1　试验土料及试样制备

1. 试验土料

试验所用土为南水北调中线南阳段膨胀土,与 2.2.1 节取土位置相同,但取土深度不同,呈灰白色,基本物理指标如表 5-2 所示。根据《膨胀土地区建筑技术规范》(GB 50112—2013)的分类,试验用土为中膨胀性膨胀土。

表 5-2　土样基本物理力学性质指标

液限 W_L/%	塑限 W_P/%	塑性指数 I_p	比重 G_s	天然干密度 ρ_d/(g/cm^3)	天然含水量 ω/%	自由膨胀率/%
48.5	27.3	22.4	2.74	1.58	21.8	81

孔隙比 e_0	饱和度 Sr/%	压缩系数 a_{1-2}/MPa^{-1}	压缩模量 Es_{1-2}/MPa	>0.075 mm	颗粒组成/% 0.075~0.005 mm	<0.005 mm
0.739	80.8	0.152	11.29	8.7	53.0	38.3

2. 试样制备

试样制备共分 3 个步骤,具体如下:

(1)配土。首先将土样烘干碾碎过 2 mm 筛,根据含水量计算出所需土和水的质量,将土和水充分拌匀,配制成含水量为 22% 的湿土(天然含水量为 22%),使用密封袋密封后放置在保湿器内 24 h 以上以使二者混合均匀。取 3 个土样测含水量,测试结果在目标含水量误差 2% 以内方可进行下一步试验。

(2)制样。试样为实心圆柱样,试样直径 50 mm、高 100 mm。制样可分为 3 步:①根据试样尺寸、含水量及目标干密度计算每个试样所需土料质量,为尽量还原天然工况,试样目标干密度均为 1.58 g/cm^3。②液压分层压实。制样前要在制样器内部涂抹适量凡士林,保证在试样脱壳时不会因为过大的摩擦力引起变形。由于试样高度较大,为保证试样均匀性分三层压实,第二、第三层填土前要刮毛上一层压实土面,以保证试样的完整性,每层压实后要静置 10 min,以促进土颗粒有充分的时间调整错动。③制样完成后,测量其尺寸与重量并记录。

(3)抽气饱和。将贴好滤纸的圆柱试样置入特定饱和器中,再置入真空缸中抽气饱和,抽气负压为 100 kPa,维持压力 24 h。饱和结束后,称量饱和样质量,达到目标饱和度方可进行下一步试验。

5.2.1.2　试验设备及加荷方式

1. 试验设备

试验所用仪器是美国 GCTS 公司研发的 STX-200 双向动三轴仪。该仪器采用数字伺服系统控制轴向荷载、围压和反压,压力稳定性好,可以实现各向同性和各向异性两种固结方式,可以开展饱和土的常规静三轴试验(UU、CU 和 CD)、高级静三轴试验(应力路径和应变路径)、动三轴试验(剪切模量、阻尼比、动剪切强度和变形、应力路径、残余模量、液化势分析和复杂模量等),该仪器最大的特点是能够实现轴向、围压双向振动三轴(动态双向加载)试验。

GCTS 双向动三轴测试系统共由 4 部分组成(见图 5-12):液压站、压力/体积控制器、荷载架及三轴压力室、通用数字信号调节控制单元及 GCTS 软件系统。液压站是轴压、围压和反压作动器的动力源,即为测试系统提供试验过程所需动力,有低压和高压两种工作模式,试验由于主要针对膨胀土进行试验,对荷载大小要求不高,故一般选用低压模式;压力/体积控制器同时安装有 1 个文氏真空泵和 1 个手动气压调节阀,可以实现抽气和加压两种功能,在试样安装和拆卸及初始饱和时使用;荷载架可以提供 22 kN 的轴向力,三轴压力室可以承受最大 2 MPa 的压力,试样底座直径为 50 mm;本次试验采用的通用数字信号调节控制单元型号为 SCON-1500,内置 850 MHz 微处理器,拥有 64 MB RAM 和 64/128 MB 的硬盘存储器,内置 GCTS 软件是一套完整的模块,轴向、围压、反压均有独立的主板,控制包括函数生成程序、数据采集和数字化的输入/输出单元,最终与计算机连接实现试验数据采集和控制功能。

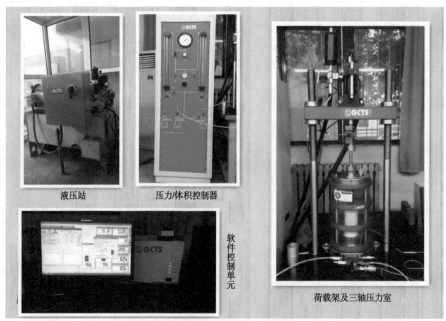

液压站　　　压力/体积控制器

软件控制单元

荷载架及三轴压力室

图 5-12　GCTS 双向动三轴测试系统

GCTS 软件兼容 32 位 WindowsXP 系统,软件界面可根据需求自行设置各类数据控制和监测,基本实现可视化操作。可根据试验需要设置众多不同类型的试验参数,包括静力试验与动力试验、单向振动与双向振动、应变控制与应力控制,同时对于常见试验影响因素基本都可以实现控制,包括静力加载速率、饱和度测算、振动振幅、频率、波形、振次、双向振动相位差、双向不等幅振动等。试验结果的输出方式可以选择表格、图片等多种形式。主要测试模块:饱和、固结、静态加载(UU、CU、CD 和应力路径)、动态加载和通用模块(高级加载模块,用户可自定义加载波形)。

2. 加荷方式

试样在承受围压和轴向双向静压荷载作用的同时,还要受到两个方向的循环荷载,图 5-13 是试样在双向循环荷载作用下的受力示意图。

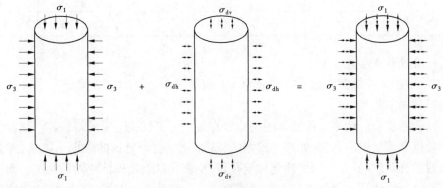

图 5-13　试样受力示意

试验过程中主要通过控制轴向(σ_1、σ_{dv})及围压(σ_3、σ_{dh})来实现不同应力路径试验,振动加载过程中,轴向与围压振动会存在一定的相位差(如图 5-14 所示),因此试样的双向振动过程中加载可以用式(5-10)表示:

$$\begin{cases} \sigma_1 = k(\sigma_c) + \sigma_{dv} \cdot \sin(\omega t) \\ \sigma_3 = \sigma_c + \sigma_{dh} \cdot \sin(\omega t + \Delta\varphi) \end{cases} \tag{5-10}$$

式中:k 为固结比;σ_c 为固结围压;σ_{dv} 为轴向循环应力幅值;σ_{dh} 为径向循环应力幅值;$\Delta\varphi$ 为轴向与径向循环加载相位差;ω 为角频率。

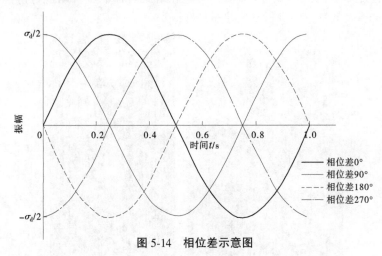

图 5-14　相位差示意图

5.2.1.3　试验方案与试验参数

1. 试验方案

动力特性试验主要研究不同受荷状态(初始偏应力、相位差)和膨胀土特性(超固结性)

对循环荷载下动力变形特性的影响。试验采用控制单一变量法,即控制单一变量,其余变量保持一致,试验方案如表 5-3 所示,试验所用试样的干密度、初始含水量、尺寸均一致。

表 5-3　膨胀土动力特性试验方案

研究因素	研究变量	控制变量
受荷状态	初始偏应力	0/50/100/150(kPa)
	相位差	0°/45°/90°/135°/180°
超固结性	OCR	1.0/2.0/3.0/4.0

2.试验过程与参数控制

GCTS 双向动三轴试验过程可划分为 4 个阶段。

1)试验准备阶段

仪器传感器标定清零。传感器的精确度直接决定了试验结果的可靠度。试验结果最终是以数据形式呈现出来的,如果传感器的读数不准确,采集到的数据不可靠,那么试验就是失败的,所以在试验开始之前要标定孔压、反压、围压、轴压传感器的精度。前三者通过打开与之对应的排水阀使之与大气联通进而相对于大气压清零,轴压在轴向杆件未接触时清零。

2)装样与反压饱和

将制备的饱和土样放入套有橡皮膜的套筒内,保证试样完整和橡皮膜平展,拔去吸球,橡皮膜自然吸附在试样外壁[见图 5-15(a)]。将试样及套筒移至仪器基座上,拔去套筒,按照仪器使用说明书及规范要求安装试样[见图 5-15(b)]。安装完毕后,执行饱和程序。由于膨胀土较难饱和,试验采用底部反压与顶部抽气饱和相结合的办法进行,即围压、反压在程序控制下缓慢匀速同时分别达到目标值 120 kPa、100 kPa,同时利用压力/体积控制器上的文氏真空泵从试样顶部抽气。饱和结束后程序可自动进行饱和度测算,当饱和度达到 90%以上时方可进行下一步试验。

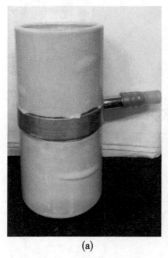 

(a)　　　　(b)

图 5-15　装样过程

3）试样固结

固结荷载按照试验参数表分步有序的施加，控制施加的荷载包括：围压、轴向压力。加荷速率控制为围压不超过 10 kPa/min，轴压不超过 0.01 kN/min。打开排水阀及排气阀，进行固结，固结完成的标准为 2 h 内试样的轴向变形不大于 0.01 mm，此过程一般持续 14~18 h。

4）试样振动

固结完成后，开始进行振动试验，选用正弦波，振动频率为 1 Hz，采用轴向分级加荷的振动方法，分级起始荷载为 30 kPa，分级步长为 10~20 kPa，每级荷载振动 5 个循环，振动过程中关闭排水阀。每级荷载振动结束后打开排水阀观察孔压变化，待孔压消散后方可执行下一级振动。逐级加荷至试样轴向剪切变形达到 5% 时，结束试验。

试验过程中试验参数按照表 5-4、表 5-5 执行。

表 5-4　不同受荷状态下动力特性试验参数

试样编号	围压/kPa	围压振幅/kPa	相位差	初始偏应力/kPa
1~4			0	0、50、100、150
5~8			45°	0、50、100、150
9~12	100	35	90°	0、50、100、150
13~16			135°	0、50、100、150
17~20			180°	0、50、100、150

表 5-5　超固结性对膨胀土动力特性的影响试验参数

试样编号	初始偏应力/kPa	OCR	围压/kPa
21~23		1.0	50、100、150
24~26	5	2.0	50、100、150
27~29		3.0	50、100、150
30~32		4.0	50、100、150

注：试验仪器要求固结过程中轴向压力比围压略大，故表 5-5 中初始偏应力设置为 5 kPa。

5.2.2　受荷状态对膨胀土动力特性的影响研究

5.2.2.1　引言

在地震模拟分析中，土的动剪切模量（动弹模量）和阻尼比是土体动力反应分析中重要的参数，而土体的受荷状态对两者均有一定影响。以往在工程抗震设计中，往往只考虑破坏性较强的水平向剪切波的作用，然而在强震尤其是极震区竖向振动的破坏性也不可忽视，且两者之间一般存在相位差，即两者一般不是同步振动。土体中初始偏应力对土的动力特性也有很大影响且研究较多，然而针对相位差和初始偏应力对土体动剪切模量和阻尼比的影响以及两者的耦合作用的研究还不多见。本节就受荷状态（初始偏应力与相位差）对膨胀土动力参数（动剪切模量与阻尼比）的影响进行了研究。

5.2.2.2　动剪切模量与阻尼比函数

在周期荷载作用下，土的动应力-应变关系具有 3 个基本特点：非线性、滞后性、应变累积性。当动荷载较小时,变形以可恢复变形为主,土体主要表现为弹性;当动荷载较大时,不可恢复变形逐渐累积,土体主要表现为塑性。目前,应用广泛的是 Hardin-Drnevich 等效线性模型,它把土视为黏弹性介质,采用等效的剪切模量(G)和等效的阻尼比(D)两个参数来反映土的动应力-应变关系的两个基本特征(非线性和滞后性),并且将模量与阻尼比均表示为动应变幅值的函数,即 $G=G(\gamma_d)$ 和 $D=D(\gamma_d)$。这种模型概念明确、应用方便,故而得到了广泛应用。本节以 Hardin-Drnevich 等效线性模型为出发点,研究了初始偏应力和相位差对动剪切模量和阻尼比的影响。

土体的动应力-应变关系非线性和滞后性的特征如图 5-16 所示。土体的非线性可以从试验结果的骨干曲线反映出来,骨干曲线是受同一固结压力作用的土在动应力作用下每一周期应力-应变滞回曲线的顶点连线,如图中曲线①所示,等效动剪切模量的非线性可由骨干曲线的非线性体现。土体动应力-应变滞回曲线反映了其滞后性的特征,同时也反映了土体的黏性特性,主要体现为变形滞后于应力,如图中曲线②所示,一般用阻尼比定量反映土体的滞后性。在该模型分析中动剪切模量和阻尼比定义如下:

$$G_d = \frac{\tau_d}{\gamma_d} \tag{5-11}$$

$$D = \frac{A_0}{\pi A_T} \tag{5-12}$$

式中:A_0 为滞回曲线②所围成的面积;A_T 为三角形 abc 的面积。

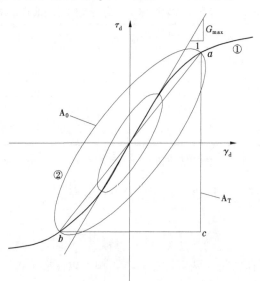

图 5-16　土的动应力-动应变关系曲线

由图 5-16 中骨干曲线可以看出,当滞回圈足够小时,即骨干曲线在原点附近时,切线斜率最大,也就是最大动剪切模量 G_{dmax}。

1. 动剪切模量函数

Hardin 等通过大量土动力学试验发现土体在周期荷载作用下,土体的应力-应变骨干曲线呈双曲线型,其数学表达式可以写为

$$\tau_{d} = \frac{\gamma_{d}}{\dfrac{1}{G_{dmax}} + \dfrac{\gamma_{d}}{\tau_{dmax}}} \tag{5-13}$$

式中：G_{dmax} 为最大动剪切模量；τ_{dmax} 为最大动剪应力。

定义：$a = \dfrac{1}{G_{dmax}}$；$b = \dfrac{1}{\tau_{dmax}}$

则式(5-13)可以改写为

$$\tau_{d} = \frac{\gamma_{d}}{a + b\gamma_{d}} \tag{5-14}$$

动剪切模量 G_{d} 可表示为

$$G_{d} = \frac{\tau_{d}}{\gamma_{d}} = \frac{1}{a + b\gamma_{d}} \tag{5-15}$$

对 a、b 的物理意义进行分析，由图 5-16 可知，原点处应力-应变骨干曲线的斜率最大，即 G_{dmax} 为 $\gamma_{d} \to 0$ 时的 G_{d} 值；当动剪应变逐渐增大时，动剪应力逐渐趋于稳定值，亦即最大值，即 τ_{dmax} 为 $\gamma_{d} \to \infty$ 时的 τ_{d} 值

$$G_{dmax} = \lim_{\gamma_{d} \to 0} G_{d} = \lim_{\gamma_{d} \to 0} \frac{1}{a + b\gamma_{d}} = \frac{1}{a} \tag{5-16}$$

$$\tau_{dmax} = \lim_{\gamma_{d} \to \infty} \tau_{d} = \lim_{\gamma_{d} \to \infty} \frac{\gamma_{d}}{a + b\gamma_{d}} = \frac{1}{b} \tag{5-17}$$

因此，只要根据试验结果和经验得到 G_{dmax}、τ_{dmax}，就可以根据式(5-15)得出任意剪应变 γ_{d} 对应的动剪切模量 G_{d}。

2. 阻尼比函数

假定一个土体就是一个振动体系，这个体系在振动过程中由于土颗粒间的摩擦咬合、位置调整而消耗能量，这种现象称为阻尼。如果阻尼力很大，以至于体系根本振动不起来，这时的阻尼称为超阻尼，在正常情况下体系可以振动的阻尼称为弱阻尼，那么在体系能否振动的临界点的阻尼称为临界阻尼，这时的阻尼系数称为临界阻尼系数，阻尼比即是土体阻尼系数与临界阻尼系数的比值。

根据 Hardin-Drnevich 等效黏弹性模型，等效阻尼比为实际阻尼系数 c 与临界阻尼系数 c_{cr} 之比，阻尼比反映了土动应力-动应变关系的滞后性，即

$$D = \frac{c}{c_{cr}} = \frac{\Delta W}{4\pi W} \tag{5-18}$$

式中：ΔW 为每一周期所消耗的能量；W 为每一周期作用总能量。

在应力-应变关系曲线中，曲线与横轴围成面积的物理意义即为单位土体所储存的应变能 W，那么一个循环荷载所储存的能量为

$$W = \frac{1}{2}\tau_{max}\gamma_{max} \tag{5-19}$$

即如图 5-16 所示，其几何意义可以用滞回圈②和三角形 abc 的面积表示，则式(5-18)可以改写为

$$D = \frac{\text{滞回圈面积}}{\pi \cdot \text{三角形 } abc \text{ 面积}} = \frac{A_0}{\pi A_{\mathrm{T}}} \tag{5-20}$$

5.2.2.3　相位差影响下的试样 45°平面应力分析

早期通过单向动三轴试验研究土样的动力特性,后期随着研究的深入,开始开展双向动三轴试验,然而由于技术的种种限制,经常会使得研究结果不尽如人意,为进一步深入研究双向振动下的动力特性,有必要从理论与试验相结合的角度出发进行研究。试样在承受双向振动荷载时,最受关注的当然是最易破坏面上的应力状况,可以通过计算分析大致得到试样破坏面的大致受力状况,结合试验现象和结果分析试样的动力特性。

1. 最大应力理论分析

根据材料力学,试样在静力条件下,承受 σ_1、σ_3 时,任一平面(平面外法线方向与大主应力方向夹角为 θ)上的法向应力 σ_θ 与剪应力 τ_θ 可以表示为

$$\left. \begin{aligned} \sigma_\theta &= \frac{1}{2}(\sigma_1 + \sigma_3) + \frac{1}{2}(\sigma_1 - \sigma_3) \cdot \cos(2\theta) \\ \tau_\theta &= \frac{1}{2}(\sigma_1 - \sigma_3) \cdot \sin(2\theta) \end{aligned} \right\} \tag{5-21}$$

式中:σ_1、σ_3 为作用在单元土体上的最大、最小主应力,将试样受力分析得到的式(5-10)代入式(5-21),进而得到试样在双向振动下的平面应力状态。

$$\left. \begin{aligned} \sigma_\theta &= \frac{1}{2}\big[(k+1)\sigma_{\mathrm{c}} + \sigma_{\mathrm{dv}} \cdot \sin(\omega t) + \sigma_{\mathrm{dh}} \cdot \sin(\omega t + \Delta\varphi)\big] + \\ &\quad \frac{1}{2}\big[(k-1)\sigma_{\mathrm{c}} + \sigma_{\mathrm{dv}} \cdot \sin(\omega t) - \sigma_{\mathrm{dh}} \cdot \sin(\omega t + \Delta\varphi)\big]\cos 2\theta \\ \tau_\theta &= \frac{1}{2}\big[(k-1)\sigma_{\mathrm{c}} + \sigma_{\mathrm{dv}} \cdot \sin(\omega t) - \sigma_{\mathrm{dh}} \cdot \sin(\omega t + \Delta\varphi)\big]\sin 2\theta \end{aligned} \right\} \tag{5-22}$$

当 $\theta = 45°$时,$\sin 2\theta = 1$,$\cos 2\theta = 0$ 时,则上式可以简化为:

$$\left. \begin{aligned} \sigma_{45°} &= \frac{1}{2}\big[(k+1)\sigma_{\mathrm{c}} + \sigma_{\mathrm{dv}} \cdot \sin(\omega t) + \sigma_{\mathrm{dh}} \cdot \sin(\omega t + \Delta\varphi)\big] \\ \tau_{45°} &= \frac{1}{2}\big[(k-1)\sigma_{\mathrm{c}} + \sigma_{\mathrm{dv}} \cdot \sin(\omega t) - \sigma_{\mathrm{dh}} \cdot \sin(\omega t + \Delta\varphi)\big] \end{aligned} \right\} \tag{5-23}$$

上式经过三角函数变换可以改写为:

$$\left. \begin{aligned} \sigma_{45°} &= \frac{1}{2}(k+1)\sigma_{\mathrm{c}} + \sqrt{A^2 + B^2} \cdot \sin(\omega t + \delta) \\ \tau_{45°} &= \frac{1}{2}(k-1)\sigma_{\mathrm{c}} + \sqrt{B^2 + C^2} \cdot \sin(\omega t - \psi) \end{aligned} \right\} \tag{5-24}$$

式中:$A = \frac{1}{2}(\sigma_{\mathrm{dv}} + \sigma_{\mathrm{dh}} \cdot \cos\Delta\varphi)$;$B = \frac{1}{2}\sigma_{\mathrm{dh}} \cdot \sin\Delta\varphi$;$C = \frac{1}{2}(\sigma_{\mathrm{dv}} - \sigma_{\mathrm{dh}} \cdot \cos\Delta\varphi)$;

$\delta = \arcsin \dfrac{B}{\sqrt{A^2 + B^2}}$;$\psi = \arcsin \dfrac{B}{\sqrt{B^2 + C^2}}$。

则试样 45°平面上最大正应力与最大剪应力可以表示为

$$\sigma_{45°\max} = \frac{1}{2}(k+1)\sigma_c + \sqrt{A^2 + B^2}$$

$$= \frac{1}{2}(k+1)\sigma_c + \frac{1}{2}\sqrt{\sigma_{dv}^2 + \sigma_{dh}^2 + 2 \cdot \sigma_{dv} \cdot \sigma_{dh} \cdot \cos\Delta\varphi}$$

$$\tau_{45°\max} = \frac{1}{2}(k-1)\sigma_c + \sqrt{B^2 + C^2}$$

$$= \frac{1}{2}(k-1)\sigma_c + \frac{1}{2}\sqrt{\sigma_{dv}^2 + \sigma_{dh}^2 - 2 \cdot \sigma_{dv} \cdot \sigma_{dh} \cdot \cos\Delta\varphi}$$

$$\tag{5-25}$$

根据上式可知,固结比(初始偏应力)与相位差均对最大应力有影响。同等条件下,随着固结比 k 即初始偏应力的增加,$\sigma_{45°\max}$ 与 $\tau_{45°\max}$ 均增加;当 $\Delta\varphi=0$ 时,$\sigma_{45°\max}$ 取得极大值;当 $\Delta\varphi=180°$ 时,$\tau_{45°\max}$ 取得极大值,当径向与轴向循环荷载相位差为 $180°$ 时,试样最容易发生屈服破坏。

2. 试验方案最大应力比较

根据试验方案,设定的相位差为 0、45°、90°、135°、180°,初始偏应力为 0、50 kPa、100 kPa,围压为 100 kPa,围压振幅为 35 kPa。由于轴向振幅逐级增加,现选取轴向振幅为 70 kPa 进行比较,根据式(5-25)分别计算出最大正应力与剪应力,计算结果如表 5-6 所示。为直观反映相位差与初始偏应力的影响,将以上数据进行整理,如图 5-17 所示。通过对特定试样受力状态的理论分析可知,初始偏应力和相位差对试样 45°平面最大剪应力有较大影响。随着初始偏应力的增加,最大正应力与剪应力均增大;而随着轴向与径向振动相位差 $\Delta\varphi$ 的增大,最大正应力减小,最大剪应力增大。

表 5-6　不同受荷状态下最大应力对比分析结果

相位差 $\Delta\varphi$		偏应力为 0 kPa	与 $\Delta\varphi=0°$ 时对比/%	偏应力为 50 kPa	与 $\Delta\varphi=0°$ 时对比/%	偏应力为 100 kPa	与 $\Delta\varphi=0°$ 时对比/%
0°	$\sigma_{45°\max}$	152.5	0	177.5	0	202.5	0
	$\tau_{45°\max}$	17.5	0	42.5	0	67.5	0
45°	$\sigma_{45°\max}$	149.0	−2.3	174.0	−2.0	199.0	−1.7
	$\tau_{45°\max}$	25.8	47.4	50.8	19.5	75.8	12.3
90°	$\sigma_{45°\max}$	139.1	−8.8	164.1	−7.5	189.1	−6.6
	$\tau_{45°\max}$	39.1	123.6	64.1	50.8	89.1	32
135°	$\sigma_{45°\max}$	125.8	−17.5	150.8	−15.0	175.8	−13.2
	$\tau_{45°\max}$	49.0	180	74.0	74.1	99.0	46.7
180°	$\sigma_{45°\max}$	117.5	−22.9	142.5	−19.7	167.5	−17.3
	$\tau_{45°\max}$	52.5	200	77.5	82.4	102.5	51.9

5.2.2.4　试验结果分析

1. 试验结果

本书选择基本稳定的第 5 个循环的数据作为计算动剪切模量的依据,按照式(5-15)、

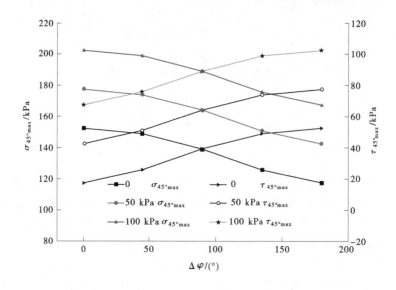

图 5-17　试样最大应力随相位差和初始偏应力变化曲线

式(5-20)分别计算该级荷载下的动剪切模量和阻尼比,为保证计算结果的精确性,应用 CAD 绘图软件计算滞回圈的面积。

不同相位差下双向振动中轴向和侧向循环应力之间的关系如图 5-18 所示,理论上相位差为 0 和 180°时,轴向和侧向循环应力关系为一条直线,该直线的斜率取决于轴向和侧向循环应力幅值的比值;当相位差为 90°时,关系曲线是一个圆周,圆周形状同样取决于轴向和侧向循环应力幅值的比值。可见试验数据点基本符合理论规律。

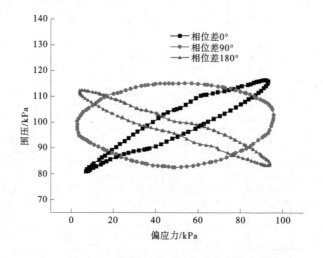

图 5-18　不同相位差时,轴向与侧向循环应力关系
(初始偏应力 50 kPa,偏应力幅值 100 kPa,第 5 个循环)

图 5-19 展示了相位差为 90°时的应力、应变时程曲线,仪器从第 3 个循环开始基本实

现了轴向压力与围压相位差的控制,满足相位差预期设置,轴向应变与加载波形响应
吻合。

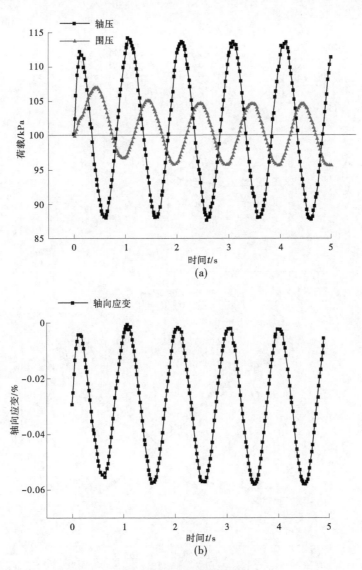

(a)

(b)

图 5-19　应力、应变时程曲线(相位差 90°)

图 5-20、图 5-21 给出了不同初始偏应力和相位差条件下试样的动剪切模量 G、阻尼
比 D 与动剪应变幅值 γ 的关系曲线,试验结果表明:随着动剪应变幅值 γ 的增加,不同初
始偏应力的动剪切模量 G 均呈衰减趋势,呈现显著的模量衰减现象;同时随着动剪应变
幅值的增大,阻尼比不断增大,并逐渐趋于稳定值。试验结果表明:在 0°~180° 的相位差
范围内,随着相位差的增大,动剪切模量略有增大,阻尼比略有减小,且随着轴向循环荷载
的增大,围压循环荷载的影响逐渐被弱化,进而相位差的影响也逐渐减小,随着初始偏应

力的增大也逐步弱化了相位差的影响,如图 5-20 所示;在初始偏应力 0~150 kPa 内,随着初始偏应力的增大,动剪切模量和阻尼比均增大,且影响幅度较相位差更大,如图 5-21 所示。

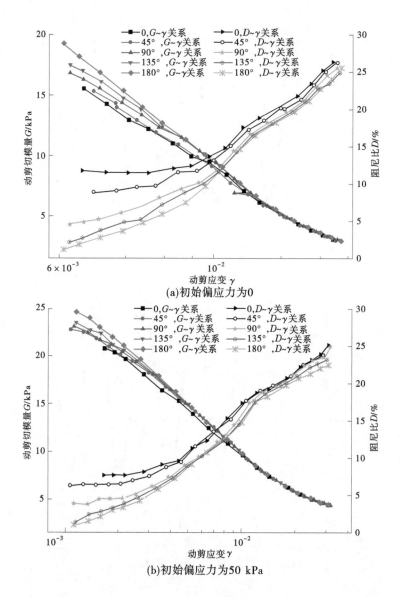

图 5-20　同一初始偏应力不同相位差条件下的试验结果

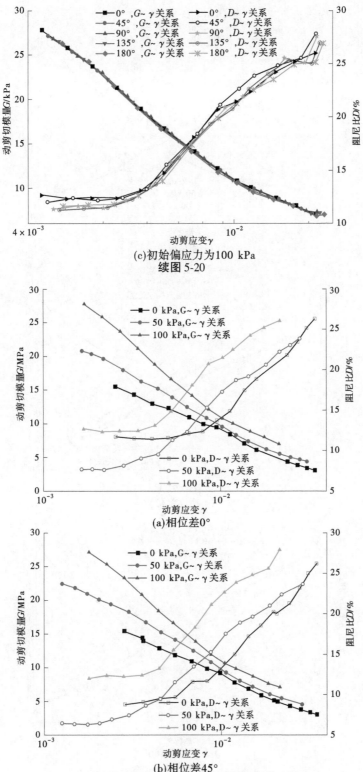

(c)初始偏应力为100 kPa

续图 5-20

(a)相位差0°

(b)相位差45°

图 5-21　同一相位差不同初始偏应力条件下的试验结果

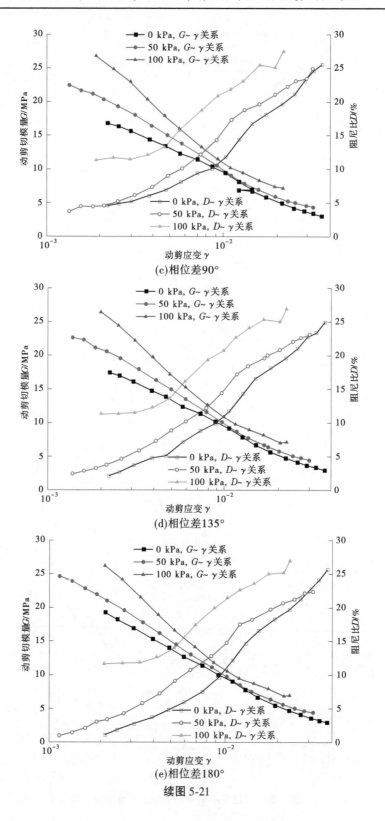

(c)相位差90°

(d)相位差135°

(e)相位差180°

续图 5-21

2. 动剪切模量 G 分析

根据 3.2.1 对 $H-D$ 模型动剪切模量函数的分析,对试验结果进行拟合,拟合结果如图 5-22 所示,可见试验曲线的拟合效果较好,试验数据的离散性较小,即 $H-D$ 模型可以描述膨胀土动应力-应变曲线特征。

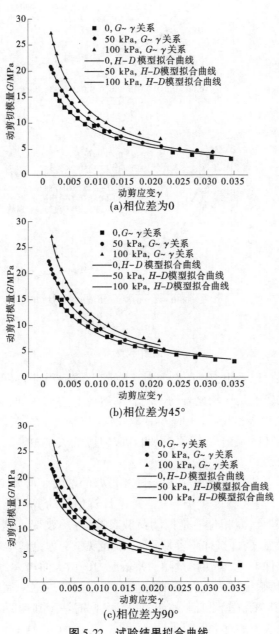

(a)相位差为0

(b)相位差为45°

(c)相位差为90°

图 5-22　试验结果拟合曲线

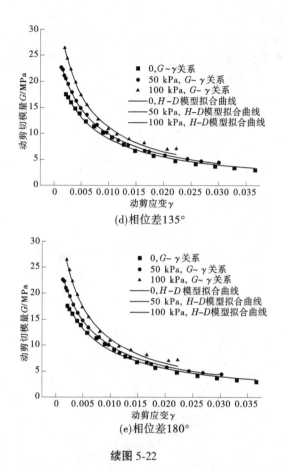

(d)相位差135°

(e)相位差180°

续图 5-22

　　从以上拟合结果可以看出,H-D 模型对于膨胀土的适用性较好,且初始偏应力与相位差对动剪切模量的影响是比较显著的。随着动剪应变 γ 的增加,不同初始偏应力的动剪切模量 G 均呈衰减趋势;当 γ 较小时 G 衰减较快,与 γ 近似呈线性关系;当 γ 达到 2% 左右,G 衰减越来越平缓并趋于稳定值,说明其应力应变关系由非线性向线性过渡,呈现显著的模量衰减现象。

　　在同一初始偏应力条件下,动剪切模量随相位差的增大而增大,变化规律基本与理论计算规律一致,但 G_{max} 增大幅度小于 $\tau_{45°max}$ 理论计算值。动剪切模量越大时,表示动应力-应变曲线的斜率越大,而相位差是振动荷载参数,并不改变土体自身的屈服强度,进而更迅速的达到屈服强度,即试样越容易破坏,试验现象与理论基本符合。

　　在同一相位差条件下,动剪切模量随初始偏应力的增大而增大,且较相位差影响幅度更大,这主要是因为初始偏应力的存在使得土颗粒在固结过程中完成了一部分破碎、运移、咬合和接触点磨损,抵抗剪切变形的能力提高。同时注意到动剪切模量趋向稳定的临界动应变随着初始偏应力的增大而减小。

　　试验数据按照 H-D 模型即式(5-15)拟合后,拟合参数 a、b 结果如表 5-7 所示,按照式(5-16)及式(5-17),a 是最大动剪切模量 G_{max} 的倒数,b 是最大剪应力 τ_{dmax} 的倒数。根据动剪切模量函数的分析,可以得到最大动剪切模量 G_{max},最大动剪切模量是实际工程中经常用到的参数,图 5-23 展示了初始偏应力和相位差对其的影响,试验中初始偏应力对 G_{max} 的放大效应最大可达 176.9%,相比于相位差最大影响幅度的 128.3% 高出不少,可见初始偏应力对 G_{max} 的影响较相位差更显著,另外,初始偏应力越大,相位差的影响越明显;同样相位差越大,初始偏应力的影响也越显著,即两者的耦合作用对 G_{max} 的影响是比较显著的。如若工程忽视两者对 G_{max} 的放大效应而选用较小值,就会造成安全储备折减,对抗震设计不利,故实际工程中应充分考虑两者及其耦合作用对最大动剪切模量的影响。

表 5-7　H-D 模型拟合参数与 G_{max}

相位差 $\Delta\varphi$	初始偏应力 S_d/kPa	试验拟合参数		G_{max}/MPa	与 $\Delta\varphi=0°$ 时对比/%	与 $S_d=0$ kPa 时对比/%
		a	b			
0°	0	0.046 3	7.022 9	21.60	100	100
	50	0.036 7	6.632 1	27.25	100	126.2
	100	0.026 2	6.245 1	38.21	100	176.9
45°	0	0.043 5	7.333 9	22.99	106.4	100
	50	0.036 3	6.430 7	27.25	101.1	119.8
	100	0.025 7	6.256 6	38.97	101.1	169.5
90°	0	0.042 7	6.963 9	23.42	108.4	100
	50	0.035 6	6.449 4	27.55	103.1	119.9
	100	0.025 5	6.263 0	39.20	102.6	167.4
135°	0	0.039 0	7.157 3	25.64	118.7	100
	50	0.034 6	6.582 6	28.09	106.1	112.7
	100	0.025 4	6.354 6	39.42	103.2	153.7
180°	0	0.036 1	7.338 8	27.70	128.3	100
	50	0.032 7	6.867 5	28.90	112.2	110.4
	100	0.025 2	6.441 9	39.71	103.9	143.4

为进一步研究膨胀土动剪切模量变化规律,采用稳定性较好的归一化动剪切模量衰减曲线($G/G_{max} \sim \gamma$)进行分析。将试验结果进行归一化后如图 5-24 所示。图 5-24 中同时给出了 Vucetic 和 Dobry 推荐的关于不同塑性指数黏性土的 $G/G_{max} \sim \gamma$ 平均曲线,其中推荐曲线对应的塑性指数分别为 0~15、15~30、30~50、50~100、100~200,可以看到试验数据散点基本落在 50~100 的区间内,集中到一个狭窄的条带内,属于塑性很强的黏土范围,可见膨胀土比一般饱和黏土具有更高的塑性,另外,可以看出初始偏应力的存在使得土体进入塑性阶段的临界应变值稍微减小。膨胀土相比于一般黏土塑性更高,由于黏聚力的作用,弹性阶段相对较长,当应变较大时才会出现动剪切模量迅速衰减的现象,但一

且出现衰减,衰减速率比一般黏土更高,在抗震设计中应充分考虑。

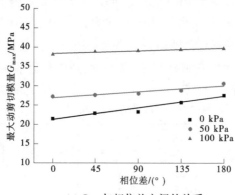

(a) $G_{\max}$ 与相位差之间的关系

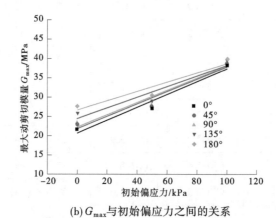

(b) $G_{\max}$ 与初始偏应力之间的关系

图 5-23 $G_{\max}$ 与相位差、初始偏应力的关系

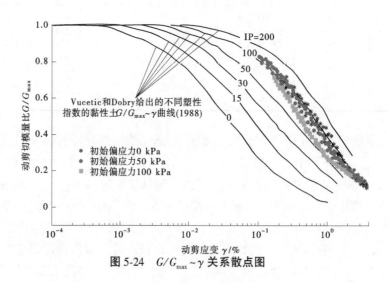

图 5-24 $G/G_{\max}{\sim}\gamma$ 关系散点图

3. 阻尼比 D 分析

阻尼比反映了土体在循环荷载作用下振幅衰减的速度,同时也是振动能量在土体中损失量的体现。试验结果表明,随着动剪应变的增大,阻尼比逐渐增大,且增加的模式与动剪应变有一定关系,如图 5-25 所示。当动剪应变较小时,曲线较陡,阻尼比增长较快,当剪应变振幅达到 1%~1.5% 的临界点时,曲线斜率逐渐减小,有趋于稳定的趋势。初始偏应力对膨胀土阻尼比具有放大效应,且曲线斜率突变临界点应变随着初始偏应力的增大而略有减小,这主要是因为初始偏应力时土体更加密实,振动过程中土颗粒间的摩擦更多更剧烈,消耗能量也就更多;结合图 5-25 中的试验数据,可以发现阻尼比随着相位差的增大而略有减小,且影响幅度小于初始偏应力。

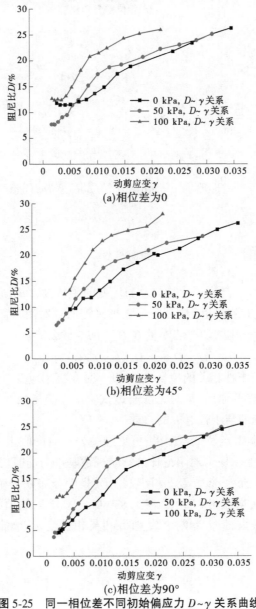

(a)相位差为0

(b)相位差为45°

(c)相位差为90°

图 5-25　同一相位差不同初始偏应力 D~γ 关系曲线

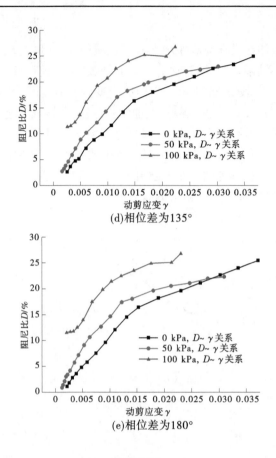

(d)相位差为135°

(e)相位差为180°

续图 5-25

动剪切模量比 G/G_{max} 与阻尼比均是动剪应变的函数,那么阻尼比 D 与动剪应变关系也可以用以 G/G_{max} 为自变量的函数表示。陈国兴等通过对南京新近沉积的粉质黏土研究,提出了阻尼比 D 归一化的动剪切模量 G/G_{max} 的经验公式:

$$D = D_{min} + D_0(1 - G/G_{max})^n \qquad (5\text{-}26)$$

式中:D_{min}、D_0、n 均是与土性相关的拟合参数;D_{min} 是在极小应变时对应的最小阻尼比,与 G_{max} 类似,由于仪器精度等原因,暂时无法通过试验手段获得极小应变下的 D_{min}、G_{max},故 D_{min} 也是通过拟合得到的与土性有关的参数。

图 5-26 展示了试验散点及拟合结果,可见经验公式对膨胀土 $D \sim G/G_{max}$ 曲线的拟合效果较好,相位差与初始偏应力对阻尼比的影响规律基本与动剪切模量一致。

拟合参数如表 5-8 所示,参数 D_0、n 比较稳定,集中分布在一个相对狭窄的范围,D_0 在 27.299 8~34.158 0,均值为 31.0;n 在 1.839 0~4.001 5,均值为 2.9。拟合参数 D_{min} 最小阻尼比变化幅度较大,最大差两个数量级,可见相位差与初始偏应力对其影响很大。

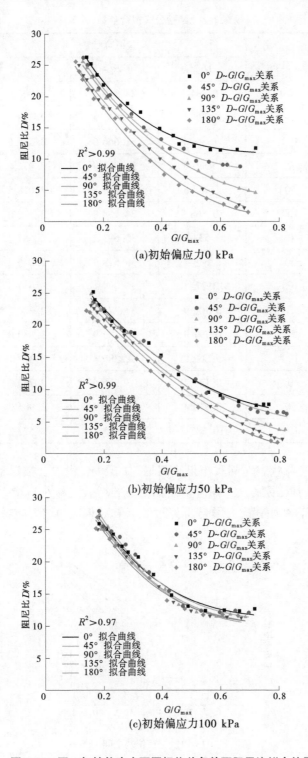

(a)初始偏应力0 kPa

(b)初始偏应力50 kPa

(c)初始偏应力100 kPa

图 5-26　同一初始偏应力不同相位差条件下阻尼比拟合结果

表5-8　经验公式拟合参数

相位差 $\Delta\varphi$	初始偏应力 S_d/kPa	试验拟合参数			R^2
		D_{min}	D_0	n	
0°	0	10.881 3	28.119 2	4.001 5	0.990 4
	50	6.228 3	27.542 5	2.323 5	0.991 8
	100	11.340 8	31.666 6	3.521 6	0.997 4
45°	0	7.980 0	29.003 0	3.472 0	0.994 1
	50	4.988 5	27.299 8	2.028 6	0.994 0
	100	10.868 9	34.158 0	3.500 6	0.980 3
90°	0	3.537 1	30.693 2	2.587 7	0.992 7
	50	2.663 1	30.579 9	2.045 2	0.997 3
	100	10.271 0	34.094 1	3.537 5	0.984 3
135°	0	0.106 9	32.274 1	2.309 7	0.997 9
	50	0.791 9	30.585 9	1.839 0	0.999 1
	100	9.862 9	32.780 3	3.387 1	0.983 0
180°	0	0.178 2	33.516 6	2.763 7	0.996 1
	50	0.119 3	30.131 0	1.906 8	0.998 2
	100	10.285 2	31.975 4	3.577 2	0.983 8

为进一步明确受荷状态对膨胀土最小阻尼比的影响,将拟合数据整理如图5-27所示,拟合结果表明最小阻尼比 D_{min} 随着初始偏应力的增大先减小后增大,随着相位差的增大而减小,相比而言初始偏应力影响幅度更大,且初始偏应力增大能弱化相位差的影响程度。

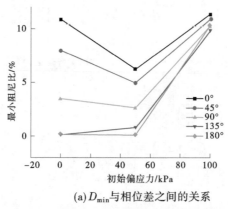

(a) D_{min} 与相位差之间的关系

图5-27　D_{min} 与相位差、初始偏应力的关系

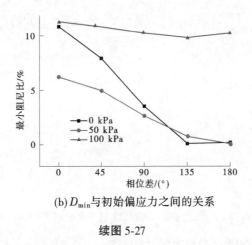

(b) D_{min} 与初始偏应力之间的关系

续图 5-27

5.2.3　膨胀土超固结性对其动力特征的影响

5.2.3.1　引言

　　膨胀土的超固结性与其反复胀缩的特性紧密相关,天然状态下的膨胀土多处于非饱和状态,其细粒含量高,吸力较大,而非饱和土中的吸力引起有效应力,就相当于作用了前期固结应力,南阳膨胀土的前期固结压力达到 150~240 kPa,因此超固结性显著。超固结土处于弹性状态,故强度高且不易压缩,一旦吸水饱和,吸力消失,强度也就显著降低,这也是引起膨胀土边坡失稳的重要因素之一。这是因为超固结性使得刚刚开挖成形的膨胀土边坡表观良好,土体强度很高,不易联想到遇水强度显著降低的特性。本章就超固结性对膨胀土动剪切模量、阻尼比以及动强度的影响进行了研究。

　　试验表明,土体在承受逐级增大的动荷载(荷载振幅增大、振次增大)时,其变形、强度总会经历轻微变化、显著变化、急剧变化 3 个阶段,分别可以称为振动压密阶段、振动剪切阶段、振动破坏阶段。膨胀土作为特殊土的一种,其动应力-动应变曲线特征是否与一般土体一致值得研究。

　　图 5-28 展示了膨胀土在固定振次的逐级施加循环荷载条件下土体变形破坏 3 个阶段的示意图,通常把这 3 个阶段的两个界限动应力称为临界动应力和极限动应力。在振动压密阶段,振动作用的强度较低,加载的循环荷载较小,此时土体结构没有或者只有轻微破坏,相应的变形也就较小,土体变形主要来源于内部土颗粒位置调整填充空隙,宏观表现为振动压密。在振动剪切阶段,动应力超过了临界动应力,变形开始显著增大,此时变形量主要来源于剪切变形。在振动破坏阶段,动应力达到了极限动应力,此时变形急剧增大,较小动应力增量就能引起很大甚至不可控应变,标志着土体失稳破坏。显然循环荷载作用下的土处于不同的阶段时,其动力响应水平也会有差异。对于土体动力稳定性而言,第 1 阶段危害性是较小的,第 3 阶段基本是破坏性的,而第 2 阶段应视具体情况而定,不同建筑物级别的要求不同。

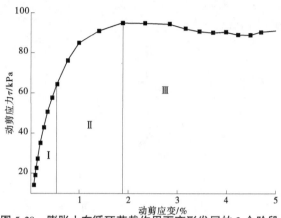

图 5-28 膨胀土在循环荷载作用下变形发展的 3 个阶段

5.2.3.2 膨胀土超固结性对其动力特性的影响

为模拟实现膨胀土超固结特性,试样在既定前期固结压力下固结,试样轴向形变速率小于 0.01 mm/2 h 时,认为其前期固结应力作用完毕,按照相同速率卸载至指定围压固结,后期固结作用完毕的判断方式同上,进而得到具有一定超固结比的膨胀土试样。超固结模拟完成后,按照既定振动试验方案以逐级加载的方式振动 5 个循环,振动方式为单向振动,当动剪应变 γ 超过 5% 即停止试验,按照第 3 章的方法获得动剪切模量与阻尼比,分析其动力特性变化规律。

图 5-29、图 5-30 展示了不同超固结比(OCR)、不同围压下的动三轴试验结果。试验结果表明,同一围压下,OCR 较大时,同一应变水平下的动剪切模量和阻尼比也较大,随着应变的增大,影响程度逐渐减弱,并最终趋于同一稳定值附近,且相同应变范围内 OCR 越大,模量的衰减量也越大;同一超固结比条件下,试样固结围压较大时,同一应变水平下的动剪切模量和阻尼比也较大。相比而言,动剪切模量随 OCR 和围压的变化规律较稳定。

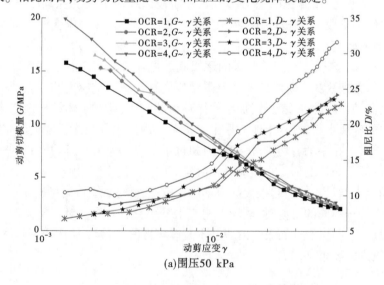

(a)围压50 kPa

图 5-29 同一围压不同固结比条件下的试验结果

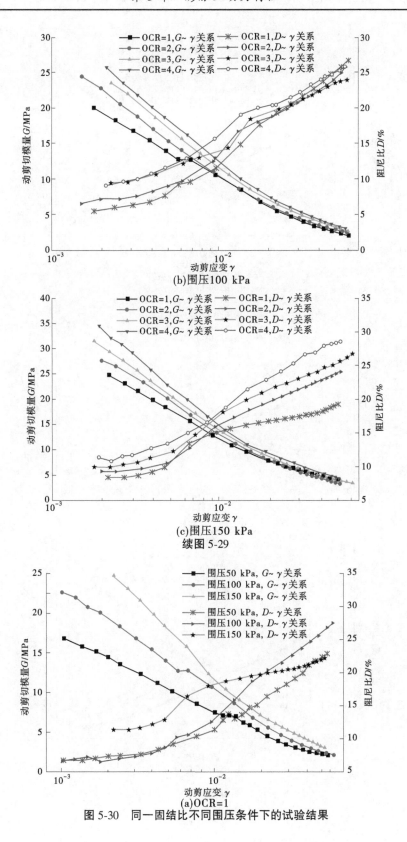

(b)围压100 kPa

(c)围压150 kPa

续图 5-29

(a)OCR=1

图 5-30　同一固结比不同围压条件下的试验结果

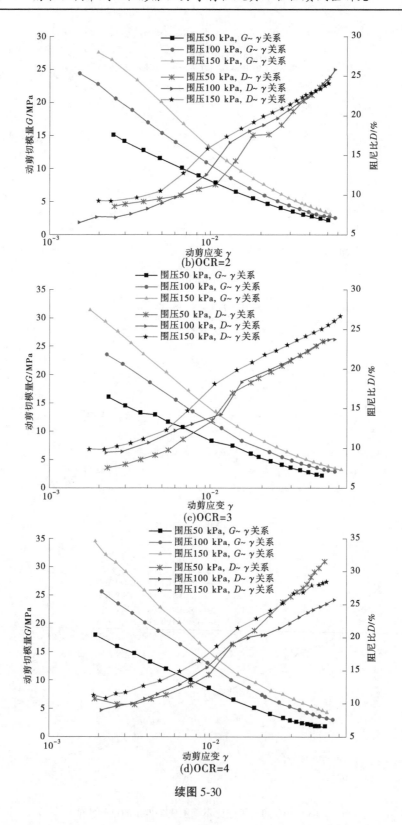

(b)OCR=2

(c)OCR=3

(d)OCR=4

续图 5-30

动剪切模量表征土体的抗剪切能力,而抗剪切能力受土体内部孔隙与颗粒结构影响很大。在前期固结应力作用下,重塑试样的土颗粒因发生转动、平动、团粒破碎等而出现重新排列,但联结相对比较脆弱,待前期固结压力卸载后,试样体积出现轻微回弹膨胀,仍会保留一定量的残余塑性变形,且塑性变形量随 OCR 的增大而增大,土颗粒间的结构随之变化,土体更加密实,抗剪切能力也随之提高。由于后期固结压力较小,土颗粒间的咬合作用由强逐渐转弱,故逐级加载过程中出现了较正常固结土更为显著的模量衰减现象,且 OCR 越大,动剪切模量衰减越严重,即相同条件下,OCR 越大,应变较小($<10^{-2}$)时动剪切模量也越大,由于其最终基本趋于一致,衰减量就越大。围压的影响机制与超固结性类似,围压的增大使得土颗粒间空隙减小、咬合力增强,抗剪切能力提高,表现为动剪切模量增大。

1. 膨胀土超固结性对动剪切模量的影响

为进一步研究超固结性对膨胀土动剪切模量的影响,基于 H-D 模型对试验数据进行拟合,拟合结果如图 5-31 所示,结果表明,试验数据的拟合效果较好,离散性较小,可见超固结性对 H-D 模型在膨胀土中的适用性影响很小。

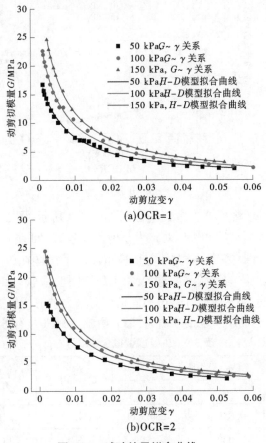

(a)OCR=1

(b)OCR=2

图 5-31 试验结果拟合曲线

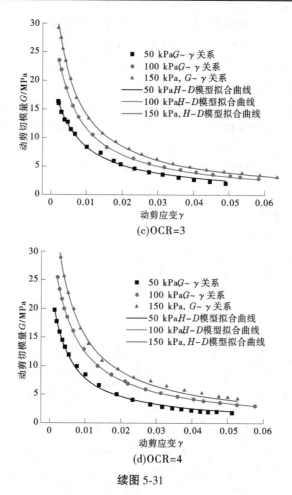

续图 5-31

根据上述拟合结果,将拟合参数归纳分析如表 5-9 所示,图 5-32 反映了超固结比和围压对 G_{max} 的影响,超固结比和围压对最大动剪切模量 G_{max} 影响比较显著,随 OCR 的增加 G_{max} 的最大增幅达 45%左右,最大动剪切模量反映了试样在极小应变($<10^{-6}$)下的刚度,故超固结性越强,土体的初始刚度越大,由于最终刚度基本一致,相应的衰减量也就越大,在实际工程抗震设计中,应充分考虑超固结性对最大动剪切模量及衰减的影响。同时注意到,随着围压的增大,G_{max} 也逐渐增大,最大增幅达 95%左右,这与实际是一致的。

表 5-9 $H-D$ 模型拟合参数与 G_{max}

OCR	围压 σ_c/kPa	试验拟合参数		G_{max}/MPa	与 OCR=1 时对比/%	与 σ_c=50 kPa 时对比/%
		a	b			
1.0	50	0.056 4	6.463 1	17.73	100	100
	100	0.038 2	6.451 5	26.17	100	147.6
	150	0.030 6	4.807 8	32.68	100	184.3

续表 5-9

OCR	围压 σ_c/kPa	试验拟合参数		G_{max}/MPa	与 OCR=1 时对比/%	与 σ_c=50 kPa 时对比/%
		a	b			
2.0	50	0.048 8	7.500 2	20.48	115.5	100
	100	0.031 4	6.469 9	31.83	121.6	155.4
	150	0.029 8	5.563 6	33.51	102.5	163.6
3.0	50	0.046 5	7.185 1	21.52	121.4	100
	100	0.029 8	5.563 6	33.51	128.0	155.7
	150	0.023 8	4.666 4	42.03	128.6	195.3
4.0	50	0.038 3	8.704 3	26.12	147.4	100
	100	0.028 5	5.135 6	35.12	134.2	134.5
	150	0.021 1	4.402 9	47.51	145.4	181.9

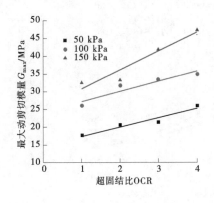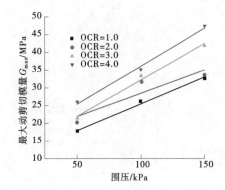

图 5-32　G_{max} 与超固结比、围压的关系

2. 膨胀土超固结性对阻尼比的影响

阻尼比反映了振动过程中的能量损失,与土体的密实度紧密相关,试验结果可以发现,阻尼比大致随 OCR 和围压的增大而增大,如图 5-29、图 5-30 所示,两者都使得土体孔隙比减小,土颗粒间的距离减小、摩擦力增大,振动过程中能量消耗增加。

超固结性对最大动剪切模量有放大效应,对应于小应变时的最小阻尼比 D_{min} 应该也有一定的规律性。把试验结果按照第 5 章中式(5-26)进行拟合,拟合结果如图 5-33 所示,公式的拟合效果较好,可见超固结比 OCR 对 D-G/G_{max} 关系曲线有一定影响,随着 OCR 的增大,曲线略有上升,但幅度较小,且中间穿插有反常现象,总体来讲影响较小。

为进一步研究 OCR 对阻尼比的影响,拟合参数归纳如表 5-10 所示,经验公式的拟合效果较好,拟合参数比较稳定,集中分布在一个相对狭窄的范围,D_{min} 在 5.877 4～10.496 3,均值为 8.1;D_0 在 17.627 1～28.415 1,均值为 23.1;n 在 1.777 4～4.465 0,均值为 2.8。最小阻尼比 D_{min} 随着超固结比增大而略有增大。

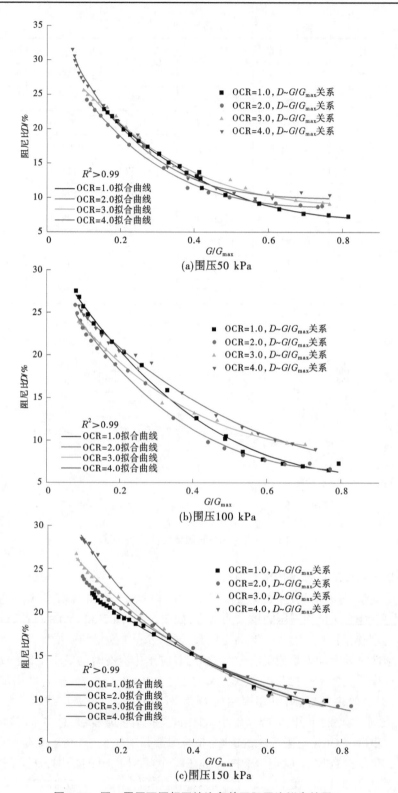

图 5-33　同一围压不同超固结比条件下阻尼比拟合结果

表 5-10　经验公式拟合参数

围压 σ_c/kPa	OCR	试验拟合参数			R^2
		D_{min}	D_0	n	
50	1.0	6.863 6	25.604 2	2.792 8	0.993 9
	2.0	8.439 7	24.577 1	3.828 1	0.992 4
	3.0	8.896 9	23.493 6	3.115 5	0.991 1
	4.0	9.848 5	28.415 1	4.465 0	0.994 2
100	1.0	5.877 4	26.398 3	2.621 0	0.995 3
	2.0	6.240 5	23.852 9	3.044 0	0.992 3
	3.0	8.786 7	19.759 2	2.875 8	0.993 6
	4.0	7.582 9	21.650 6	2.167 2	0.994 7
150	1.0	7.891 3	17.627 1	1.777 4	0.993 4
	2.0	8.110 2	19.067 6	1.915 0	0.995 1
	3.0	8.385 6	21.429 0	2.280 7	0.995 3
	4.0	10.496 3	24.957 1	3.183 3	0.998 1

5.2.3.3　膨胀土超固结性对其强度的影响

动荷载的作用效果由动应力幅值和作用持续时间(循环次数)共同决定,故动强度指的是土体在动荷载作用下开始发生破坏的动应力幅值或循环次数,即某一动应力幅值下的循环次数或者某一循环次数下的动应力幅值均可视为指定条件下的动强度表达方式。由于土力学中强度经常与应力联系起来,动强度常常表述为某一循环次数下的动应力幅值,再与常规三轴试验结合起来,把不同固结条件下的摩尔应力圆的公切线用库伦公式表示,即可得到动抗剪强的指标,动内摩擦角 φ_d 和动黏聚力 c_d。通过强度参数的变化规律来反映超固结对膨胀土动强度特性的影响。鉴于地震荷载振动复杂、幅值大、频率低、历时短,本书针对 5 个循环振次下的动强度进行研究,振动形式为单向振动,振动频率 1 Hz,振动波形为正弦波。

1. 动应力–应变曲线特征

图 5-34、图 5-35 展示了不同试验条件下的试验结果,膨胀土的动剪应力–动剪应变曲线 3 阶段特征显著,曲线形态基本一致,即随着剪应变的增大,动剪应力逐渐趋于稳定值,呈现微弱的应变软化现象。应变振幅较小时(<1%)曲线受超固结比影响较小,随着动剪应变增加,曲线差异逐渐增大,表现为随着超固结比的增加,同一动剪应变对应的动剪应力也越大,与围压的影响规律一致。

对于重塑土而言,前期固结压力越大,试样土颗粒间的咬合越充分,孔隙比越小,体积变化越大,相应的试样强度也就越高,卸载至统一恒定围压后,试样体积开始反弹,但由于膨胀土黏性高,塑性强,故 OCR 越大,前期固结压力下的残余变形也就越大,统一恒定围压固结后的试样就越密实,相应的抵抗循环荷载的能力也就越强。

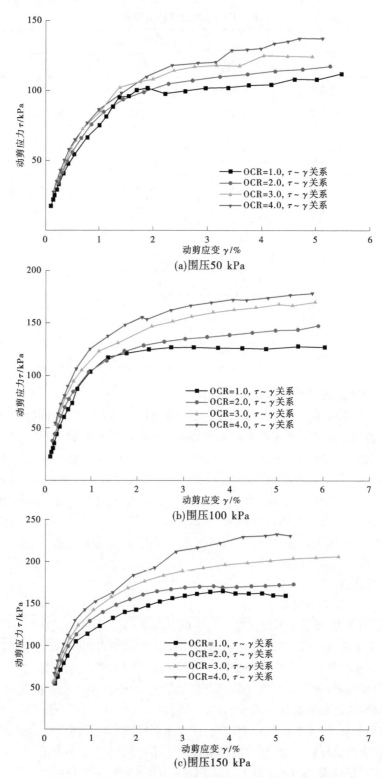

图 5-34　同一围压不同超固结比条件下 $\tau\sim\gamma$ 关系曲线

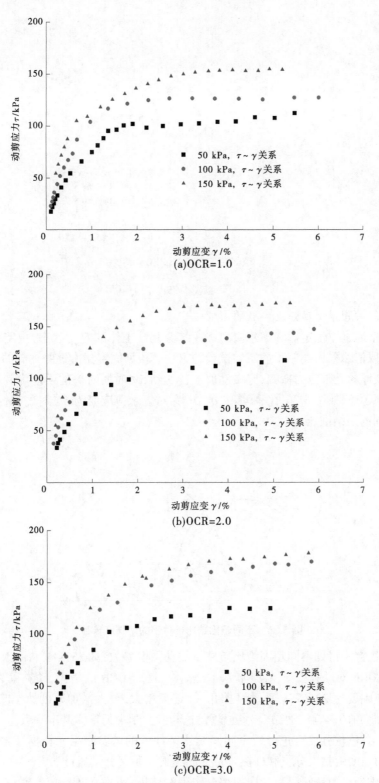

图 5-35　同一固结比不同围压条件下的 $\tau \sim \gamma$ 关系曲线

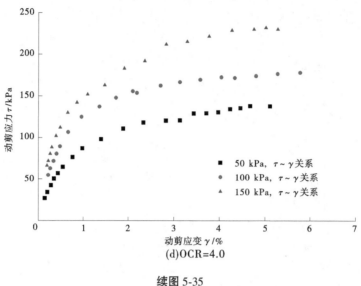

(d)OCR=4.0

续图 5-35

2. 超固结对膨胀土动强度参数的影响

　　静力学中通过库伦定律和摩尔应力圆相结合判断土体的应力状态,指定振次下的动强度参数求取依然采用类似于静三轴试验的方法。根据固定振次逐级加载的动三轴试验结果,确定试样的极限应力振幅,定义动剪应变达到 5% 时所对应的强度为其动强度。动强度参数求取方法如图 5-36 所示,其中 σ_d、σ_d' 为对应于剪应变为 5% 时的轴向应力振幅,σ_3、σ_3' 为不同的固结围压。

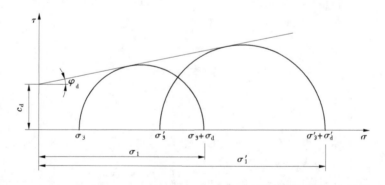

图 5-36　不同超固结比条件下的动强度参数

　　按照上述方法得到不同超固结比条件下的动强度参数,如表 5-11 和图 5-37 所示,试验结果表明 OCR 对动强度参数影响较大。总体上随着 OCR 的增大,动黏聚力 c_d 逐渐减小,最大衰减幅度达 29.67%,而动摩擦角 φ_d 逐渐增大,最大增加幅度达 105.36%,可见 OCR 对动摩擦角的影响比动黏聚力更显著,这与静力学中的规律基本一致。

　　可用摩尔-库伦强度理论分析不同固结比条件下的试验结果。根据摩尔-库伦强度理论,土体的强度由黏聚分量和摩擦分量共同组成。黏聚分量通过强度参数 c 量化反映,黏聚力的本质是土颗粒间引力与斥力综合作用的结果,通常在较小应变时就发挥到最大值并迅速降低,随着超固结比的增大,预压固结变形增大,原有黏聚力逐渐降低其至丧失,而新的黏聚力在短时间内无法形成,故而出现了 c_d 值随超固结比的增大而减小的现象。摩擦分量通过内摩擦角 φ_d 量化反映,摩擦分量的来源主要是土颗粒间表面滑动摩擦和土颗粒(团粒)咬合作用。超固结作用使得土颗粒间距减小,发生滑动的摩擦力与颗粒间的咬合力均增强,故而内摩擦角呈现随超固结比递增的规律。

表 5-11　动强度参数分析

固结比 OCR	动黏聚力 φ_d/kPa	与 OCR=1 时 对比/%	动摩擦角 φ_d/(°)	与 OCR=1 时 对比/%
1.0	38.61	0	10.45	0
2.0	35.37	−8.39	12.61	20.67
3.0	29.67	−23.16	17.58	68.23
4.0	27.11	−29.67	21.46	105.36

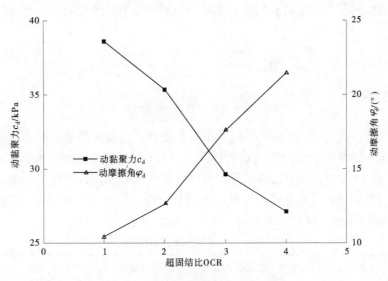

图 5-37　超固结比对动强度参数的影响

3.超固结对膨胀土动应力-应变曲线阶段特征的影响

为进一步研究超固结比对膨胀土动变形与动强度的影响,对膨胀土动应力-应变曲线阶段特征进行分析。循环荷载作用下的边坡土体处于不同的阶段,边坡的振动响应自然表现出不同的结果,对于边坡稳定性影响的差异也就很大,可见对于确定这些不同阶段的界限值、掌握土体所处的状态具有重要意义。应力曲线的转折点也可以用来判断土体所处的阶段,但人为因素较大,若将极限平衡理论引入循环荷载作用下的土体阶段进行判断分析,可以较为清晰地认识土体的发展阶段。试样在围压 σ_c 固结后,开始逐级加载循环荷载,循环次数一致,每级荷载的每一循环可以划分为拉半周与压半周,如图 5-38 所示。在第 I 阶段(振动压密阶段),轴向应力振幅较小,此时土的结构只被轻微破坏,以弹性变形为主,随着振幅的增大,动极限平衡会首先在拉半周某一瞬时达到极限平衡,此时对应的界限轴向应力振幅 σ_{dc} 为临界动力强度,此后土体进入第Ⅱ阶段(振动剪切阶段),此时塑性变形逐渐占据主要地位,随着轴向振幅的进一步增大,压半周的莫尔圆触及动强度包线,达到极限平衡状态,对应的界限轴向应力振幅 σ_{du} 为极限动力强度,此后土体进入第Ⅲ阶段(振动破坏阶段),塑性变形迅速开展,进而土体失稳被破坏。

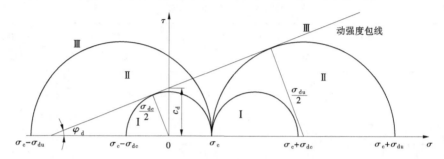

图 5-38　循环荷载下土体阶段性划分

根据上述分析和图 5-38,利用几何关系可以得到临界动力强度 σ_{dc} 和极限动力强度 σ_{du},计算公式如下:

$$\sigma_{dc} = \frac{\sigma_c \cdot \sin\varphi_d + c_d \cdot \cos\varphi_d}{1 + \sin\varphi_d} \tag{5-27}$$

$$\sigma_{du} = \frac{\sigma_c \cdot \sin\varphi_d + c_d \cdot \cos\varphi_d}{1 - \sin\varphi_d} \tag{5-28}$$

按照式(5-27)、式(5-28)得到不同围压下的动变形阶段界限值及其对应应变振幅如表 5-12 所示,前文定义试样破坏的动剪应变为 5%,故极限动力强度即为其对应的轴向动应力振幅。第Ⅰ、Ⅱ阶段的界限值临界动力强度是土体变形由以弹性为主到塑性为主的临界值,利用原始试验数据及差值法可以得到其对应的临界应变振幅 γ_c,进而根据塑性变形开展的早晚分析不同试验条件对土体弹塑性的影响。

表 5-12　动变形阶段界限值

围压 σ_c/kPa	OCR	临界动力强度 σ_{dc}/kPa	临界动应变 γ_c/%	极限动力强度 σ_{du}/kPa	极限动应变 γ_u/%
50	1.0	79.63	1.108	114.90	5
	2.0	74.58	0.822	116.21	5
	3.0	66.64	0.593	124.29	5
	4.0	63.73	0.527	137.20	5
100	1.0	94.98	0.819	137.04	5
	2.0	92.49	0.741	144.13	5
	3.0	89.83	0.548	167.52	5
	4.0	90.50	0.486	194.85	5

续表 5-12

围压 σ_c/kPa	OCR	临界动力强度 σ_{dc}/kPa	临界动应变 γ_c/%	极限动力强度 σ_{du}/kPa	极限动应变 γ_u/%
150	1.0	110.32	0.828	159.18	5
	2.0	110.41	0.638	172.04	5
	3.0	113.02	0.587	210.77	5
	4.0	117.28	0.535	252.50	5

图 5-39 展示了超固结比和围压对临界动剪应变 γ_c 的影响，γ_c 相对集中地分布在 0.5%~1.0%，并呈现一定的规律性。同一围压下，γ_c 随 OCR 的增大而减小，随围压的增大而略微减小，相比而言，OCR 对 γ_c 的影响更为显著。可见在膨胀土动力变形开展过程中，动剪应变 1% 左右是弹塑性变形的分界点，在图 5-34、图 5-35 中体现为曲线由线性阶段向非线性阶段转变，基本与试验现象吻合，证明把极限平衡理论引入循环荷载作用下的土体阶段进行判断分析是可行的。

关于试验现象可以从黏性土的塑性机制和土体内部结构的角度进行解释。黏性土的塑性主要受土颗粒吸着水膜的薄厚影响，土颗粒保持一定厚度的吸着水膜及颗粒间存在公共吸着水膜联结是土具有塑性的必要条件，对于同一类土，塑性大小也就主要受这两类水膜的厚度和数量的影响。土体由土颗粒、团粒按照一定的排列方式相互接触咬合组成，OCR 增大时，前期预固结压力增大，颗粒滑移错位、团粒破碎咬合使得颗粒间的空隙减小，颗粒间更加充分的接触，颗粒间起到联结作用的公共吸着水膜的数量增多，土体的塑性也就随之增强，进而整个土体的弹性应变阶段也就相对减小，故转折点临界应变 γ_c 随 OCR 的增大而减小。

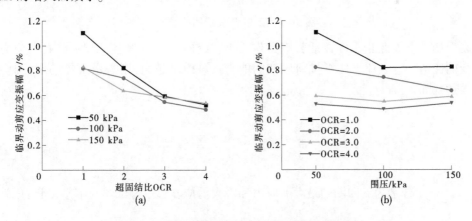

图 5-39　超固结比和围压对临界动剪应变的影响

5.3　动单剪试验

5.3.1　试验方案与步骤

5.3.1.1　试验方案

　　循环动单剪采用输入正弦波型荷载,采用 0~1 Hz 的振动频率。试样在剪切阶段保持试样体积不变,处于可排水状态;对不同试验条件下的试样,采用应力控制,由小到大分级施加水平荷载,每级荷载作用 10 次,所需级数视试样的强度而定,直至试样破坏。试验在 100 kPa、200 kPa、300 kPa 围压下进行。

5.3.1.2　参数计算

　　循环动单剪试验得出的原始数据是剪应力和剪应变的数据点,根据这些数据点可绘制出土的动力学应力应变滞回圈,如图 5-40 所示。根据一系列的滞回圈可得出单个土体的应力–应变关系曲线。

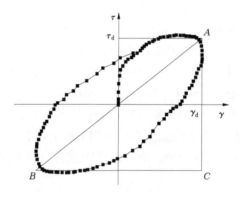

图 5-40　应力–应变滞回曲线

　　动剪切模量 G 是指土体在动剪应力作用下,在弹性变形比例极限范围内,剪应力与剪应变的比值。它表征土体抵抗剪应变的能力。该模量越大,则表示土体的刚性越强。具体表达式如下:

$$G = \frac{\tau_d}{\gamma_d} \tag{5-29}$$

$$\gamma = \frac{\delta_h}{H} \tag{5-30}$$

式中:τ_d 和 γ_d 分别为滞回圈的最大剪应力和最大剪应变;δ_h 为试样的水平位移;H 为试样的高度。

　　土的阻尼比是土动力学中的另一重要特征参数。实际工程土体中的阻尼有两种:一种是土体振动过程中,弹性波向外传播时因波面增大而使能量损失所引起的阻尼,叫作逸散阻尼;另一种是由于土体的滞后效应所产生的内部能量损失,称为材料阻尼。逸散阻尼是数值计算分析中应考虑的问题,一般所说的阻尼指的是材料阻尼,因此本书中主要讨论材料阻尼。

阻尼比 D 为实际的阻尼系数 C 与临界阻尼系数 C_{cr} 之比,它反映了土体动应力-应变关系的滞后性。本书中阻尼比的确定方法如图 5-40 所示:

$$D = \frac{S_{滞回圈}}{\pi \times S_{\Delta ABC}} \tag{5-31}$$

式中:$S_{滞回圈}$ 是图中椭圆形滞回圈的面积;$S_{\Delta ABC}$ 是图中三角形 ABC 的面积。其中滞回圈的面积采用 Matlab 软件中的 polyarea( )命令编写程序进行计算。

5.3.1.3　试验仪器

循环单剪仪是直剪仪的改进型,它克服了直剪试验的 3 个缺点:剪应变分布不均匀、剪切面是预先固定的一个平面以及不能控制排水条件。循环动单剪试验是对试样施加周期剪力,测试土的动强度、动剪切模量和阻尼比。循环单剪仪的试样都是在 K_0 应力条件下固结的,周期剪切时主应力的大小和方向都与天然土层受到的实际情况相近,因此被认为是一种较好的室内动力测试仪器。动单剪试验所用仪器为循环动单剪试验仪器,如图 5-41 所示。

图 5-41　循环动单剪试验仪器

单剪试验虽然能较好地模拟土层的天然应力条件,但是也存在一些缺点,主要是试样的应力分布不均匀。土样在剪切时发生畸形,引起顶部和底面上的法向应力在边缘处增大,剪应力在试样中部较大,使试样的受力状态不能完全符合天然土层中的应力状态。

5.3.1.4　试样制备

试验用土采自南水北调中线禹州段,基本物性指标见 2.3.2 节。

(1)先将土样风干至易碾散为止,将碾散的土样过 2 mm 筛,并对风干土测定其风干含水量。

(2)在制样过程中,根据最佳含水量和最大干密度,计算出所需风干土的质量和纯水的质量,然后将纯水倒入风干土中进行均匀搅拌,将搅拌均匀的土样用塑料袋密封,再放入土样养护缸中养护 24 h。

(3)用静压法对试样进行制备,成型后的大试样直径为 9 cm、高 4 cm。

(4)按照环刀试样的切制方法,制备试验用的重塑样,成型后的试样直径 6.35 cm、高 2.54 cm。

5.3.1.5　试验步骤

此次试验所用仪器为循环动单剪实验仪,对试样施加周期剪力,在不同固结压力和振动频率作用下测试膨胀土的动剪切模量和阻尼比,分析固结压力、振动频率分别对膨胀土动剪切模量和阻尼比的影响,试验步骤如下:

(1)装样。首先将制成的直径6.35 cm、高2.54 cm的试样用推压的方法装入循环动单剪实验仪中。

(2)参数设置。振动频率分别设置为0.2 Hz、0.5 Hz、0.8 Hz、1.0 Hz;固结压力分别设置为100 kPa、200 kPa、300 kPa。

(3)试样固结。在对每级荷载下的试样进行剪切之前,应先对试样进行固结,直至变形稳定,时间应不少于24 h。

(4)循环振动剪切试样。对固结完成的试样进行剪切,试样在剪切阶段保持其体积不变,处于可排水状态;对不同试验条件下的试样,采用应力控制,由小到大分级施加水平荷载,每级荷载作用10次,所需级数视试样的强度而定,直至试样破坏。

5.3.2　动力学特性试验结果分析

5.3.2.1　固结压力的影响

固结压力对动剪切模量的影响如图5-42所示。其中图5-42(a)是干密度为1.7 g/cm³、图5-42(b)为含水量为18%情况下固结压力与动剪切模量的关系曲线,这分别对应的是最大干密度和最优含水量。在干密度为1.7 g/cm³和含水量为18%的图中,在相同的剪应变条件下,动剪切模量的关系都表现为$G_{100} < G_{200} < G_{300}$,由此可见,在剪应变一定的情况下,土体动剪切模量随着固结压力的增大而增大。这可以解释为由于固结压力的增大,使得土颗粒结合的更加密切,颗粒之间的摩擦咬合力逐渐增强,颗粒之间的胶结作用也得到了增强,从而在相同应力状态下土体的变形减小,即土体抵抗剪切变形的能力加强了,所以动剪切模量增大。还有一种观点是可以按照非饱和土力学理论解释,这是因为随着固结压力的增大,土的含水量减小,土体内的吸力和有效应力都在增大,从而抵抗动荷载的能力也得以增强,故动剪切模量增大。土体动剪切模量随着固结压力的增大而提高的现象称为土的压硬性,这是上体所具有的共性。

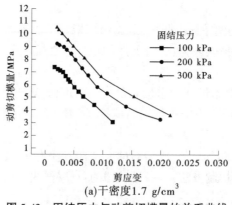

(a)干密度1.7 g/cm³

图5-42　固结压力与动剪切模量的关系曲线

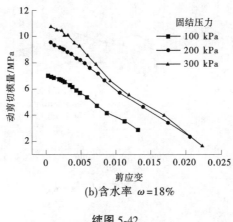

(b)含水率 $\omega=18\%$

续图 5-42

固结压力对阻尼比的影响如图 5-43 所示。其中图 5-43(a)是干密度为 1.7 g/cm³、图 5-43(b)是含水量为 18%情况下固结压力与阻尼比的关系曲线,这分别对应的是最大干密度和最优含水量。在干密度为 1.7 g/cm³ 的图[见图 5-43(a)]中,当剪应变<0.005 时,在相同的剪应变条件下,阻尼比的关系表现为 $D_{100} < D_{300} < D_{200}$;当剪应变>0.005 时,在相同的剪应变条件下,阻尼比的关系表现为 $D_{100} < D_{200} < D_{300}$。在含水量为 18%的图[见图 5-43(b)]中,当剪应变<0.005 时,固结压力对阻尼比的影响并无明显的规律;当剪应变>0.005 时,在相同的剪应变条件下,阻尼比的关系表现为 $D_{100} < D_{200} < D_{300}$。如前面所述,土的阻尼是由于土颗粒之间的摩擦以及孔隙水和孔隙气的黏滞作用所引起的。当剪应变数值较小时,只有少部分土颗粒或团粒参与摩擦滑动,土体的变形十分不均匀,土的阻尼主要由孔隙水和孔隙气的黏滞作用决定,而这种黏滞作用的强弱又受土体内局部薄弱环节所控制。因此,阻尼比在小应变范围内的离散性,可认为是由局部薄弱环节的随机分布所导致的。当剪应变数值较大时,更多的土颗粒参与摩擦,土体内的变形才能逐渐变得均匀,此时所表现出来的黏滞性才具有代表性,固结压力与阻尼比之间的规律才可能显现出来,这也使得在较大的剪应变作用下,阻尼比随着固结压力的增大而增大的现象得以解释。因此,研究固结压力对阻尼比的影响时,一方面,为了使更多的土颗粒参与摩擦,要求试验仪器量测的剪应变范围尽可能大;另一方面,要求土体性质均匀、允许的剪应变变化范围大。满足以上两个条件,测出的规律性才会明显。

5.3.2.2　振动频率的影响

振动频率对不同种类土的动力学性质影响是不同的,认为砂土在一般情况下影响较小,而认为饱和黏土影响较大。振动频率与动剪切模量的关系曲线如图 5-44 所示。在三种固结压力作用下,当剪应变一定时,动剪切模量的关系均表现为 $G_{0.2} < G_{0.5} < G_{0.8} < G_{1.0}$,由此可见,动剪切模量随振动频率的增大而增大。这是因为在振动频率较低的情况下,试样在剪切破坏时,土体有足够的时间排出孔隙水和孔隙气,当孔隙水和孔隙气排除后,剪应力就由有效应力承担,所以土体的抗剪切变形能力降低,受到同样的剪应力情况下就会产生较大的变形,故动剪切模量较小;在振动频率较高的情况下,试样在剪切破坏时,土体中的孔隙水和孔隙气来不及排出,剪应力由总应力承担,所以土体的抗剪切变形

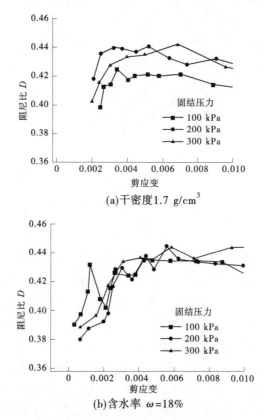

(a)干密度1.7 g/cm³

(b)含水率 ω=18%

图 5-43　固结压力与阻尼比的关系曲线

能力增强,受到同样的剪应力情况下就会产生较小的变形,故动剪切模量增大。这种规律也可以用加载速率来解释,由于静剪切模量比动剪切模量小,从静力加载(相当于振动频率为零)到频率为 1 Hz 的循环加载,其实质为加载速率在提高。一般加载速率越低,动剪切模量越小,土体的变形越能充分开展,极限情况即为静偏压力作用下的剪切过程。

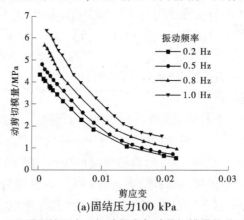

(a)固结压力100 kPa

图 5-44　不同固结压力下振动频率与动剪切模量的关系曲线

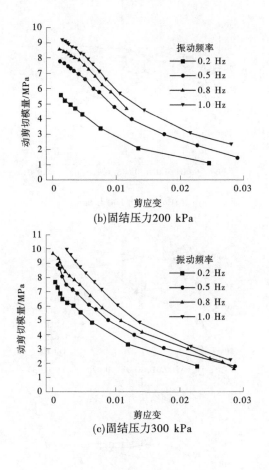

(b)固结压力200 kPa

(c)固结压力300 kPa

续图 5-44

　　振动频率对膨胀土阻尼比的影响如图 5-45 所示。当固结压力为 100 kPa 和 200 kPa 时,阻尼比随振动频率的变化无明显的规律;当固结压力为 300 kPa 时,阻尼比的变化关系表现为 $D_{0.2} < D_{0.5} < D_{0.8} < D_{1.0}$。由此可见,当固结压力较高时,对于同一剪应变,振动频率愈低,阻尼比愈小,振动频率愈高,阻尼比愈大,即阻尼比随着振动频率的增大而增大。在不同固结压力作用下,阻尼比表现规律的差异性可以解释为应力历史的影响,这是因为在先期压力作用下土体已经具有一定的结构性,当固结压力小于先期压力时,原始结构并没有改变,这时土体的原始结构对阻尼比的影响比较大,由于土体结构的复杂性,导致阻尼比的无规律性。在固结压力较高时,阻尼比随着振动频率的增大而增大的现象可以解释为:随振动频率的增加,试样的强度逐渐增强,试样变形展开的程度小,变形较难发生,所以阻尼比越大;然而随着振动级数的增加,试件的动应变逐渐展开,频率愈低,同一振级下动应变愈大,即频率愈低,变形愈能充分开展,所以阻尼比愈小。

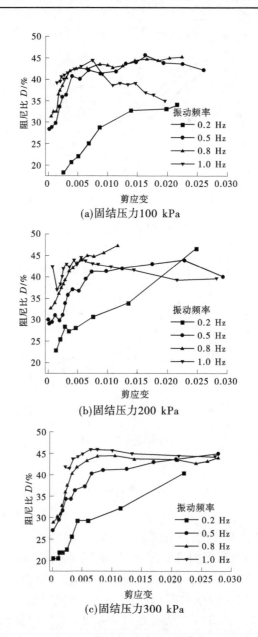

图 5-45　不同固结压力下振动频率与阻尼比的关系曲线

5.4　本章小结

本章利用共振柱仪、动三轴仪以及动单剪仪从动力学方面分析了膨胀土的力学特性，得出的具体结论有如下几方面：

（1）共振柱试验中，当动剪应变 γ_d 小于 10^{-4} 时，动剪切模量 G_d 随动剪应变 γ_d 的增大而减小,减小的速度较缓慢;当动剪应变 γ_d 超过 10^{-4} 后,动剪切模量 G_d 随动剪应变 γ_d 增大而减小的速度更快。

动剪切模量 G_d 随固结围压及干密度的增大而增加,而且动剪切模量 G_d 经过 G_{dmax} 归一化后,在不同围压和不同干密度下试验点都集中在一个很小的条带内,试验点离散性较小,说明土的动剪切模量 G_d 对其最大动剪切模量 G_{dmax} 有很好的归一性。

土体阻尼比随固结围压和干密度的增大而增大。

(2)动三轴试验中,动剪切模量随初始偏应力和相位差的增大而增大,且初始偏应力的影响较相位差更显著。

(3)动单剪试验中,动剪切模量随振动频率的增大而增大,这是因为在振动频率较高的情况下,试样在剪切破坏时,土体中的孔隙水和孔隙气来不及排出,剪应力由总应力承担,所以土体的抗剪切变形能力增强,受到同样的剪应力情况下就会产生较小的变形,故动剪切模量增大。当固结压力较低时,阻尼比随振动频率的变化无明显的规律;当固结压力较高时,阻尼比随着振动频率的增大而增大。在不同固结压力作用下,阻尼比表现规律的差异性可以解释为应力历史的影响。

第 6 章　膨胀土细观结构

土体的宏观力学性质与其细观结构有密切关系,本章运用扫描电子显微镜对试样的细观结构进行观测,对比分析了经过三轴压缩试验、残余剪切试验、动单剪试验的试样与原状试样的细观结构,取得了定性认识和定量的规律。

6.1　试验方案

细观试验主要是运用扫描电子显微镜对原状膨胀土以及进行上述宏观试验后的膨胀土的细观结构进行扫描,获得 SEM 图片,然后对 SEM 图片进行定性和定量分析。在对膨胀土的细观结构进行定量分析时,首先利用图像处理软件对 SEM 图片进行二值化处理。二值化处理的目的是使图片中孔隙和颗粒便于区分,二值化处理后白色部分代表土颗粒,黑色部分代表孔隙。然后再利用图像处理软件对二值化处理后的图片进行参数提取,提取的参数主要有孔隙或颗粒的面积及周长、长轴长度、短轴长度、长轴的倾角等。

6.2　试验仪器

6.2.1　仪器介绍

目前扫描电子显微镜(scanning electron microscope,简称 SEM)测试技术是土的细观结构研究中最普遍、也是最重要的研究手段之一。为揭示膨胀土在动静力学作用下的细观结构改变,本试验采用日本生产的 S-3000N 型微观扫描电子显微镜和 E-1010 离子溅射仪(见图 6-1 和图 6-2)。

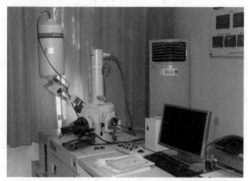

图 6-1　S-3000N 型微观扫描电子显微镜

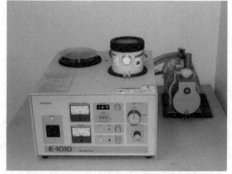

图 6-2　E-1010 离子溅射仪

6.2.2　工作原理

　　S-3000N 型微观扫描电子显微镜的工作原理既不同于光学显微镜,也不同于一般的透射电镜,是通过利用一定能量(30 keV 以上)的电子束轰击经过处理的样品表面,使其产生随样品表面形态起伏而变化的光信号,再经过光导管到达光电倍增管,使光信号转变为电信号,这些信号经过探测、放大、处理后输送到显示系统,便在荧光屏上呈现一幅明暗不同、与样品表面形貌相同的二次电子像。微观扫描电子显微镜成像原理如图 6-3 所示。

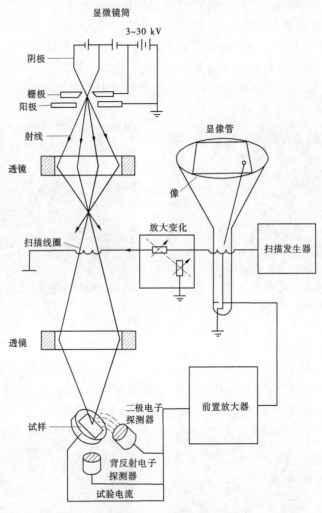

图 6-3　微观扫描电子显微镜工作原理

6.3　试样制备

　　试验用土采自南水北调中线禹州段,基本物性指标见 2.3.2.1 节。由于岩土材料具有非连续性、不均匀性、各向异性等特点,为保证所观测到的微结构图片能真实地反映试样的本来形貌,必须使制备的试样保持其原来的状态而不受扰动。在膨胀土的细观结构研究中,SEM 试样能否如实反映土的原始结构特征非常关键,这就要靠 SEM 试样的制备技术来保证。SEM 试样制备方法如下。

6.3.1　切样

在每个大样的中间部位或剪切破坏部位取 2 个 SEM 试样,SEM 试样的尺寸大致为 5 mm×8 mm×4 mm。试样的上表面要保留土的原来特性,其他 5 个表面可以用小刀刮平,并使下表面与上表面平行,然后对每个 SEM 试样进行编号。

切样时最好选在典型破坏面上,如制备经过残余剪切试验后的试样时应尽量选在剪切带附近,而且需要在水平和竖直方向都制备样品。对于要扫描的样品表面,不能用刀具进行切割,因为用刀具进行切割事实上已经改变了土体的原始微结构。另外,制样时尽量避开膨胀土内部光滑面,保证所观测到的微结构能代表土样的整体情况。制样过程及制好的样品如图 6-4、图 6-5 所示。

图 6-4　制样过程

图 6-5　制好的样品

6.3.2　烘干

用于镜下观察的样品必须为固态物质,所以含有水分的样品必须事先干燥。将制好的样品放在真空干燥箱中进行烘十,时间为 24 h,如图 6-6、图 6-7 所示。

图 6-6　干燥器

图 6-7　将样品进行干燥

6.3.3　镀金

将烘干后的样品每 3 个或 4 个为一组,用导电胶带将其粘到圆形托盘上,并在试样上表面的边缘部分也粘上导电胶带(导电胶带不宜太宽),目的是增加其导电性,另外还要在圆形托盘的底部标上试样编号,编号位置要与试样位置一一对应。然后将其放在 E-1010 离子溅射仪中进行抽真空及镀金,真空度达到 1~10 h 满足要求,时间 3~4 h。贴过导电胶带和表面镀金后的样品分别如图 6-8、图 6-9 所示。

图 6-8　贴过导电胶带的样品

图 6-9　样品表面镀金前后对比

6.4　扫描过程

将镀好金的试样从离子溅射仪中取出,在圆形托盘的上下两组试样之间再次贴导电胶带,目的是扫描时区分试样顺序。然后将其放入 S-3000N 型微观扫描电子显微镜中,打开墙壁上的空气开关、打开 EVAC 开关、打开主机控制器及计算机主机控制电源,之后进入仪器控制操作界面,等待仪器的真空状态准备,出现蓝色指示,真空状态就绪。

在仪器控制操作台上调节焦距、亮度和对比度,使试样的图像最为清晰,然后按照不同的需要,对试样从不同角度用不同放大倍数进行观察,选择有典型特征的画面,摄取照片。放大倍率范围为:×5~×300 000。扫描方式有 TV 扫描、慢扫描、照相扫描、分屏扫描,如图 6-10、图 6-11 所示。

图 6-10　将样品放入扫描电子显微镜

图 6-11　对样品进行扫描

对原状 SEM 试样和做过宏观试验的每个 SEM 试样分别选择 4 个部位进行 SEM 照片扫描,每个部位的放大倍数依次为 50 倍、200 倍、400 倍、1 000 倍、2 000 倍、3 000 倍。根据具体情况,某些特殊部位可以进行更高倍数的放大,比如 6 000 倍或 8 000 倍。从中选择代表性强的 SEM 图像作为分析对象,为使结果具有可比性,应使放大倍数、分辨率、分析区域一致。

6.5　试验结果分析

本试验的结果分析主要包括定性分析和定量分析两方面。

6.5.1　定性分析

在对膨胀土细观结构图像进行定性分析时,不同的放大倍数显示的细观结构有着明显的区别,因此根据图像不同的放大倍数,观察的重点也有所不同。在低于 400 倍的放大图像中,重点观察土体的整体情况,比如较大孔隙的分布情况;在 1 000~3 000 倍的放大图像中,重点观察基本单元体之间的连结情况;在高于 3 000 倍的放大图像中,重点观察基本单元体的种类和微小孔隙的分布情况,如图 6-12 所示。

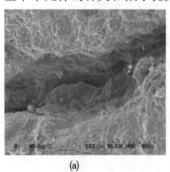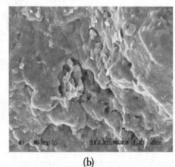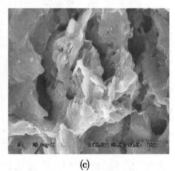

(a)　　　　　　　　　(b)　　　　　　　　　(c)

图 6-12　不同倍数 SEM 图片

6.5.1.1　基本单元体及其特征

膨胀土的矿物组成如图 6-13 所示,从图 6-13 中可以看出,膨胀土主要是含有一定的卷曲如花瓣状的片状颗粒,也有部分是粒状堆积物。它是一种结构复杂的土体,其主要结构有絮凝结构和紊流结构两种。有的片状颗粒宽度较大,并有些弯曲,主要为蒙脱石黏土矿物,该种黏土矿物形成的聚集体常常呈卷曲而起翘的现象,形成似花瓣状结构;高岭石黏土矿物表面一般比较平直,片状晶粒细小,边长一般小于 10 μm,没有卷曲和起翘现象,该种黏土矿物形成的聚集体常常呈现出片与片整齐地叠聚在一起;伊利石黏土矿物的形貌介于高岭石和蒙脱石之间,片状晶粒细小,呈现不定形的片状或扁平状体,颗粒呈无规则排布,颗粒间多为点-点或点-面接触。在显微电镜观察中遇到最多的是颗粒呈多层状排布,呈面-面接触,形成面-面叠聚体,所以可以认为面-面叠聚体是南水北调中线工程禹州段膨胀土中占主导地位的基本组构单元。

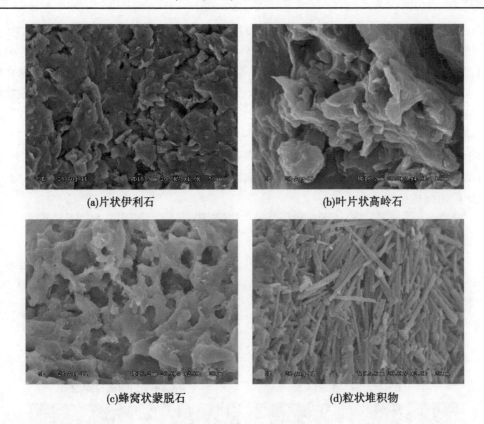

(a)片状伊利石　　　　　　　　　(b)叶片状高岭石

(c)蜂窝状蒙脱石　　　　　　　　(d)粒状堆积物

图 6-13　膨胀土的矿物组成

6.5.1.2　孔隙特征

对于颗粒呈多层状排布的情况,孔隙多为狭缝状,孔隙间连通性较差;对于颗粒呈无规则排布的情况,孔隙形状无规则,连通性较好。面–面叠聚体之间的孔隙有两类,一类为狭缝形孔隙,占多数;另一类为形状无规则的宽阔孔隙,占少数。叠聚体内部颗粒间的孔隙均为狭缝形,与千层酥饼的层间间隙相似。狭条状孔隙和不规则孔隙分别如图 6-14所示。

(a)狭条状孔隙　　　　　　　　　(b)不规则孔隙

图 6-14　狭条状孔隙和不规则孔隙

6.5.1.3　原状土 SEM 图片与动单剪 SEM 图片对比分析

图 6-15 为原状膨胀土与动单剪试样 SEM 图片对比。从放大 50 倍的 SEM 图片可以看出：原状膨胀土有很多裂隙存在，而做过动单剪试验的试样表面变得平滑，原本存在的裂隙也由于一次次的剪切和挤密而消失。从放大 1 000 倍的 SEM 图片可以看出：原状膨胀土结构非常复杂，颗粒大小不均匀，大颗粒中间夹杂着许多小颗粒，颗粒棱角非常明显；而做过动单剪试验的试样颗粒大小均匀，颗粒棱角也变得圆滑，大颗粒含量明显减少，这是由于在试验过程中试样被剪切，大颗粒被压碎成小颗粒的缘故。从图片可以明显看出：做过动单剪试验的试样颗粒与颗粒之间有许多微小的空隙，颗粒排列近似蜂窝状结构，与原状膨胀土结构差别很大。

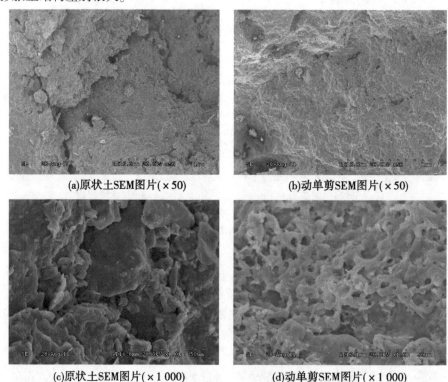

(a)原状土SEM图片(×50)　　　　　　　(b)动单剪SEM图片(×50)

(c)原状土SEM图片(×1 000)　　　　　(d)动单剪SEM图片(×1 000)

图 6-15　原状膨胀土与动单剪试样 SEM 图片对比

6.5.1.4　原状土 SEM 图片与残余剪 SEM 图片对比分析

图 6-16 为原状膨胀土与残余剪试样 SEM 图片对比，从图 6-16 中可以看出：原状膨胀土的结构非常复杂，颗粒大小不均匀，其中夹有许多粒状堆积物，颗粒排列无定向性；而进行残余剪试验后膨胀土结构相对比较单一，颗粒大小比较均匀，颗粒排列在水平方向有明显的定向性。从放大 1 000 倍的残余剪 SEM 图片中也可以看出：细观颗粒的定向性也比较明显，图中箭头方向代表颗粒的排列方向，这是因为在进行残余剪试验过程中仪器对土样不停地进行剪切—复原—再剪切—再复原等一系列过程，这样就会在剪切面上留下摩擦擦痕，这种摩擦擦痕在细观上就表现为颗粒排列有定向性，结构也相对单一。

图 6-17、图 6-18 也验证了有擦痕地方的土的结构就相对单一，没有擦痕的地方结构

相对比较复杂,也正是由于这些光滑的擦痕存在,剪切面上下表面颗粒与颗粒之间的联结力被破坏,致使土体强度下降。

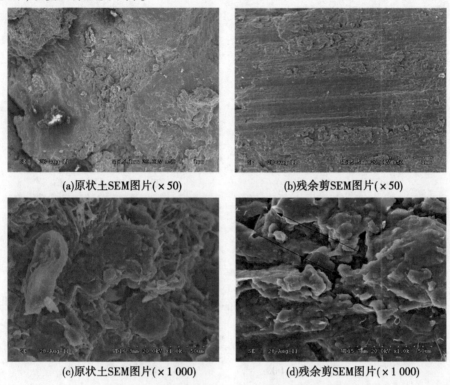

(a)原状土SEM图片(×50)　　　　　(b)残余剪SEM图片(×50)

(c)原状土SEM图片(×1 000)　　　　(d)残余剪SEM图片(×1 000)

图 6-16　原状膨胀土与残余剪试样 SEM 图片对比

图 6-17　残余剪试验后土样　　　　图 6-18　擦痕与非擦痕交界处 SEM 图片

6.5.1.5　原状土 SEM 图片与三轴 SEM 图片对比分析

图 6-19 为原状膨胀土与三轴试样 SEM 图片对比,从图中可以看出:原状的膨胀土结构依然非常复杂,颗粒大小依然不均匀,大颗粒之间夹杂有许多微小颗粒,颗粒排列无定向性;而进行三轴试验后的膨胀土结构变得单一,颗粒大小也比较均匀,颗粒排列在竖直方向有明显的定向性,图中红色箭头方向代表颗粒的排列方向,这就验证了宏观上三轴试验后土体就是沿着 $45+\varphi/2$ 的破坏角劈裂的。从放大 1 000 倍的图片中可以看出:原状膨

胀土颗粒与颗粒之间有许多孔隙存在,进行三轴试验后膨胀土孔隙数量和面积均变少,这说明三轴试验后膨胀土结构被破坏,土体进一步被压密。

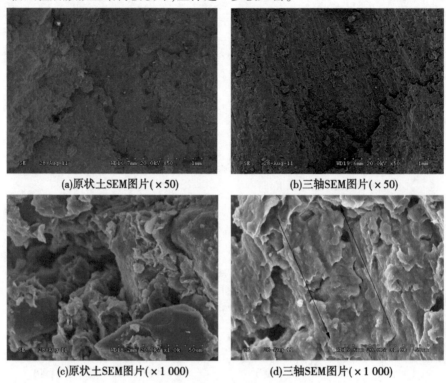

(a)原状土SEM图片(×50)　　　　　　　(b)三轴SEM图片(×50)

(c)原状土SEM图片(×1 000)　　　　　(d)三轴SEM图片(×1 000)

图 6-19　原状膨胀土与三轴试样 SEM 图片对比

6.5.2　定量分析

为表述方便,以下各表中用字母 Y 代表原状膨胀土,DY 代表动单剪试样,CY 代表残余剪试样,SY 代表三轴试样。

6.5.2.1　孔隙度 n_w 分析

孔隙度 n_w 表示经二值化处理后的 SEM 图片中各孔隙面积与总面积的比值。表达式为

$$n_w = \frac{S_w}{S_r} \times 100\% \qquad (6\text{-}1)$$

式中:S_w 为图片中的孔隙面积;S_r 为图片的总面积。

从表 6-1 可以看出,原状土的孔隙度最大,动、静力学试验后孔隙度都变小了,这说明试验后土样都被挤密了。但是动力学试验后试样的孔隙度比静力学试验后的大,这是因为动力学试验过程中设置有剪切频率,剪切在水平方向左右反复进行,而且剪切沿整个试样高度没有固定的剪切面;而静力学试验的剪切在一个方向进行,有固定的剪切面,所以致使在剪切方向的土体更加密实。

表 6-1　原状土样与动静力学试验后试样孔隙度分布

试样	Y	DY	CY	SY
孔隙度	0.398	0.339	0.303	0.306

6.5.2.2　孔隙的丰度 C 分析

孔隙的丰度 C 表示孔隙短轴与长轴的比值。表达式为

$$C = \frac{B}{L} \tag{6-2}$$

式中:B、L 分别表示孔隙短轴和长轴的长度。

C 的大小反映了孔隙在二维平面内所展示的形状特征。丰度 C 在 $0 \sim 1$,C 值越小,反映孔隙越趋向于长条形;C 值越大,则孔隙越趋向于圆形。本书将丰度 C 划分为 4 个区间,分别是 $0 \sim 0.25$、$0.25 \sim 0.50$、$0.50 \sim 0.75$ 及 $0.75 \sim 1.00$。丰度 C 在 $0 \sim 0.25$ 区间,代表孔隙为长条形;在 $0.25 \sim 0.50$ 区间,代表孔隙接近长条形;在 $0.50 \sim 0.75$ 区间,代表孔隙为扁圆形;在 $0.75 \sim 1.00$ 区间,代表孔隙为圆形。

表 6-2 为原状土样与动静力学试验后试样孔隙丰度 C 分布表。从表 6-2 中可以看出,膨胀土原状土样的孔隙丰度 C 在 $0 \sim 0.25$ 和 $0.25 \sim 0.50$ 区间内占了 94%,平均丰度 C 为 0.28,说明膨胀土原状土样的孔隙以接近长条形为主。动单剪试验后的孔隙丰度 C 在 $0.50 \sim 0.75$ 区间占最多,达 47%,平均丰度为 0.62,说明动单剪试验后的孔隙以扁圆形为主。这是由于在试验过程中土样被重复剪切,颗粒重新排列,颗粒与颗粒之间的孔隙由接近长条形变为扁圆形。残余剪试验和三轴试验后的平均孔隙丰度分别为 0.47 和 0.45,介于 $0.25 \sim 0.50$,说明静力学试验后的孔隙以接近长条形为主。

表 6-2　原状土样与动静力学试验后试样孔隙丰度 C 分布

试样代号	丰度 C 在各个区间所占百分数/%				平均丰度 C
	$0 \sim 0.25$	$0.25 \sim 0.50$	$0.50 \sim 0.75$	$0.75 \sim 1.00$	
Y	38	56	6	0	0.28
DY	5	37	47	11	0.62
CY	11	44	39	6	0.47
SY	6	63	25	6	0.45

6.5.2.3　颗粒的定向频率 $F_i(\alpha)$ 分析

为表示颗粒在某一方向的分布强度,将 $0° \sim 180°$ 分成 n 个区间,则每一区间代表的角度范围 $\alpha = 180°/n$,由此可以求出第 i 个区间颗粒的定向频率,其表达式为

$$F_i(\alpha) = \frac{m_i}{M} \times 100\% \tag{6-3}$$

式中:m_i 为长轴方向在第 i 个区间内的颗粒个数;M 为长轴方向在 $0° \sim 180°$ 区间内的颗粒总数。

一般情况下认为颗粒的长轴方向代表了颗粒的排列方向。本书在分析颗粒的定向频

率时用雷达图来进行描述。由于数据太多,为避免在半圆中显得混乱,本书把 360°的圆看作 180°,来分散各个数据点,这样就可以把每一区间的分布强度清楚表示出来,便于观察和分析。本书中取 $\alpha = 10°$,则定向角在 0°~180°内有 18 个区间。

从图 6-20 可以看出,原状土和动单剪试验后的颗粒定向频率在各个区间的分布比较均匀,大致都在 5%~10%,说明其颗粒排列不具定向性。残余剪试验后颗粒的定向频率主要集中在 0°~10°、10°~20°、160°~170°及 170°~180° 4 个区间,在这 4 个区间定向频率的分布大致都在 10%~15%,远远高于其他区间的分布,说明残余剪试验后颗粒在水平方向具有明显的定向性。三轴试验后颗粒的定向频率主要集中在 80°~90°、90°~100°、100°~110°及 110°~120° 4 个区间,这 4 个区间的定向频率分布大致也都在 10%~15%,说明三轴试验后的颗粒排列在垂直方向具有明显的定向性。产生这种现象的原因是动力学试验过程中设置有剪切频率,边振动边剪切,剪切沿整个试样高度进行,没有固定的剪切面;而静力学试验的剪切只沿一个方向进行,有固定的剪切面。

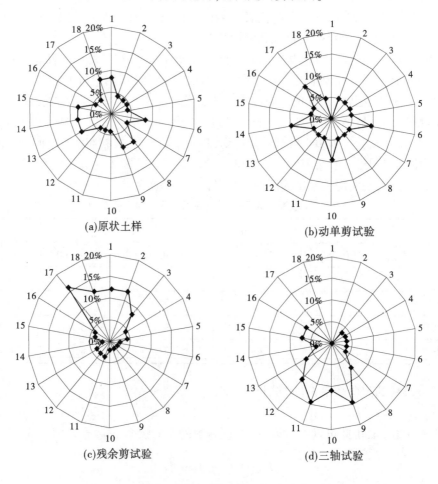

(a)原状土样   (b)动单剪试验

(c)残余剪试验   (d)三轴试验

图 6-20 原状土样与动静力学试验后颗粒定向频率分布

6.6　细观结构对宏观性质的影响

土体的细观结构是复杂自然环境的综合产物,具有明显的非连续性、非均匀性和各向异性,难以量化。膨胀土的细观结构不仅对其物理力学性质有控制作用,而且对其胀缩性也有一定的影响。矿物成分基本相同的膨胀土因其结构特征的差异将具有不同的物理力学性质及胀缩性。所以说土的强度和变形在很大程度上取决于其细观结构,另外,土的矿物成分对其物理力学性质也起着控制性影响。因此,要全面研究土的工程地质性质及其形成的实质,除研究土的矿物成分外,还必须研究土体的细观结构特征。

6.6.1　细观结构对物理力学性质的影响

膨胀土中蒙脱石矿物的细观结构是膨胀土细观变形机制研究的基础。

蒙脱石矿物颗粒是由硅氧四面体和铝氧八面体形成的片层结构。硅氧四面体由一个硅原子和四个面上的四个氧离子包围所组成,如图 6-21(a)所示。铝氧八面体由一个铝原子和八个面上的六个氧离子包围而组成,如图 6-21(b)所示。当每个氧原子为两个四面体所共有时,就构成一个硅片;同样,当每个氧原子为两个八面体所共有时,就构成一个铝片。硅片和铝片相结合就形成黏土矿物颗粒的基本结构单元。硅氧四面体和铝氧八面体中的硅原子和铝原子极容易被其他元素置换从而使膨胀土颗粒带电荷,这样膨胀土颗粒在电场力作用下与其他颗粒结合形成大的颗粒团,由于重力作用颗粒团下沉,当颗粒团下沉碰到其他颗粒团时会在颗粒团间重力、电场力和浮力的综合作用下形成各种细观结构。

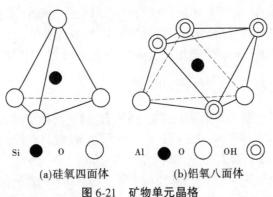

Si ● 　 O ○ 　　 Al ● 　 O ○ 　 OH ◎

(a)硅氧四面体　　　　(b)铝氧八面体

图 6-21　矿物单元晶格

此外,游离的氧化物与水结合形成具有黏性的胶性物质,填充在黏土颗粒间起到胶结作用。谭罗荣等通过研究认为灰岩风化形成的片状蒙脱石和高岭石等黏土矿物,通过面-面、边-面接触形成絮凝结构;同时,灰岩风化也生成了氧化铁,其与水相互作用形成一种溶胶胶体,此胶体充填在黏土矿物颗粒形成的絮凝结构孔隙中,基本颗粒单元通过胶结物质黏聚成较大的颗粒团,大小不等的颗粒团再通过胶结作用聚集成更大的颗粒团。

土体的结构是决定其物理力学性质最主要的因素之一。土的比重、液限以及塑性指数等指标主要取决于矿物成分,而土的孔隙比、容重、压缩性以及强度等主要受土的结构控制。在残余剪切试验的结果分析中可以看出，原状膨胀土在低压下峰值明显，但饱和以后峰值强度几乎消失，重塑样则无论饱和与否峰值极不明显，由此可以得出，原状土的结构强度是造成膨胀土具有峰值的一个重要因素。此外，原状土和重塑土的干密度和含水量相差很小，物理力学性质却有很大的不同，主要是因为它们的结构联结特征不同。

通过对残余剪切试验中原状土和重塑土的微结构特征与其物理力学性质之间的关系分析研究，得出这样的结论：土的结构是决定物理力学性质的主要因素之一，土的变形以及强度主要受土的结构联结强度控制。

6.6.2　细观结构对胀缩性的影响

膨胀土的胀缩性不仅取决于其特殊的物质组成成分，而且在很大程度上取决于其特殊的结构构造。土颗粒含有一定量的伊利石和蒙脱石等黏土矿物，是膨胀土具有膨胀性的物质基础，而特殊的结构特征则是膨胀土具有强烈胀缩性的主要因素。膨胀土是具有微裂隙和微孔隙的特殊性黏土，无论在聚集体内还是在聚集体间，都普遍存在各种大小不同、形状各异的微裂隙和微孔隙。各种微裂隙和微孔隙的存在，有利于水分的渗入和溢出，为水分迁移变化创造了条件，使膨胀土吸水膨胀、失水收缩得以发生。

晶格扩张理论认为膨胀土晶格构造中存在膨胀晶格构造，晶格间没有氢键，只有氧原子与氧原子间的范德华键，键力很弱，晶胞活动性极大，水分子极易渗入晶层间形成水膜夹层，从而改变晶胞之间的距离，引起晶格扩张，导致土体体积增大。但晶格扩张理论仅考虑了晶层间结合水膜的揳入作用，而没有考虑颗粒与颗粒间以及聚集体与聚集体间结合水膜的作用。事实上，膨胀土的胀缩不仅发生在晶格构造内部晶层之间，同时也发生在颗粒与颗粒之间以及聚集体与聚集体之间。土颗粒对极性水分子或者水溶液中的阳离子具有吸附能力，被吸附的水分子在电场力作用下呈不同程度的定向排列，越靠近土颗粒表面，水分子排列得越紧密越整齐，在黏土矿物颗粒的表面形成一定厚度的结合水膜。由于结合水膜增厚"揳开"土颗粒，从而使土颗粒之间的距离增大，导致土体体积增大，产生膨胀。

6.6.3　矿物成分对物理力学性质的影响

膨胀土的矿物成分主要是次生黏土矿物：高岭石、蒙脱石和伊利石。黏粒含量越高，比表面积越大，颗粒负电场与极性水分子间的吸引作用越强，就具有较高的亲水性，胀缩变形就越大。当遇水时土体膨胀隆起，失水时收缩，甚至出现干裂。因此，土中含有上述矿物成分的多少直接决定土的膨胀性大小。高岭石、蒙脱石和伊利石的晶格结构如图6-22所示。

黏土矿物主要是细颗粒的组成物质，在膨胀土中不仅占有绝对优势，而且是决定其特殊性质的主要物质基础，也是控制膨胀土工程性质的重要内在因素。由表6-3可知，在影响膨胀土的胀缩性、液塑性和压缩性方面：蒙脱石>伊利石>高岭石，在影响膨胀土的渗透性、天然抗剪强度和残余强度方面：高岭石>伊利石>蒙脱石。

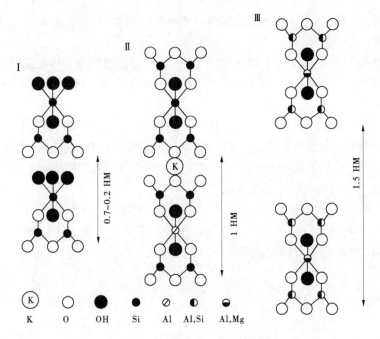

I—高岭石；II—伊利石；III—蒙脱石。

Al,Si 和 Al,Mg 等符号表示 Si^{4+} 置换 Al^{3+} 和 Mg^{2+}

图 6-22　主要黏土矿物的晶格结构示意

表 6-3　主要黏土矿物与膨胀土物理力学性质间的关系

黏土矿物类型	含水量	分散性	液塑限	胀缩性	渗透性	压缩性	天然抗剪强度	残余强度
蒙脱石	大	高	高	高	极弱	大	低	极低
伊利石	中	中	中	中	较弱	中	中	低
高岭石	小	低	低	弱	弱	小	高	较高

6.7　本章小结

　　本章主要从细观方面对膨胀土的结构进行了分析,微结构分析包括定性和定量两方面内容。首先对宏观试验后的土样进行了细观扫描,获取 SEM 图片,之后利用图像处理软件对 SEM 图片进行二值化处理,对处理后的图片再进行参数提取,最后从孔隙度、孔隙丰度和颗粒定向频率 3 方面对膨胀土的微结构进行分析,得到如下几方面结论:

　　(1)组成膨胀土的黏土矿物颗粒主要有蒙脱石、伊利石和高岭石,黏土颗粒的形状大多为片状或扁平状,形成微集聚体,而颗粒与颗粒之间的接触主要呈现面-面接触和面-边接触,少数呈现点-点接触。

　　(2)膨胀土原状土样的颗粒棱角比较明显,颗粒大小不均匀,大颗粒中间夹杂着许多小颗粒,土体结构性强;动静力学试验后颗粒棱角变得圆滑,大颗粒消失不见,颗粒大小比较均匀,土体结构性变弱。

(3)动静力学试验后,土的孔隙比都减小,说明在剪切过程中土体被挤密。

(4)动力学试验后,颗粒排列无定向性;静力学试验后,颗粒排列有明显定向性,其中残余剪试验后颗粒在水平方向有明显定向性,三轴试验后颗粒在垂直方向有明显定向性。这是由于动力学试验过程中设置有剪切频率,边振动边剪切,剪切沿整个试样高度进行,没有固定的剪切面;而静力学试验的剪切只沿一个方向进行,有固定的剪切面。

(5)含有一定量的伊利石和蒙脱石是膨胀土具有膨胀性的物质基础,而特殊的结构特征是膨胀土具有强烈胀缩性的主要因素。

(6)膨胀土的矿物成分对其物理力学性质有明显的影响,在影响膨胀土的胀缩性、液塑性和压缩性方面:蒙脱石>伊利石>高岭石;在影响膨胀土的渗透性、天然抗剪强度和残余强度方面:高岭石>伊利石>蒙脱石。

第 7 章　膨胀土改性

南水北调中线工程穿越河南许多膨胀土地区,而膨胀土又具有极差的水稳性,如处理不当,将导致道路、桥梁等基础设施产生较大变形,甚至造成破坏;且不同地区的膨胀土的成因不同,其胀缩性也不尽相同,因此有必要针对该地区膨胀土开展室内改性研究。

目前,国内外对膨胀土改性技术的研究已进行较多的理论分析和试验,改良剂种类也较多,使用较多的无机类改良剂有石灰、水泥、粉煤灰等;有机类改良剂有丙稀盐酸类、烯类和胺类等系列。其中石灰改良是国内应用最广泛的改良方式。本章通过对禹州地区膨胀土进行室内石灰改性试验,得出掺灰后土样的物理力学性质和强度的变化规律,并分析其改良效果和变化规律,确定出合适的掺灰比,既能降低膨胀土的胀缩性、压缩性,而且能提高其强度及水稳性,为该地区的工程实践提供有价值的参考。

7.1　改性机制及试验方法

7.1.1　改性机制

石灰作为改良膨胀土最常用的添加剂,主要是给黏土中带来了大量的 Ca^{2+} 和 Mg^{2+} 等,有效地降低了膨胀土的胀缩性,增强了水稳性和强度。阳离子交换作用减小了水化膜的厚度、增强了黏粒颗粒间的连接。石灰遇水生成的 $Ca(OH)_2$,不仅形成 $Ca(OH)_2 \cdot nH_2O$ 水晶体,发生絮凝作用;还与土中的活性硅、铝矿物形成含水的硅酸钙和铝酸钙等胶凝物,发生胶结作用。石灰与空气中的 CO_2 发生反应,形成一种较弱钙–碳黏结物质,能使土体碳化,反应生成 $CaCO_3$ 具有较高的强度和水稳性,土体强度得到了增强。

7.1.2　试验方法

为研究改性后土体的物理力学性质的变化规律,首先按照《膨胀土地区建筑技术规范》(GB 50112—2013)进行胀缩性试验,试验使用固结仪完成,得到胀缩性随掺灰比的变化规律,得出最佳掺灰比;依照《土工试验方法标准》(GB/T 50123—2019),进行界限含水量试验、压缩试验、无侧限抗压试验;采用固结仪进行干湿循环试验,通过测量试样高度的变化和观察试样表面的裂缝发展情况来评价其水稳性。

试验用土采自南水北调中线禹州段,基本物性指标见 2.3.2.1 节。

7.2　掺灰比对土体基本物理力学性质的影响

7.2.1　界限含水量试验

当土中含有较多的弱结合水时,土具有一定的可塑性。石灰的掺入给孔隙水溶液带来的大量 Ca^{2+} 和 Mg^{2+} 等,与黏粒表面的低价阳离子发生阳离子交换作用,降低水化膜的厚度,增强了黏粒间的结合力;双电层厚度的减小,也促使颗粒间距减小,从而使土出现了"团粒化"现象,黏土颗粒减少,则土的比表面积减小,其持水能力减弱。上述内在作用在界限含水量试验中的体现,则是石灰改性后土的液限降低,塑限增大,塑性指数有所减小。界限含水量与掺灰比关系见图7-1。

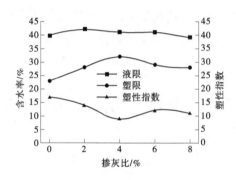

图 7-1　界限含水量与掺灰比关系

随着掺灰比的增大,液限基本不变,塑限有所增加,且并非单调递增。制样前,密闭放置24 h 后的素土多呈小泥团,手摸则有黏手的感觉;而改良经密闭放置后的土样,土颗粒呈自然散开状,不黏手,这是黏粒含量减小的直观表现。

7.2.2　胀缩性试验

石灰改性膨胀土最主要的目标是消除其膨胀性。由图7-2、图7-3可以看出,掺入少量石灰,即可显著降低膨胀土的膨胀性,具体数值见表7-1。随着掺灰比的增加,胀缩性呈降低趋势。无荷膨胀率、50 kPa 膨胀率、线缩率、膨胀力在掺灰比达到4%时,均有显著的降低;且掺灰比为4%时,胀缩量指标降低的趋势均已很平缓甚至接近水平,50 kPa 膨胀

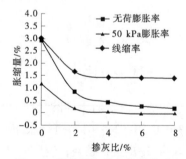

图 7-2　胀缩量与掺灰比的关系

率已接近于0。与界限含水量试验相对比,胀缩性试验表现出了较强的规律性,其改性效果明显。

适量的石灰可以减少黏粒的含量,土粒比表面积减小,黏粒的亲水性降低,土的胀缩性降低;另外,土颗粒孔隙变大,为改良土的膨胀预留一定的空间,使土体内部孔隙能更多抵消土体的膨胀量。然而掺灰量并非是越多越好,反应过剩的石灰填充于颗粒之间,将会

降低土体内部对膨胀量的抵消能力。掺灰比为 4% 时,已经可以达到消除胀缩性的目的。

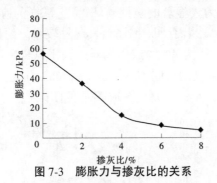

图 7-3　膨胀力与掺灰比的关系

表 7-1　胀缩性试验结果

掺灰比 $W_{石灰}$/%	自由膨胀率 δ_{ef}/%	无荷膨胀率 δ_e/%	50 kPa 膨胀率 δ_{ep}/%	膨胀力 P_e/%	收缩系数 λ_s	线缩率 δ_s/%
0	42	2.9	1.2	56	0.45	3
2	30	0.85	0.1	36.4	0.18	1.64
4	20	0.43	0.02	15.0	0.13	1.43
6	16	0.26	−0.01	8.2	0.13	1.42
8	17	0.16	−0.05	5.1	0.12	1.44

7.2.3　压缩性

压缩系数与掺灰比的关系曲线见图 7-4。

石灰掺入土后生成的 $CaCO_3$ 具有较强的刚度;且石灰和水与土中大量存在的硅、铝元素发生反应,产生氢氧化钙硅和氢氧化钙铝,其过程使土脱水硬化。土的刚度提高,降低了改性土的压缩性。如图 7-4 所示,随着掺灰比的增加,土的压缩系数明显降低,使用改良土作为地基土填料时,地基的受荷变形将进一步减小。

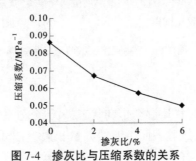

图 7-4　掺灰比与压缩系数的关系

7.2.4　无侧限抗压强度

分别对素土和掺灰比为 4% 的三轴试样进行无侧限抗压强度试验,其应力–应变曲线如图 7-5 所示。可以看出,改良试样随着应变增大,应力增长的速度较快,刚出现峰值就出现了明显的破裂面,表现为较显著的脆性破坏;素土试样的应力-应变曲线,虽然也有峰值,但破坏时没有明显的破裂面(见图 7-6),其脆性较小。两种试样的应力-应变曲线上均表现为应变软化。掺灰比为 4% 的试样相对于素土试样,其无侧限抗压强度提高了50%。试样干密度相同,其强度的不同不是干密度引起的,而是由于改良试样黏粒间胶结力的提高,石灰与土反应使试样脱水硬化造成其强度的增大。

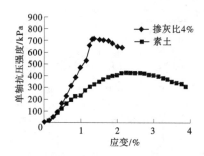

图 7-5　无侧限抗压试验应力应变曲线

(a)素土试样　　　　　　　(b)4%掺灰比试样

图 7-6　无侧限抗压试验破坏后试样

7.2.5　水稳性试验

室内干湿循环试验中,试样增湿至饱和状态,风干至与室内空气湿度平衡为标准。通过测量试样高度变化和观察试验表面裂缝的数量和大小,来评价改性试样的水稳性。关于膨胀土干湿循环的研究,国内外大量的研究表明,胀缩变形具有不可逆性,存在不可恢复的损伤胀缩变形,干湿循环中不可逆的范德华力是导致循环胀缩特性的重要原因之一。由图 7-7 可以看出,随着循环次数的增大,试样饱和状态下的试样高度不断增大,干缩稳定时的高度逐渐变小,这两项变化趋势在逐渐变缓。

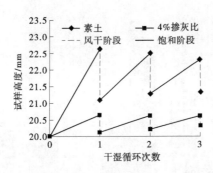

图 7-7　试验高度随干湿循环次数变化的关系曲线

由图 7-8 可以看出,4%掺灰比改性试样的胀缩幅度明显比素土的小很多。第一次干湿循环后,4%掺灰比改良试样较为完好,而素土试样的表面出现了显著的裂缝,试样周围出现了土颗粒及小块脱落现象。从试样与环刀之间的缝隙可以看出,4%掺灰比改性试样的侧向变形比素土试样也明显小很多。结果表明,经 4%掺灰比改性土样的水稳性有很大提高。

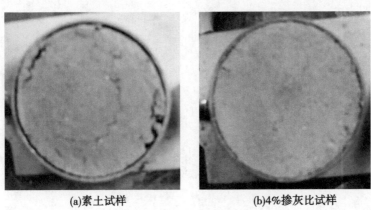

(a)素土试样　　　　　　　　　　　　　　(b)4%掺灰比试样

图 7-8　第一次干湿循环后试样

7.3　抗剪强度

7.3.1　抗剪强度

膨胀土掺入石灰后反复剪强度得到了较好的改良,图 7-9~图 7-13 分别为膨胀土掺灰前后峰值强度对比图和残余强度值对比图。可以看出,无论是峰值强度还是残余强度都有了显著的提高,尤其是对残余强度的改良更为突出。峰值强度提高率最小为3.24%,最高可达 78.10%;残余强度提高率最小为 36.47%,最高可达 100.34%。

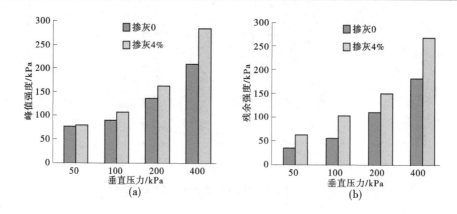

图 7-9　1 号土样掺灰前后剪切强度对比

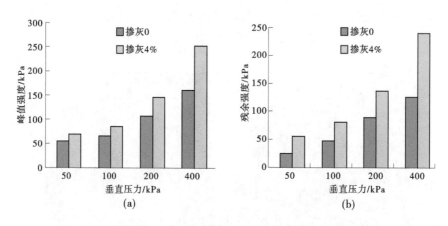

图 7-10　2 号土样掺灰前后剪切强度对比

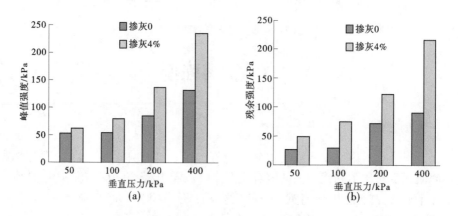

图 7-11　3 号土样掺灰前后剪切强度对比

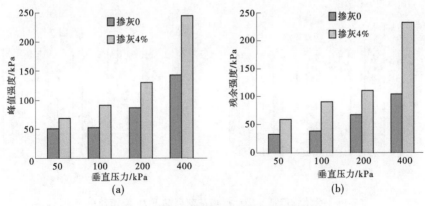

图 7-12　4 号土样掺灰前后剪切强度对比

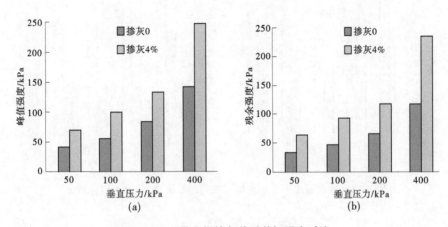

图 7-13　5 号土样掺灰前后剪切强度对比

　　石灰土体中水分以及二氧化碳结合成的碳酸钙晶体减小了膨胀土的膨胀性,提高了抗剪强度。如果这层碳酸钙是以薄膜的形式包围在土颗粒周围的,那么这种效果就更加显著。

7.3.2　黏聚力和摩擦角

　　由图 7-14 和图 7-15 可以看出,掺灰后土样的黏聚力和摩擦角都有了显著的提高,对残余强度的黏聚力和摩擦角的提高则更为显著。峰值强度下,土样改良前后黏聚力差值无明显规律,且三组土样掺灰前黏聚力大于掺灰后黏聚力,后两组则相反,最大减小了7.44 kPa,最大增大了 17.64 kPa;而内摩擦角差值较平稳,在 9.4°~13.2°。残余强度下,黏聚力差值在 7.66~22.41 kPa,内摩擦角差值在 7°~14.5°,差值变化无明显的规律,总体上黏聚力和摩擦角值均有所提高。

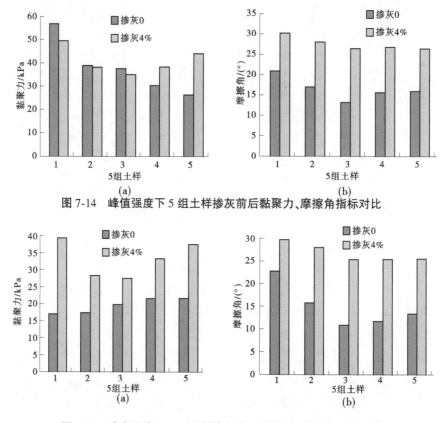

图 7-14　峰值强度下 5 组土样掺灰前后黏聚力、摩擦角指标对比

图 7-15　残余强度下 5 组土样掺灰前后黏聚力、摩擦角指标对比

7.4　动单剪试验

经石灰改良的膨胀土通过动单剪试验得出掺灰比对应力–应变本构关系的影响,如图 7-16 所示,土体的强度随掺灰比的增加而增加。

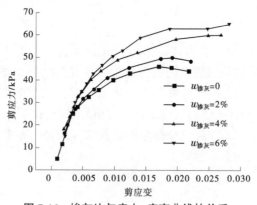

图 7-16　掺灰比与应力–应变曲线的关系

　　石灰改良膨胀土常用作路基填料或堤坝,而车辆或波浪产生的动荷载必然会对路基或堤坝的变形产生影响,所以对掺灰比与土动力学特性参数关系的研究有实际意义。

　　相同固结压力下,随着掺灰比的增大,土颗粒间的胶结硬化作用使改良土试样的刚度增大,抵抗外部剪切变形的能力增强,故动剪切模量增大(见图 7-17)。

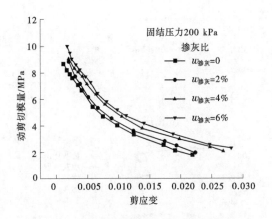

图 7-17　掺灰比与动剪切模量的关系曲线(含水量 18%)

7.5　共振柱试验

　　相同固结压力下,随着掺灰比的增大,土颗粒间的胶结硬化作用使改良土试样的刚度增大,抵抗外部剪切变形的能力增强,故土体的强度和动剪切模量增大。而且随着掺灰比的增大,土体间的胶结作用增强,其发生变形需要消耗的功增加,所以土体的阻尼比也增大(见图 7-18、图 7-19)。

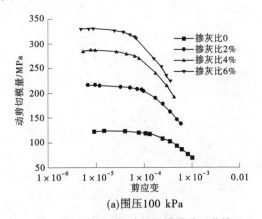

(a)围压 100 kPa

图 7-18　掺灰比与动剪切模量关系曲线

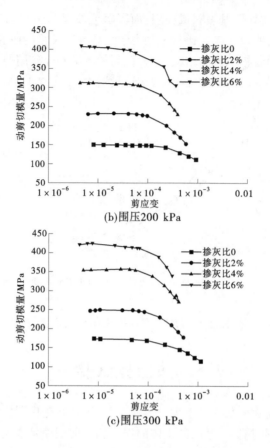

(b)围压200 kPa

(c)围压300 kPa

续图 7-18

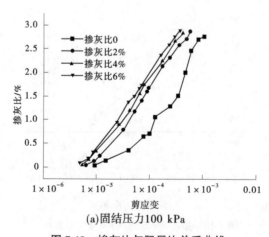

(a)固结压力100 kPa

图 7-19　掺灰比与阻尼比关系曲线

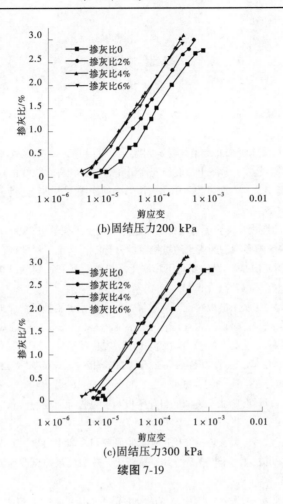

(b)固结压力200 kPa

(c)固结压力300 kPa

续图 7-19

7.6 本章小结

本章对河南禹州、南阳地区的膨胀土进行了石灰改良试验,得出如下主要结论:

(1)掺入少量石灰,胀缩性即得到了显著的降低;随着掺灰比的增加,胀缩性指标均呈指数型快速减小,达到了消除膨胀土胀缩性的目的。而且干湿循环试验表明,改良土的水稳性有了较大的提高。从室内试验结果来看,禹州地区改良弱膨胀土的最佳掺灰比为4%。

(2)常规强度试验及动力学试验都表明,掺灰后的黏聚力、内摩擦角、动剪切模量、阻尼比也有显著提高。

参考文献

[1] 龚壁卫,李青云,谭峰屹,等. 膨胀岩渠坡变形和破坏特征研[J].长江科学院院报,2009, 26(11)：47-51.

[2] 包承纲. 南水北调中线工程膨胀土渠坡稳定问题及对策[J].人民长江,2003,34(5)：4-7.

[3] 程展林,李青云,郭熙灵,等. 膨胀土边坡稳定性研究[J].长江科学院院报,2011,28(10)：102-111.

[4] 姚海林,郑少河,陈守义. 考虑裂隙及雨水入渗影响的膨胀土边坡稳定性分析[J].岩土工程学报,2001, 23(5)：606-609.

[5] 包承纲. 非饱和土的性状及膨胀土边坡稳定问题[J].岩土工程学报, 2004, 26(1)：1-15.

[6] 殷宗泽,徐彬. 反映裂隙影响的膨胀土边坡稳定性分析[J].岩土工程学报, 2011, 33(3)：454-459.

[7] 黄志全,樊柱军,潘向丽,等. 水位变化下膨胀土岸坡渗流场和稳定性分析[J].人民黄河, 2012, 34(1)：120-125.

[8] 黎伟,刘观仕,姚婷. 膨胀土裂隙特征研究进展[J].水利水电科技进展, 2012, 32(4)：78-82.

[9] Chertkov V. Using surface crack spacing to predict crack network geometry in swelling soils[J]. Soil Science Society of America Journal, 2000, 64(6)：1918-1921.

[10] Chertkov V, Ravina I. Tortuosity of crack networks in swelling clay soils[J]. Soil Science Society of America Journal, 1999, 63(6)：1523-1530.

[11] 袁俊平,殷宗泽,包承纲.膨胀土裂隙的量化手段与度量指标研究[J].长江科学院院报, 2003, 20(6)：27-30.

[12] 马佳,陈善雄,余飞,等. 裂土裂隙演化过程试验研究[J].岩土力学, 2007, 28(10)：2203-2208.

[13] 张家俊,龚壁卫,胡波,等. 干湿循环作用下膨胀土裂隙演化规律试验研究[J].岩土力学, 2011, 32(9)：2729-2734.

[14] 易顺民,黎志恒,张延中.膨胀土裂隙结构的分形特征及其意义[J].岩土工程学报,1999,21(3)：294-298.

[15] 包惠明,魏雪丰.干湿循环条件下膨胀土裂隙特征分形研究[J].工程地质学报,2011, 19(4)：478-481.

[16] 陈尚星. 基于分形理论的土休裂隙网络研究[D].南京：河海大学, 2006.

[17] 徐永福,龚友平. 宁夏膨胀土膨胀变形特征的试验研究[J].水利学报, 1997(9)：27-30.

[18] 徐永福,史春乐. 宁夏膨胀土的膨胀变形规律[J].岩土工程学报, 1997, 19(3)：95-98.

[19] 李志清,李涛,胡瑞林,等. 蒙自重塑膨胀土膨胀变形特性与施工控制研究[J].岩土工程学报, 2008, 30(12)：1855-1860.

[20] 王征,周进,黄志全.南水北调禹州段压实膨胀土膨胀性试验研究[J].铁道建筑, 2012(2)：75-78.

[21] 秦冰,陈正汉,刘月妙,等. 高庙子膨润土的胀缩变形特性及其影响因素研究[J].岩土工程学报, 2008, 30(7)：1005-1010.

[22] 刘松玉,季鹏,方磊. 击实膨胀土的循环膨胀特性研究[J].岩土工程学报, 1999, 21(1)：9-13.

[23] 李振,邢义川,张爱军.膨胀土的浸水变形特性[J].水利学报, 2005, 36(11)：1385-1391.

[24] 罗冲,殷坤龙,周春梅,等. 膨胀土在不同约束状态下的试验研究[J].岩土力学, 2007, 28(3)：635-638.

[25] 杨和平, 张锐, 郑健龙. 有荷条件下膨胀土的干湿循环胀缩变形及强度变化规律[J]. 岩土工程学报, 2006, 28(11): 1936-1941.

[26] Al-Homoud A, Basma A, Husein Malkawi A. Cyclic swelling behavior of clays[J]. Journal of geotechnical engineering, 1995, 121(7): 562-565.

[27] Day RW. Swell-shrink behavior of compacted clay[J]. Journal of geotechnical engineering, 1994, 120(3): 618-623.

[28] Yongfu Xu, Dai Jinqun Y Z. Preliminary study on the model of the swelling deformation of some expansive soil in Ningxia[J]. Journal of Basic Science and Engineering, 1997, 5(2): 161-166.

[29] 曹雪山. 非饱和膨胀土的弹塑性本构模型研究[J]. 岩土工程学报, 2005, 27(7): 832-836.

[30] Alonso E, Vaunat J, Gens A. Modelling the mechanical behaviour of expansive clays[J]. Engineering Geology, 1999, 54(1): 173-183.

[31] 孙即超, 王光谦, 董希斌, 等. 膨胀土膨胀模型及其反演[J]. 岩土力学, 2007, 28(10): 2055-2059.

[32] 章为民, 王年香, 顾行文, 等. 膨胀土的膨胀模型[J]. 水利水运工程学报, 2010, 123(1): 69-72.

[33] 贾景超, 宋日英, 黄志全. 基于膨胀力试验数据的膨胀土膨胀应变模型[J]. 铁道建筑, 2012(11): 110-111.

[34] 周维垣. 高等岩石力学[M]. 北京: 水利电力出版社, 1990.

[35] 杨庆. 膨胀岩与巷道稳定[M]. 北京: 冶金工业出版社, 1995.

[36] 杨庆, 廖国华. 膨胀岩三轴膨胀试验的研究[J]. 岩石力学与工程学报, 1994, 13(1): 51-58.

[37] 杨庆, 焦建奎, 栾茂田. 膨胀岩土侧限膨胀试验新方法与膨胀本构关系[J]. 岩土工程学报, 2001, 23(1): 49-52.

[38] 孙钧. 岩土材料流变及其工程应用[M]. 北京: 中国建筑工业出版社, 1999.

[39] 肖宏彬, 范志强, 张春顺. 非饱和膨胀土非线性流变特性试验研究[J]. 公路工程, 2009, 34(2): 1-5.

[40] 周秋娟, 陈晓平. 软土蠕变特性试验研究[J]. 岩土工程学报, 2006, 28(5): 626-630.

[41] 刘华强, 殷宗泽. 裂缝对膨胀土抗剪强度指标影响的试验研究[J]. 岩土力学, 2010, 31(3): 727-731.

[42] 韩华强, 陈生水. 膨胀土的强度和变形特性研究[J]. 岩土工程学报, 2004, 26(3): 422-424.

[43] 吴珺华, 袁俊平. 干湿循环下膨胀土现场大型剪切试验研究[J]. 岩土工程学报, 2013, 35(1): 103-107.

[44] Skempton A W. Residual strength of clays in landslides, folded strata and the laboratory[J]. Geotechnique, 1985, 35(1): 3-18.

[45] Kimura S, Nakamura S, Vithana SB, et al. Shearing rate effect on residual strength of landslide soils in the slow rate range[J]. Landslides, 2014, 11(6): 969-979.

[46] 戴福初, 王思敬, 李焯芬. 香港大屿山残坡积土的残余强度试验研究[J]. 工程地质学报, 1998(3): 32-38.

[47] 左巍然, 杨和平, 刘平. 确定膨胀土残余强度的试验研究[J]. 长沙交通学院学报, 2007, 84(1): 23-27.

[48] 许成顺, 尹占巧, 杜修力, 等. 黏性土的抗剪强度特性试验研究[J]. 水利学报, 2013, 44(12): 1433-1438.

[49] 徐彬, 殷宗泽, 刘述丽. 膨胀土强度影响因素与规律的试验研究[J]. 岩土力学, 2011, 32(1): 44-50.

[50] 徐永福, 陈永战, 刘松玉, 等. 非饱和膨胀土的三轴试验研究[J]. 岩土工程学报, 1998, 20(3):

14-18

[51] 缪林昌,殷宗泽,刘松玉. 非饱和膨胀土强度特性的常规三轴试验研究[J]. 东南大学学报, 2000, 30(1): 121-125

[52] Bishop A W. The principle of effective stress[J]. Teknisk Ukeblad,1959,106(39):859-863.

[53] Fredlund D G, Morgenstern N R, Windger R A. Shear strength of unsaturated soils[J]. Canadian Geotechnical Journal,1978,15(3):313-321.

[54] 杨庆,张慧珍,栾茂田. 非饱和膨胀土抗剪强度的试验研究[J]. 岩石力学与工程学报, 2004,23 (3):420-425.

[55] 孙德安. 饱和度对非饱和土力学性质的影响[J]. 岩土力学,2009, 30(增2): 13-16.

[56] 黄润秋, 吴礼舟. 非饱和土抗剪强度的研究[J]. 成都理工大学学报,2007,34(3): 221-224.

[57] Khallili N, Khabbaz M H. A unique relationship for the determination of the shear strength of unsaturated soils[J]. Geotechnique,1998,48(5):681-687.

[58] Vanapalli S K,Fredlund D G,Pufahl D E,et al. Model for the prediction of shear strength with respect of soil suction[J]. Canadian Geotechnical Journal,1996,33(3):379-392.

[59] Oberg A L,Sallfors G. Determination of shear strength parameters of unsaturated silts and based on the water retention curve[J]. Geotechnical Testing Journal,1997,20(1):40-48.

[60] Vanapalli S K, Fredlund D G, Pufahl D E. The influence of soil structure and stress history on the soil-water characteristics of a compacted till[J]. Geotechnique, 1999, 49(2): 143-159.

[61] 龚壁卫,吴宏伟,王斌. 应力状态对膨胀土 SWCC 的影响研究[J]. 岩土力学,2004,25(12): 1915-1918.

[62] 李志清, 胡瑞林, 王立朝. 非饱和膨胀土 SWCC 研究[J]. 岩土力学, 2006, 27(5):730-734.

[63] 卢应发,陈高峰,罗先启,等. 土–水特征曲线及其相关性研究[J]. 岩土力学,2008,29(9): 2481-2486.

[64] 郑健龙, 刘平. 膨胀土土水特征曲线的研究[J]. 长沙交通学院学报,2006,22(4): 1-5.

[65] Fredlund D G, Xing A. Equations for the soil-water characteristic curve[J]. Canadian Geotechcal Journal, 1994, 31(4): 521-532.

[66] Vanapalli S K, Fredlund D G , Pufahl D E, et al, Model for the prediction of shear strength with respect to soil suction[J]. Canadian Geotechnical Journal, 1996,33(3): 379-392.

[67] 缪林昌,殷宗泽. 非饱和土的剪切强度[J]. 岩土力学,1999,20(3):1-6.

[68] Linchang Miao, Songyu Liu, Yuanming Lai. Research of soil-water characteristics and shear strength features of Nanyang expansive soil[J]. Engineering Geology, 2002, 65(4): 261-267.

[69] 卢肇钧,吴肖茗,孙王珍,等. 膨胀力在非饱和土强度理论中的作用[J]. 岩土工程学报,1997(5): 20-27.

[70] 黄志全,闫文杰,王玲玲,等. 南阳膨胀土抗剪强度的现场剪切试验研究[J]. 水文地质工程地质, 2005,32(5):64-68.

[71] 陈国兴, 谢君斐. 土的动剪切模量和阻尼比的经验估计[J]. 地震工程与工程振动, 1995, 15(1): 73-84.

[72] Sun JI, Golesorkhi R,Seed H B,et al. Dynamic moduli and damping ratios for cohesive soils[R]. University of California, 1988.

[73] Vucetic M,Dobry R. Effect of soil plasticity on cyclic response[J]. Journal of Geotechnical Engineering, 1991, 117(1): 89-107.

[74] 费涵昌,吴一伟. 黄浦江大桥桥址土层的动力特性研究[C]//第三届全国土动力学学术会议. 上

海:同济大学出版社,1990:303-308.

[75] 蒋寿田, 王幸辛. 郑州地区地基原状土动剪切模量和阻尼比[C]//第三届全国土动力学学术会议. 上海:同济大学出版社,1990: 151-155.

[76] Anandarajah A, Kuganenthira N. Some aspects of fabric anisotropy of soil[J]. Geotechnique, 1995, 45(1): 69-81.

[77] Osipov Y B, Sokolov B A. Quantitative characteristics of clays fabrics using the method of magnetic anisotropy[J]. Bulletin of Engineering Geology and the Environment, 1982, 5(1):23-38

[78] Bai X, Smart R. Change in microstructure of kaolin in consolidation and undrained shear[J]. Geotechnique, 1997, 47(5): 1009-1017.

[79] Dudoignon P, Pantet A, Carrara L. Macro-micro measurement of particle arrangement in sheared kaolinitic matrices[J]. Geotechnique, 2001, 51(6): 493-499.

[80] Sridharan A, Altschaeffl A, Diamond S. Pore size distribution studies[J]. Journal of the soil mechanics and foundations division,1991, 97(5): 771-787.

[81] Griffiths F J, Joshi R C. Change in pore size distribution due to consolidation of clays[J]. Geotechnique, 1989, 39(1):159-167.

[82] Griffiths F J, Joshi R C. Change in pore size distribution owing to secondary consolidation of clays[J]. Canadian Geotechnical Journal, 1991, 28(1): 20-24.

[83] Alshibli K A, Sture S. Shear band formation in plane strain experiments of sand[J]. Journal of Geotechnical and Geoenvironmental Engineering, 2000, 126(6): 495-503.

[84] 吴义祥. 工程粘性土微观结构的定量评价[J]. 中国地质科学院院报,1991(2):143-151.

[85] 胡瑞林. 粘性土微结构定量模型及其工程地质特征研究[M]. 北京:地质出版社,1995.

[86] 施斌, 李生林. 粘性土微观结构 SEM 图象的定量研究[J]. 中国科学(数学 物理学 天文学 技术科学), 1995(6): 666-672.

[87] 黄志全, 吴林峰, 王安明,等. 基于原位剪切试验的膨胀土边坡稳定性研究[J]. 岩土力学,2008, 29(7): 1764-1768.

[88] 中华人民共和国国家标准. 膨胀土地区建筑技术规范:GB 50112—2013[S]. 北京:中国建筑工业出版社,2013.

[89] FENG M, FREDLUND D G. Hysteretic influence associated with thermal conductivity sensor measurements[C]//52nd Canadian Geotechnical Conference, 1999 : 651-657.

[90] 柏立懂. 合徐合安高速公路膨胀土的矿物化学成分及微结构的研究[D]. 合肥:合肥工业大学,2005.

[91] 袁俊平, 陈剑. 膨胀土单向浸水膨胀时程特性试验与应用研究[J]. 河海大学学报(自然科学版), 2003, 31(5): 547-551.

[92] 黄华县, 张春顺. 膨胀土膨胀变形时程特性研究[J]. 湖南工业大学学报,2009, 23(4): 6-10.

[93] 肖宏彬, 张春顺, 何杰,等. 南宁膨胀土变形时程性研究[J]. 铁道科学与工程学报,2006, 2(6): 47-52.

[94] 李志清, 余文龙, 付乐,等. 膨胀土胀缩变形规律与灾害机制研究[J]. 岩土力学,2010, 31(2): 270-275.

[95] Gysel M. Design methods for structures in swelling rock[C]//Proc. 6th ISRM Congress, 1987:377-381.

[96] 刘特洪. 工程建设中的膨胀土问题[M].北京:中国建筑工业出版社,1997.

[97] 李献民, 王永和, 杨果林,等. 击实膨胀土工程变形特征的试验研究[J]. 岩土力学,2003, 24(5): 826-830.

[98] 王园. 三向应力作用下膨胀土吸水变形性能[C]//中加非饱和土学术研讨会论文集. 1994: 206-213.

[99] 杨长青, 董东, 谭波, 等. 重塑膨胀土三向膨胀变形试验研究[J]. 工程地质学报, 2014, 22(2): 188-195.

[100] 张颖钧. 裂土(膨胀土)的三向胀缩特性[C]//中加非饱和土学术研讨会论文集. 1994:249-256.

[101] 谢云, 陈正汉, 孙树国, 等. 重塑膨胀土的三向膨胀力试验研究[J]. 岩土力学, 2007, 28(8): 1636-1642.

[102] 谭波, 郑健龙, 张锐. 宁明膨胀土三向胀缩规律室内试验研究[J]. 公路交通科技, 2014, 31(4): 1-6.

[103] 谢定义, 姚仰平, 党发宁. 高等土力学[M]. 北京:高等教育出版社, 2008.

[104] Bishop A, Blight G. Some aspects of effective stress in saturated and partly saturated soils [J]. Geotechnique, 1963, 13(3): 177-197.

[105] 刘洋. 合肥膨胀土抗剪强度与含水量的关系研究及工程应用[D]. 合肥: 合肥工业大学, 2003.

[106] 袁静, 龚晓南, 刘兴旺, 等. 软土各向异性三屈服面流变模型[J]. 岩土工程学报, 2004, 26(1): 88-94.

[107] Valanis K, Read H. A new endochronic plasticity model for soils[A]. Soil Mechanics-Transient and Cyclic Loads[C]. 1982,375-417.

[108] 袁建新. 岩体损伤问题[J]. 岩土力学, 1993, 14(1): 1-31.

[109] 沈珠江. 土体变形特性的损伤力学模拟[C]//第5届全国岩土力学数值分析及解析方法讨论会论文集. 1994: 1-8.

[110] 耿大新, 钟才根, 郑明新. 交通荷载作用下软土路基残余变形的研究[J]. 华东交通大学学报, 2007, 24(4): 46-50.

[111] 中华人民共和国国家标准. 土工试验方法标准: GB/T 50123—2019 [S]. 北京:中国计划出版社,2019.

[112] 袁聚云, 徐超, 赵春风. 土工试验与原位测试[M]. 上海:同济大学出版社,2004.

[113] 夏才初, 孙钧. 蠕变试验中流变模型辨识及参数确定[J]. 同济大学学报(自然科学版),1996, 24(5): 498-503.

[114] 韩华强, 陈生水. 膨胀土的强度和变形特性研究[J]. 岩土工程学报,2004, 26(3): 422-424.

[115] 徐永福. 膨胀土弹塑性本构理论的初步研究[J]. 河海大学学报(自然科学版),1997, 25(4): 97-99.

[116] 王海俊, 殷宗泽. 堆石料长期变形的室内试验研究[J]. 水利学报,2007, 38(8): 914-919.

[117] 曾庆国, 张春顺, 肖宏彬. 南宁膨胀土的次固结特性试验研究[J]. 公路工程,2008, 33(1): 10-13.

[118] 陈晓平, 朱鸿鹄, 张芳枝. 软土变形时效特性的试验研究[J]. 岩石力学与工程学报,2005, 24(12): 2142-2148.

[119] 郭海柱, 张庆贺, 朱继文, 等. 土体耦合蠕变模型在基坑数值模拟开挖中的应用[J]. 岩土力学, 2009, 30(3): 688-692.

[120] 李军世, 林永梅. 上海淤泥质粉质黏土的 Singh-Mitchell 蠕变模型[J]. 岩土力学,2000, 21(4): 363-366.

[121] 维亚洛夫, 杜余培. 土力学的流变原理[M]. 北京:科学出版社,1987.

[122] 谢宁, 姚海明. 土流变研究综述[J]. 云南工业大学学报,1999, 15(1): 52-56.

[123] Singh A, Mitchell J. General stress-strain-time function for soils[J]. Journal of Soil Mechanics &

Foundations Div,1968：21-46.

[124] 王琛，张永丽，刘浩吾. 三峡泄滩滑坡滑动带土的改进 Singh-Mitchell 蠕变方程[J]. 岩土力学，2005，26(3)：415-418.

[125] 谭文辉，任奋华，苗胜军.峰值强度与残余强度对边坡加固的影响研究[J]. 岩土力学，2007,28(155)：616-618.

[126] 中华人民共和国行业标准. 土工试验规程：SL 237—1999[S]. 北京：中国水利水电出版社,1999.

[127] 中华人民共和国国家标准. 土的工程分类标准：GB/T 50145—2007[S]. 北京：中国计划出版社,2008.

[128] 中华人民共和国国家标准. 建筑地基基础设计规范：GB 50007—2011[S]. 北京：中国建筑工业出版社,2012.

[129] 周立新，黄晓波，常书义，等. 膨胀土的判别与分类方法研究[J]. 工程勘察,2008(S2)：30-33.

[130] 陈善雄，余颂，孔令伟，等. 膨胀土判别与分类方法探讨[J]. 岩土力学,2005(12)：1895-1900.

[131] 汪明武，李健，徐鹏，等. 膨胀土与石灰改良膨胀土胀缩性的云模型评价[J]. 东南大学学报，2014,44(2)：396-400.

[132] 汪静，徐先文，张纯根. 膨胀土边坡中土体抗剪强度特性研究[J]. 西部探矿工程,2005(S1)：173-174.

[133] 曲永新，张永双，冯玉勇，等. 中国膨胀土黏土矿物组成的定量研究[J]. 工程地质学报,2002，10：416-422.

[134] 冯金城. 膨润土的开发应用[J]. 现代化工,1994(8)：41-42.

[135] 王合印，白旭永. 河北阳原某地膨润土的性质[J]. 河北地质学院学报, 1995,18(1)：27-32.

[136] Fredlund D G,Rahardjo H. 非饱和土力学[M].北京:中国建筑工业出版社,1997.

[137] 钱家欢，殷宗泽. 土工原理与计算[M].2 版.北京：中国水利水电出版社,1996.

[138] Kallioglou P,Tika T,Koninis G,et al. Shear Modulus and Damping Ratio of Organic Soils[J]. Geotechnical and Geological Engineering,2009, 27(2)：217-235.

[139] Hardin B O, DrnevichV P. Shear modulus and damping in soils:design equations and curves[J]. Journal of Geotechnical Engineering, ASCE, 1972, 98(7)：667-692.

[140] Vucetic M,Dobry R. Effect of Soil Plasticity on Cyclic Response[J]. Journal of Geotechnical Engineering, 1991, 117(1)：89-107.

[141] 陈国兴，刘雪珠，朱定华，等. 南京新近沉积土动剪切模量比与阻尼比的试验研究[J]. 岩土工程学报,2006, 28(8)：1023-1027.

[142] 谢定义. 土动力学[M]. 西安:西安交通大学出版社,1988.

[143] 魏松，张文进，肖淑霞，等. 超固结比影响下饱和黏土力学特性试验研究[J]. 重庆交通大学学报（自然科学版),2016,35(5)：64-70.

[144] 王志杰，骆亚生，王瑞瑞，等. 不同地区原状黄土动剪切模量与阻尼比试验研究[J]. 岩土工程学报,2010, 32(9)：1464-1469.

[145] 周健，白冰，徐建平，等. 土动力学理论与计算[M]. 北京:中国建筑工业出版社,2001.

[146] 李松林. 动三轴试验的原理与方法[M]. 北京:地质出版社,1990.

[147] 孙静. 岩土动剪切模量阻尼试验及应用研究[D]. 哈尔滨:中国地震局工程力学研究所,2004.

[148] 杨秀竹. 静动力作用下浆液扩散理论与试验研究[D]. 长沙:中南大学, 2005.

[149] 谢仁军，吴庆令. 用环境扫描电子显微镜研究膨胀土在不同含水量下微观结构的变化[J]. 中外公路,2009,29(5)：37-39.

[150] 张先伟，王常明. 一维压缩蠕变前后软土的微观结构变化[J]. 岩土工程学报,2010, 32(11)：

1688-1694.

[151] 王常明, 肖树芳. 海积软土微观结构定量化分析指标体系及应用[J]. 长春科技大学学报,1999, 29: 144-147.

[152] 杨书燕. 高液限黏土微结构分析与强度机理的研究 [D]. 天津:河北工业大学,2003.

[153] 龚士良, 茅鸿妹. 上海软黏土微观特性及在土体变形中的作用[J]. 上海地质,1994(4): 29-35.

[154] 谭罗荣, 张梅英. 一种特殊土微观结构特性的研究[J]. 岩土工程学报,1982,4(2): 26-35.

[155] 谭罗荣, 孔令伟. 某类红黏土的基本特性与微观结构模型[J]. 岩土工程学报,2001, 23(4): 458-462.

[156] 李洪涛, 田微微, 王松江. 河南膨胀土分布及工程地质特性[J]. 工程勘察,2010, 38(1): 27-32.

[157] 陈涛, 郭院成, 杨万全. 膨胀土路基石灰改性试验研究[J]. 路基工程,2008(1): 56-57.

[158] 谭松林, 黄玲, 李玉花. 加石灰改性后膨胀土的工程性质研究[J]. 工程地质学报,2009, 17(3): 421-425.

[159] 张小平, 施斌艺, 陆现彩. 石灰改良膨胀土微孔结构试验研究[J]. 岩土工程学报,2003, 25(6): 761-763.

[160] 程钰, 石名磊, 周正明. 消石灰对膨胀土团粒化作用的研究[J]. 岩土力学,2008, 29(8): 2209-2214.

[161] Zhang R, Yang H, Zheng J. The Effect of Vertical Pressure on the Deformation and Strength of Expansive Soil During Cyclic Wetting and Drying[C]//International Conference on Unsaturated Soils,2006.

[162] 程钰. 膨胀土用作路基填料的石灰改良试验研究[D]. 南京:东南大学, 2006.